环保公益性行业科研专项经费项目系列丛书

东北地区芦苇植硅体对时空变化的响应机制

介冬梅　王升忠　卜兆君　著

U0317070

科学出版社

北　京

内 容 简 介

本书是作者在总结环保公益性行业科研专项项目"芦苇植硅体与未来温度变化预测研究"成果的基础上撰写而成。作者选取东北地区这一全球变化研究的关键区域作为研究区，从自然温度梯度和人工模拟增温两个不同层面上分析不同生长期芦苇植硅体的季节变化规律和不同温度梯度下芦苇植硅体的形态特征，探讨气候、地形和土壤环境因素对芦苇植硅体的影响，确定影响芦苇植硅体的主要因素，并建立芦苇植硅体-温度转换函数，内容丰富，具有较高的学术水平。

本书可供自然地理学、第四纪环境学、古生物学和湿地科学等学科的科研和教学人员、研究生和本科生阅读，也适合生态和环境保护等部门管理人员参考。

图书在版编目（CIP）数据

东北地区芦苇植硅体对时空变化的响应机制/介冬梅，王升忠，卜兆君著. —北京：科学出版社，2015.8

（环保公益性行业科研专项经费项目系列丛书）

ISBN 978-7-03-045241-2

Ⅰ. ①东… Ⅱ. ①介… ②王… ③卜… Ⅲ. ①环境地理学–东北地区 Ⅳ. ①X144

中国版本图书馆 CIP 数据核字（2015）第 170455 号

责任编辑：孟莹莹　张　震/责任校对：邹慧卿
责任印制：赵　博/封面设计：无极书装

科 学 出 版 社 出版

北京东黄城根北街 16 号
邮政编码：100717
http://www.sciencep.com

三河市骏杰印刷有限公司印刷
科学出版社发行　各地新华书店经销

*

2015 年 8 月第 一 版　　开本：787×1092　1/16
2015 年 8 月第一次印刷　　印张：18　插页：1
字数：430 000

定价：110.00 元
（如有印装质量问题，我社负责调换）

环保公益性行业科研专项经费项目系列丛书
编著委员会

环保公益性行业科研专项经费项目系列丛书

序

　　气候变化是国际社会普遍关注的全球性问题。工业革命以来的人类活动，尤其是发达国家在工业化过程中大量消耗能源资源，导致大气中温室气体浓度增加，引起全球气候以变暖为主要特征的显著变化。全球气候变化不仅对全球自然生态系统产生了明显影响，而且对人类社会的生存和发展带来了严峻的挑战。因此，全球气候变化及其不利影响成为人类共同关心的问题。IPCC 第五次评估报告表明：全球地表平均温度 100 多年来（1880～2012 年）升高了 0.85℃，预计到 21 世纪末，与 1850～1900 年相比，全球地表平均温度可能升高 1.50℃。

　　中国气候变暖趋势与全球的总趋势基本一致。据中国气象局发布的最新观测结果显示，近百年来，全国平均气温上升了 0.91℃。近 50 年来中国降水分布格局发生了明显变化，西部和华南地区降水增加，而华北和东北大部分地区降水减少。高温、干旱、强降水等极端气候事件有频率增加和强度增大的趋势。夏季高温热浪增多，局部地区特别是华北地区干旱加剧，南方地区强降水增多，西部地区雪灾发生的概率增加。并且近 30 年来，中国沿海海平面平均上升速率为 3.00mm/a，高于全球平均水平。更为严重的是，中国是一个发展中国家，人口众多、气候条件复杂、生态环境脆弱，易受气候变化的不利影响。气候变化对中国自然生态系统和经济社会发展带来了严重的威胁，主要体现在农牧业、林业、自然生态系统、水资源等领域以及沿海和生态脆弱地区，适应气候变化已成为中国的迫切任务。同时，中国正处于经济快速发展阶段，面临着发展经济、消除贫困和减缓温室气体排放的多重压力，资源环境约束进一步强化，环境保护正处于负重水平。因此，要解决发展经济与环境保护的难点，确保解决影响可持续发展和群众健康的环保问题，必须充分依靠科技创新和科技进步，构建坚实的科技支撑体系。

　　我国的《国家中长期科学和技术发展规划纲要（2006～2020 年)》、《国家环境保护"十二五"科技发展规划》及《国家环境保护部"十三五"规划基本思路》均将全球变化和区域响应研究列为面向国家战略需求的重要基础研究领域，重点研究全球变暖对中国的影响以及中国对全球变暖的响应，并强调发展全球环境变化的监测技术与对策研究。2015 年，为推进环境保护科学事业的蓬勃发展，第十二届全国人民代表大会第三次会议倡导"大众创业、万众创新"，我国科技事业进入了快速发展阶段，环保科技也迎来了发展的春天。

　　为优化中央财政科技投入结构，支持市场机制不能有效配置资源的社会公益研究活动，环境保护部设立了公益性行业科研专项经费。根据中华人民共和国财政部、中华人民共和国科技部的总体部署，环保公益性行业科研专项紧密围绕《国家中长期科学和技术发展规划纲要（2006～2020 年）》和《国家环境保护"十二五"科技发展规划》确定的重点领域和优先主题，立足环境管理中的科技需求，积极开展应急性、培育性、基础性科学研究。在此期间，环境保护部组织实施了涉及大气、水、生态、土壤、固废等领域的公益性行业科研专项项目，包括中央级科研院所、高等院校、地方环保科研单位和企业等几百家单位，逐步形成了优势互补、团结协作、共同发展的环保科技"统一战线"。目前，专项取得了重要研究成果，提出了一系列控制污染和改善环境质量技术方案，研发出一批与生态环境保护等方面相关的关键技术，形成了一系列环境标准、指南和技术规范建议，为解决我国环境保护和环境管理中急需的技术和政策制定提供了重要的科技支撑。

为共享环保公益性行业科研专项项目研究成果，并及时总结项目组织管理中的经验，环境保护部科技标准司组织出版了"环保公益性行业科研专项经费系列丛书"。该丛书汇集了一批专项研究的代表性成果，具有较强的学术性和实用性，为以后多领域的研究提供了理论基础。这一举措不仅是环境保护部科研管理的一次新尝试，而且促进了学术成果的应用和中国科技事业的进步。

中华人民共和国环境保护部副部长

吴晓青

2015 年 4 月

前　言

全球变暖已成为国际社会公认的事实，是目前人类关注的焦点，也是科学界瞩目的前沿领域。面对全球变暖给人类生存环境带来的巨大压力，世界各国都在采取相应的对策。中国位于全球环境变化最为剧烈的东亚季风气候区，对全球变暖的响应极为敏感。同时，巨大的人口压力、相对贫乏的人均资源和生存空间使得中国的环境极具脆弱性。因此，探讨现有自然生态系统对全球变暖的响应、提高对现有自然生态系统的有效监测及保护和预测成为当前研究的核心问题。

中国东北地区位于亚洲大陆的东缘，地处海陆过渡的一级敏感带和东亚温带季风气候区，对全球变化的响应非常敏感。该区在气候带上由北向南跨越中国的寒温带、温带和暖温带，从东到西分为湿润、半湿润和半干旱地区；在植被景观上也呈现对应的特点，从冷湿的森林向草甸草原景观过渡。因此，地域的广袤、温度和湿度的明显梯度变化，使该区在东亚中温带季风气候区现代自然环境研究中，具有其他地区无法替代的区位优势。为了能更加详尽、准确地对东北地区对全球变暖的响应进行分析研究，本书选取的研究地点按温度、湿度的明显梯度变化来布局，作者希望通过上述区域的研究达到全面探讨中国东北地区对全球变暖的响应。

本书主要利用芦苇生态域宽、硅含量高和植硅体形态丰富的特点，研究在东北地区广泛分布的不同湿地中，处于不同温度带的芦苇植硅体的数量和形态差异，讨论芦苇特征植硅体对温度因子的指示意义；结合区域网络样地和人工控制增温实验，建立芦苇植硅体与温度因子之间的量化关系，为中时间尺度的温度演化趋势预测和验证植硅体作为气候研究代用指标的科学性提供理论依据和实验基础。

在研究手段上，主要采用野外调查、定位监测及人工控制增温模拟实验和室内实验处理相结合的方法，开展芦苇植硅体与温度因子的关系和形成机理研究。野外典型区的选择采用高分辨率遥感影像、大比例尺地形图和实地调查相结合的办法，保证典型区具有区域代表性。人工增温控制实验引入与国际接轨的美国先进的红外线辐射器和开顶式气室，按照三次重复样点设计要求，保证增温持续、均匀，实验科学有效。芦苇植硅体的提取采用湿式灰化法，满足芦苇植硅体数量和形态结构研究需要。芦苇和土壤各理化指标采用电位法、重铬酸钾滴定法等测定，满足探讨芦苇植硅体形成机理的需要。

本书涉及的野外调研和样品采集主要由王升忠教授、卜兆君教授，硕士研究生葛勇、郭美娥等25人完成。室内实验土壤元素测定部分由东北师范大学草地科学研究所姜世成高级工程师和国家环境保护湿地生态与植被恢复重点实验室湿地资源利用中心周新华老师完成。常规化学分析测试由东北师范大学紫外光发射材料与技术教育部重点实验室先进光电子功能材料研究中心王国瑞老师完成。群落植物种类鉴定由东北师范大学生命科学学院孙明洲老师、地理科学学院殷秀琴教授以及草地科学研究所张宝田高级工程师协助完成。芦苇生理特征分析主要由东北师范大学生命科学学院石连旋副教授协助完成。植硅体分析由赵红艳副教授、李鸿凯老师，博士研究生刘洪妍、刘利丹等 15 人完成。手稿校对和插图清绘由吕金福教授，硕士研究生卢美娇、高卓、高桂在和李楠楠等 10 人协助完成。

本书第一作者自 1994 年开始从事第四纪古气候研究，先后在东北师范大学地理科学学院、东北师范大学草地科学研究所和吉林大学完成了硕士、博士和博士后研究，发表学术论文 40 多篇。其在东北师范大学和吉林大学分别指导硕士研究生曹振、陈兵、李应硕等，以及博士研究生张新荣、刘利丹、刘洪妍等 30 余人，对东北地区生态环境演化进行了深入的研究。本书以翔实的数据和研究成果为基础，同时参阅了大量的国内外最新研究进展和重要文献，系统地论述了东北地区芦苇湿地生态系统对全球变暖的响应。

本书由环保公益性行业科研专项项目"芦苇植硅体与未来温度变化预测研究"（201109067）资助完成，在此表示衷心的感谢。

通过上述工作，作者深刻感到中国东北地区对全球变暖的响应具有很强的复杂性，要全面理解该区芦苇植硅体的时空规律及其机制，今后还需在区内获得更多的物种和指示意义明确的环境代用指标，以补充、完善中国东北地区环境变化研究。作者期望本书能给全球变化这一多学科的综合研究领域带来一缕新的气息，并能为该区域今后的研究提供参考和借鉴。然而学科的发展日新月异，面对一个多学科影响的交叉领域，作者深感水平有限，对于书中的疏漏和不足之处，恳请同行学者批评指正。

介冬梅

2015 年 3 月于长春

目　　录

第一章　植硅体研究概况

　　早在 150 年前，Ehreberg 就从空气中的尘土、雨水、泥炭和硅藻土中分离出植物所特有的形态多样的植硅体。植硅体是植物通过根系从土壤中吸收水溶性硅，经维管束传送，在细胞内腔或细胞间淀积的难溶的硅酸，其在一定程度上记录了植物细胞的形态（王永吉和吕厚远，1992）。众多学者考虑到植硅体的形态和数量能够提示母本植物来源，而且植硅体的形态和数量同时受到外界环境的影响，因此，植硅体分析得以逐渐被应用于植物分类、古植被重建、古气候恢复及环境考古等诸多领域。

　　由于植硅体形态的描述和分类是植硅体应用的重要依据，因此，植硅体形态的观察、命名等系列工作开展较早。目前，众多学者已对全球不同区域的多种植物植硅体形态进行了描述，植硅体形态分类体系的雏形已经形成，其中针对草本植物中的禾本科植物植硅体的形态描述和分类研究更为系统。基于植硅体形态的植物分类研究也取得了一定的进展，根据植硅体形态一般能够将部分植物在科的水平上进行分类，结合植硅体的形态参数可以对某些植物在属甚至种的水平上进行分类。这一成果在环境考古、农业起源等应用方面表现出极大的潜力。为了更好地反演自然界植物的组合形式，学者开始探索不同植物群落的植硅体形态组合特征，利用植硅体形态指标揭示林草交错带、森林覆盖密度等的动态演变过程也是有效的。

　　植硅体的发育除与植物自身遗传特性有关外，现有研究还表明其与形成环境的关系十分密切，因此，提取各种沉积物中的植硅体可以还原古环境。此外，考虑到植硅体回归土壤时经过风化、分解、迁移等过程可能影响植硅体形态的完整性和数量的稳定性，一些学者尝试探讨土壤植硅体与上覆植被的对应关系及土壤植硅体的埋藏和运移等工作。

　　以下就植硅体形态分类及其对植物分类的应用、植硅体的环境指示意义、不同环境因子对植硅体的影响、植硅体在重建古环境中的应用及植硅体的保存性等方面的成果进行详细总结，凝练认识、发现不足，以期为完善植硅体形态分类、丰富现有的研究成果及拓展植硅体应用领域提供基础。

第一节　植物植硅体形态分类

　　由于植硅体形状与植物细胞形状及细胞在植物中的位置有关（Piperno，2006）。因此，不同植物植硅体形态存在差异，同一植物不同部位产生的植硅体也不同。而植硅体形态研究是植物分类的前提，同时，古环境重建、环境考古等领域的应用也依赖于植硅体形态的研究。因而，开展不同植物植硅体形态的描述研究，并建立系统的植硅体分类体系显得尤为重要。目前，众多学者已经观察了几百种现代植物，包括大量的草本及木本植物，描述并命名了几十种植硅体类型，建立了四套以禾本科为重点的植硅体分类体系（Prat，1936；近藤鍊三和隅田友子，1978；王永吉和吕厚远，1992）。在此基础上，

2005 年，国际植硅体命名小组起草并颁布了国际植硅体命名法则，初步统一了不同的植硅体名称。

一、草本植硅体形态分类

目前研究表明草本植硅体主要产生于表皮细胞，少量在栅状肉质细胞及导管内。草本植物中含有丰富的形态较为规则的植硅体，其以短细胞植硅体为主。不同科属中或多或少存在形态明显不同的植硅体，特别是禾本科、莎草科、菊科等都发现了各自的特征植硅体。

（一）禾本科

由于禾本科植硅体含量丰富、形态多样，禾本科形态描述工作开展得较早。经过诸多学者的长时间积累，不同学者先后从形态分类和自然分类等角度提出了禾本科植硅体形态分类体系（Prat，1936；Twiss et al.，1969；Brown，1984；Piperno，1988；Mulholland and Rapp，1992；王永吉和吕厚远，1992）。本书从植物分类的角度总结了禾本科不同亚科的典型植硅体及植硅体形态组合特征，明确不同科属植硅体形态的差异，为植物分类及植物群落演化提供植硅体形态学基础。

1. 早熟禾亚科

现有研究显示，早熟禾亚科中典型植硅体类型为齿型、帽型，还包括较少的哑铃型、长方型、正方型，多种形态的棒型和尖型。鞍型、扇型未被发现（王永吉和吕厚远，1992）。早熟禾亚科不同属的典型植硅体形态组合也有所不同，如拂子茅属主要包含波状棒型、齿状棒型、多铃型，而披碱草属则富含波状及锯齿状棒型、圆底座毛发状、圆底帽型等（Morris et al.，2009；Guo et al.，2012）。

同一植硅体类型在不同植物之间也存在细微的形态差别。哑铃型包括针茅哑铃型、针茅多铃型、短柄顶端凸出的哑铃型。其中针茅哑铃型为针茅属特有类型，针茅哑铃型的底面和顶面轮廓为哑铃型，顶面小于底面，侧面为不对称的不规则四边型（黄翡等，2004b；Lucrecia and Roberto，2004）。不同属植物中帽型植硅体形态也有所不同，羊茅属、早熟禾属发育尖顶帽型，赖草属产生平顶帽型，披碱草属的帽型底部呈圆型（秦利等，2008；Morris et al.，2009），据前人研究，个体大于 $15.00\mu m$ 的帽型仅见于早熟禾亚科（Barboni et al.，2007）。可见，对植硅体形态的刻画越精细，越重视同一形态的细微差别，将直接有利于提高利用植硅体对植物进行分类的精度。

另外，在禾本科个别种中也发现特有的植硅体类型，如早熟禾亚科剪股颖属中边缘厚的棒型是其特有型，茼草属产生形态独特的枕木状植硅体（Guo et al.，2012；McCune and Pellatt，2013）。

2. 黍亚科

黍亚科植硅体以哑铃型、多铃型、十字型为主（Mulholland，1989；Lu and Liu，2003a），其中哑铃型的形态独特，其底面和顶面轮廓为哑铃型，端部或直或有凹口，侧面对称，与其他科属的哑铃型有明显差别，又称为黍哑铃型。另外，黍亚科植硅体还包括帽型、尖型、正方型、棒型和表皮植硅体。

虽然黍亚科不同属植硅体形态研究较少，但仅有的研究发现不同属间植硅体组合也存在差异，如黍亚科稗属产生较多的哑铃型及十字型（Morris et al.，2009）；荩草属植硅体以哑铃型为主，尖型含量也很丰富（郭梅娥等，2012a）。此外，黍亚科中还发现了一些特有植硅体类型，如黍亚科种子中存在黍 η 型（张健平和吕厚远，2006）等。

3. 稻亚科

稻亚科植硅体形态组合中以短细胞植硅体为主，还包括多样的长细胞、泡状细胞、表皮细胞、毛状细胞和维管束细胞植硅体（Gu et al.，2013）。目前，众多学者已从类型多样的植硅体形态中总结出一些稻亚科植物植硅体较特殊的形态特征，如哑铃型的典型特征是柄短、裂片呈圆形或角状、两个裂片的顶端凹进；水稻扇型的半圆面上有浅的鱼鳞状，半圆弧度也较圆滑，与其他亚科扇型有明显区别（吕厚远等，1996）；稻亚科的十字型独特之处是裂片上有点状或角状的突起物，裂片一般是有角的或圆的，两个裂片之间没有明显界限（Iriarte，2003）。另外，产自稻壳中的双峰颖片型也是稻亚科所特有的（靳桂云等，2007），而有三裂片的十字型仅存在于稻亚科和画眉草亚科植物中。

4. 竹亚科

竹亚科植物中主要植硅体类型有长鞍型、帽型、哑铃型、扇型、方型、棒型、尖型、硅化气孔（本书统一将硅化气孔定义为植硅体）（Iriarte，2003；李泉等，2005），其中长鞍型为其特有类型，长鞍型依据其表面纹饰特征又可细分为 *Sasa* 型和 *Pleioblastus* 型两种，*Sasa* 型个体大且表面纹饰比 *Pleioblastus* 型明显，主要分布于相对寒冷的地区，*Pleioblastus* 型则分布在相对温暖的地区（Sase and Hosono，2001）。除长鞍型是其特有类型外，诸多学者还总结出竹亚科的特殊植硅体类型，包括 *Chusquea bodies* 型、塌陷鞍型、近椭圆型（Sase and Hosono，2001；Piperno，2006）。

5. 芦竹亚科

芦竹亚科植硅体以鞍型、帽型等短细胞植硅体为主，棒型、尖型、扇型等含量较少，尚未鉴别出其所特有的植硅体类型，但是常见类型中存在其自身特征（介冬梅等，2013）。呈盾状的扇型是芦苇特有型，另外，芦竹亚科中不同属扇型植硅体形态存在差异，芦苇属扇型植硅体呈现盾状，一端尖一端圆滑；类芦属扇型则一端尖，另一端圆滑的轮廓上有一个缺口；芦竹属扇型一端有长尖，另一端有相对短的尖（王永吉和吕厚远，1992）。而鞍型大小介于画眉草亚科短鞍型及竹亚科长鞍型之间，吕厚远将其称为中鞍型。三芒草属中哑铃型柄细长、裂片外展、顶端外凸，具有分类意义（Mulholland，1989）。

6. 画眉草亚科

画眉草亚科植硅体形态的研究显示，组合中的植硅体类型为短鞍型、哑铃型、棒型、尖型、扇型和导管型，其中主要植硅体类型是短鞍型及哑铃型，短鞍型含量丰富且是画眉草亚科的代表型，能够与其他亚科的鞍型相区分（吴乃琴等，1992）。画眉草亚科中还产生一些鞍型、哑铃型的变异型，包括侧面凸起的鞍型、顶端凸起的哑铃型等（Barboni and Bremond，2009），这些特殊型未在其他科属中发现。

尽管，禾本科植硅体的研究成果十分丰富，但是禾本科植硅体形态研究尚存在不足。首先，植硅体形态命名方面，由于不同学者采用不同的命名法则导致植硅体名称混乱，同一植硅体有多个名称；植硅体命名时过于重视外形的描述忽略了纹饰、来源等特征。其次，禾本科植硅体多来自于植物叶片，对于根、茎等能够产生植硅体的其他植物的器官，植硅体的观察及描述不足，导致植物植硅体形态的描述不够全面。最后，过度重视短细胞植硅体的观察和描述，而忽视了其他细胞来源的植硅体的观察。基于以上问题及不足，应进一步统一植硅体命名，重新矫正已有的植硅体名称，开展不同器官、不同细胞来源的植硅体的观察和描述，进一步完善禾本科植硅体的分类体系。

（二）莎草科

莎草科植硅体含量丰富，主要植硅体类型有硅质突起型、棒型、表皮植硅体、毛发状及毛发底座，且包括少量叶肉细胞植硅体、哑铃型等，硅质突起型及多边帽型是莎草科植物特有型（王永吉和吕厚远，1992）。硅质突起型在莎草科植物中普遍存在，其来源于厚壁组织上的表皮细胞，而多边帽型仅存在于少数植物中。莎草科产生的有两条平行于孔的长圆拱型及内壳层的硅化气孔也较特殊（Carnelli et al.，2004；Guo et al.，2012）。莎草科不同属间的典型植硅体类型也有所不同，如蔗草属主要产生中间突起边界弯曲的球状，而莎草属和水蜈蚣属的植硅体以中间突起、边缘弯曲的多边板状为主（Ruth et al.，2013）。

莎草科不同属植物间也存在细微差别，如球柱草属硅质突起型为有附属物的、边缘平滑、圆底、尖顶型；刺子莞属的硅质突起型与球柱草属的相似，但表面有更多的附属物。另外，不同属中多边帽型也存在差异，苔草属多边帽型的中间凹陷、四边边缘呈锯齿状、表面有分散的结节；莎草属多边帽型表面有点状纹饰、边缘平滑（Iriarte and Eduardo，2009）。

（三）菊科

菊科不同种属植物植硅体含量存在较大差异，有些属如蒲公英属等未发现植硅体，而其他植物都产生丰富的植硅体（Honaine et al.，2006）。菊科主要植硅体类型有倾斜多面表皮植硅体、毛发状、毛发底座及导管型，且有少量长方型、拼接表皮植硅体、蜂窝状叶肉细胞植硅体和不透明板状（Morris et al.，2009）。虽然有些植硅体类型在其他科属也常见，但是菊科植硅体有其自身的特征，如导管型表面有螺旋纹；叶肉细胞植硅体呈蜂窝状；毛发底座为球型或椭圆型；矛尖型有平坦的底座（Montti et al.，2009）。

菊科植物中也有一些形态独特的植硅体类型，分节的毛发状是菊科所特有的，且不同植物的分节毛发状的形态也有所不同，紫菀属中产生分节的、无填充的长尖毛发状，而鳢肠属中以分节的、椎体填充、尖部无填充的毛发状为主，假泽兰属的毛发状则以厚壁、无填充、分节、长尖为特征。而表面有孔的不透明板状在其他科属中尚未发现，可能是菊科植物特有型（Iriarte and Iriarte，2009）。除此之外，在菊科中发现了有毛发底座的非球面植硅体、表面有刺状突起的毛发状、小立方体块状等形态较特殊的植硅体（Bozarth，1992；Morris et al.，2009；Watling and Iriarte，2013）。

鉴于有些科属中未鉴别出有分类意义的特殊型,植硅体形态组合的研究应予以加强。例如,香青属中鉴别出厚的、有螺旋纹的导管型,薄壁细胞植硅体及表皮有槽的球状(Thorn,2004);婆罗门参属包含硅化气孔、多面表皮植硅体及叶肉细胞植硅体;蒿属主要植硅体类型包括多齿型、棒型、尖型、长方型和扇型,其中以多齿型、棒型为主,这些植硅体形态组合存在明显的差异。

(四)蕨类植物

蕨类植物是植物界中植硅体含量丰富的类群之一,蕨类主要植硅体有边缘平滑或呈波状的棒型或线型、表皮植硅体、板状和三棱柱,它们的个体较大,易于区分。

蕨类不同科属的植物多具有特有植硅体类型,即不同科之间典型植硅体有明显差异。其中,木贼科典型植硅体为边界突起、表面平滑或有颗粒的板状;膜叶蕨科产生粗糙碗状;水龙骨科以平底、两边边界呈波状弯曲的棒型为主(Piperno and Becker,1996);金星蕨科中为非球面、表面有多个颗粒或钟乳体的大植硅体(Watling and Iriarte,2013);凤尾蕨科中有椭圆型,边界弯曲的锥型,顶端尖锐、边缘呈波浪状或平滑的棒型和线型〔长×宽为(90.00~1320.00)μm×(5.00~40.00)μm〕(Michael,2009);石松科主要发育边界凸出、平滑或有颗粒的扁平的板状(Mazumdar,2011);卷柏科植硅体以有突起的表皮植硅体为主;水韭科植硅体类型包括有角的表皮植硅体、多面体;瓶尔小草科中产生表面平滑、边界弯曲的板状;乌毛蕨科富含表面平滑、边界浅裂的长板状;铁线蕨科中则鉴别出两种边缘呈波状浅裂的棒型,一种为边界弯曲且平行的长棒型,另一种为边界对称弯曲、表面有坑的长棒型(Watling and Iriarte,2013)。因此,在蕨类植物中根据不同科的典型植硅体能够将不同科的植物分开。但目前蕨类植物植硅体的研究成果多以科为基本单位进行形态描述,表明蕨类植硅体分类的潜力还有待进一步挖掘。

(五)其他草本植物

除上述科属植物外,各国学者针对其他草本植物也开展了零星的研究工作。这些研究发现其他草本植物大多没有观察到特有的植硅体类型,不能用于植物分类。例如,大戟科产生少量的植硅体,主要包括倾斜表皮植硅体、多面表皮植硅体、导管型、板状、毛发状、毛发底座(Wallis,2003);车前科中总结的主要植硅体类型是表皮植硅体、棒型、硅化气孔;白花菜科含有大量的板状、有纹饰的棒型及不规则块状;含羞草科普遍存在棒型及表面有条纹或疣状突起的不规则形状;马钱科植硅体含量丰富,其主要类型是长锥型(毛发状)、表面有刺或结核状的突起(Wallis,2003)。以上植硅体类型在多种植物中都很常见,不具有分类作用。而唇形科、马鞭草科、石竹科等不产生或产生很少的植硅体,目前研究表明其也不能用于植物分类。

但也不乏像紫草科植物中看到的刚毛的表面有突起的毛发状,它属于紫草科特有的植硅体,在植物分类中可以起到一定的作用(Piperno,1985);表面有乳突的倾斜表皮植硅体可能是花葱科特有的;葫芦科产生针状、平滑的、分节的毛发状,形态独特;十字花科中的典型植硅体是梭型和分节的毛发状(Wallis,2003);鸭跖草科种子中鉴别出三种独特的植硅体类型，分别是多边形板状、顶部呈圆锥形的多边形棱镜状、顶部与底部对称的圆锥形多边棱镜状（Eichhorn and Neumann，2010）。姜目不同科植硅体形态组合及典型植硅体不同，竹芋科植硅体形态多样，包括球状、晶簇状、扁平状等，球状植硅体表面纹饰有褶皱的、平滑的、有节结的、有颗粒的，其中有褶皱的大球状及有结节的圆型是竹芋科的典型植硅体类型（Piperno，2006）；赫蕉科的典型植硅体类型为表面有乳突的水槽状；旅人蕉科产生丰富的晶簇状，包括球状、尖型、有褶皱的不规则型，还有小刺球状（Watling and Iriarte，2013）；兰花蕉科典型植硅体类型是帽型，帽型底座为矩形、近圆形、边缘有锯齿或多节结。由于以上的部分科属植硅体形态描述仅是对科内少数几种植物植硅体的简单总结，还不能肯定这些类型仅存在于特定科属中，因而仍需对大量植物开展植硅体形态观察及描述。

草本植硅体研究主要集中于禾本科，禾本科以外的其他草本植物研究较少，其植硅体形态分类体系尚不完善。对于研究较少的草本植物仍需开展大量的多植物种的植硅体形态描述工作，以完善植硅体形态分类体系；而针对研究较多的禾本科应从不同植物器官、不同细胞来源着手，全面、深入地总结植硅体形态特征，提高禾本科植物分类的精度；除此之外，应重视不同植物的同一植硅体形态的描述与刻画，利用计算机成像技术呈现植硅体的三维立体图像并计算植硅体形态参数。

二、木本植硅体形态分类

早在 20 世纪 80 年代，Rovner 等曾对木本植硅体进行了初步研究，简单介绍了一些植硅体类型（Wilding and Drees，1971；Klein and Geis，1978；Rovner，1983）。近藤鍊三和隅田友子（1978）、王永吉和吕厚远（1992）等也先后对针叶及阔叶木本植物植硅体进行简单分类。针叶类树木叶中，只有维管束细胞、表皮细胞及少量气孔发生硅化，植硅体包括棒型、多面体、块状、叶肉细胞植硅体及导管型，其中以块状为主（Carnelli et al.，2004）。阔叶类树木叶的植硅体主要分布于维管束、表皮毛、表皮毛基部及表皮细胞，植硅体包括表皮植硅体、叶肉细胞植硅体、多面体、毛发状、毛发底座及导管型，以毛发状及表皮植硅体为主（王永吉和吕厚远，1992）。而众多学者根据形状、纹饰、植硅体来源总结了木本植物植硅体特有类型。球状是热带木本植物中的典型植硅体类型；多面反光块状、扁平状、具有两叶瓣的球状、有网纹的椭圆型、窄扁平状、有毛发的块状、有辐散边界的块状（Mercader et al.，2009）、不均匀厚壁细胞植硅体（Morris et al.，2009）、石细胞、草酸钙结晶（Carnelli et al.，2004）、内胚层块状、有纹孔的导管型、有网纹脊的块状、多面体等都是木本植物的特有型。

（一）松科

松科植硅体含量丰富，形态相对规则，其主要植硅体类型包括块状、表皮多边型、尖型、导管型、厚壁细胞植硅体、叶肉细胞植硅体、内胚层块状和星状（Morris et al.，2009）。现有为数不多的温、寒带木本植硅体研究主要集中于松科（Ge et al.，2011）。松科部分属中产生特有的植硅体类型，不同属植硅体形态差异较大。

松科不同属主要硅化部位不同，近藤鍊三和隅田友子（1987）认为松属、云杉属和冷杉属主要硅化部位是维管束细胞，落叶松属植硅体主要来源于表皮细胞，铁杉属中硅化程度非常弱。而由于硅化部位的差异导致不同属典型或特有植硅体类型有所不同，冷杉属中产生内胚层块状、长块状、表皮多边型、导管型，其中内胚层块状仅存在于冷杉属植物中；云杉属植物的特征植硅体为块状及边缘弯曲的扁平状，内胚层的多面体是特有型；落叶松属产生不同形态的棒型及不均匀厚壁细胞，其中后者是其特有型；星状只出现于黄杉属；边缘弯曲的表皮植硅体只存在于松属、铁杉属、冷杉属（Carnelli et al.，2001；Blinnikovt et al.，2005）；针叶中产生的针状植硅体是美国黄松特有型（Klein and Geis，1978）；落叶松产生丰富的不均匀厚壁植硅体（Carnelli et al.，2004）；松科中的导管型的明显特征是表面有纹孔（Bozarth，1993）。

（二）棕榈科

棕榈科植硅体含量丰富、形态典型，是木本植物中少有的含有规则植硅体的植物（Alexandre et al.，1997；Fenwick et al.，2011）。棕榈科含有丰富的球状，包括表面有刺或粗糙的球状、表面有瘤状突起的球状、平滑球状等，还有平底帽型或脊圆型、长薄片状，以及形态独特的水母型、草帽型（徐德克等，2005）。刺球状及有刺的脊圆型是棕榈科植物的特有型（Dickau et al.，2013），不同形态的球状植硅体组合是棕榈科的一大特征。另外，棕榈科不同属球状大小及表面纹饰存在差异，如糖棕属球状植硅体为 20.00～27.00μm，*Phoenicoideae* 的球状只有 4.00～6.00μm（Lisa and Dolores，1998），球状表面纹饰有平滑的、有结核的、有刺状的（Fenwick et al.，2011）。

（三）其他木本类植硅体

除了松科、棕榈科外，其他木本植硅体研究相对少且不够系统，仅限于少数学者的认识。研究结果显示它们大都没有被观察到独特的植硅体类型，表 1-1 总结了 8 科没有独特植硅体类型的植物，还有大戟科、槭树科、无患子科等也都没有观察到独特的植硅体类型，但也在少数木本植物中发现了特有的及形态特殊的植硅体类型。

表 1-1　15 科木本植物的植硅体形态组合特征

植物科属	主要植硅体形态组合	有分类意义的植硅体形态
榆科	毛发状、毛发底座、表皮植硅体及硅化气孔	有疣状突起的球状（Morris et al.，2009）
桑科	块状、毛发状、有颗粒的钟乳体	短的、圆底毛发状（Wallis，2003）
橄榄科	倾斜的表皮植硅体	表面有结节突起的棒型（Watling and Iriarte，2013）
使君子科	不同形态的板状及导管型	倾斜板状（Watling and Iriarte，2013）
番茄枝科	多面、反光块状、石细胞	多面、反光块状（Watling and Iriarte，2013）
爵床科	球状、多面块状、不规则扁平状、螺旋棒型、石细胞	半球表面有皱纹、半球平滑的球状（Dickau et al.，2013）
壳斗科	—	多面的球状（Lisa and Dolores，1998）
椴树科	表皮植硅体、毛发底座、导管型、块状、棒型	未发现（Watling and Iriarte，2013）
无桠果科	顶尖底宽的三角型、多细胞毛发底座	未发现（Watling and Iriarte，2013）

续表

植物科属	主要植硅体形态组合	有分类意义的植硅体形态
蔷薇科	多面倾斜表皮植硅体、叶肉细胞植硅体、毛发状及毛发底座、导管型	未发现（Thorn，2004）
樟科	光滑粒状、粗糙粒状及集合体状	未发现（Rovner，1983）
马钱科	毛发状	未发现（Morris et al.，2009）
朴科	边缘不规则、表面有刺的不规则板状及独特的钟乳体	未发现（Morris et al.，2009）
木兰科	多面体及多面表皮植硅体	未发现（Morris et al.，2009）
杨柳科	多面表皮植硅体及导管型	未发现（Morris et al.，2009）

可见，除了研究较多的松科、棕榈科外，其他木本植硅体受关注不多，而木本植硅体形态研究的滞后可能直接影响到沉积物中草本及木本植硅体的辨识，这也从某种程度上给古植被信息提取带来困难，因此需要加大木本植硅体研究的力度。另外，木本植硅体形态复杂多样，木本植硅体形态命名仍很混乱，我国木本植硅体研究较少，名称还是沿用吕厚远等的命名，如何与国际上植硅体名称相接轨的问题也需要解决；对于难以鉴别的植硅体形态应考虑对其进行三维立体图像分析，尝试寻找木本植硅体的形态特征规律。

三、总结及展望

以上分别总结了草本及木本植物不同科属的典型植硅体及形态组合特征，明确了植硅体形态研究的现状。近年来，植硅体形态研究得到了较快的发展且已取得较多成果。但是随着草本及木本植硅体研究范围的扩大、植硅体应用领域的扩展，植硅体形态研究也逐渐显现一些不足，如植硅体形态命名混乱、草本及木本植硅体形态难以区分等，制约着植硅体在更深、更广水平的应用。

为了解决以上问题，首先，应大范围总结不同植物植硅体形态，包括开展多种植物植硅体的描述、不同植物器官植硅体形态的刻画、不同地域同种植物植硅体形态的比较等，以全面总结不同植物的典型植硅体形态及植硅体组合特征。其次，在描述植硅体形态时，应综合考虑形状、纹饰、来源等信息，对于难以区分的平面图像应获取其三维立体图像，并尝试利用先进的计算机技术对植硅体进行图像分析。再次，为避免植硅体名称的混乱，新发现的植硅体命名应严格按照植硅体命名法则的规定，矫正原有的植硅体名称，尽量得出统一的认识。最后，最根本的是应该明确植硅体来源及形成机理，这对于从根本上探讨不同植物植硅体形态差别有重要作用，也是进一步解释不同植硅体在沉积物中的保存性、植硅体形态受外界环境因素的影响等问题的依据。可见，植硅体形态研究还有很多问题亟待解决，而植硅体形态的研究直接制约植硅体在古环境、古气候、考古学等领域的应用，应该予以充分重视。

第二节　植硅体–植物分类

植硅体形态和植硅体形态组合是植物分类的重要依据。美国、法国、中国等不同学者依据草本植物、木本植物的特征植硅体与植硅体组合及植硅体形态参数，利用 CA、PCA、DA 等数学方法对植物进行分类，能够将草本植物在科甚至属、种的水平上进行分类，而木本植物的分类效果不是很理想，一般可以达到科的水平。

一、植硅体–草本植物分类

根据植硅体对草本植物进行分类，一般以特征植硅体、植硅体形态组合及植硅体形态参数作为分类依据。利用特征植硅体能够对禾本科、菊科、莎草科等在科的水平上进行分类，对禾本科内部能够分辨到亚科。利用植硅体组合特征对植物分类是应用较早且常见的方法，多位学者已尝试利用此方法对不同草本植物进行分类。Gallego 和 Distel（2004）在阿根廷草原提取到 47 种草本植物植硅体，利用其中主要的植硅体进行聚类分析，将 C_3、C_4 植物明显地分为两组，Honaine 等（2006）进一步对 20 种禾本科和菊科主要植硅体进行聚类分析及主成分分析，能够将菊科与禾本科的早熟禾亚科、芦竹亚科、黍亚科明显分开。之后，Mercader 等（2010）总结了莫桑比克主要草本植硅体形态，分别鉴别出黍亚科、芦竹亚科、竹亚科、画眉草亚科的植硅体类型，利用这些植硅体组合同样能够将草本植物鉴别到亚科的水平。国内，黄翡等（2004a）总结了内蒙古草原中禾本科植硅体亚科水平的植硅体组合特征，利用此特征和相关的数理分析实现了禾本科亚科水平的植物分类。同样，青藏高原的早熟禾亚科植硅体的分析结果显示，利用其属一级植硅体的分布和组合特征能够将早熟禾亚科鉴别到属的水平（秦利等，2008）。郭梅娥等研究了长白山 14 科湿地植物的多种植硅体形态，对植硅体组合进行聚类分析，发现植硅体组合对湿地植物分类的效果也较好（Guo et al.，2012）。为了在更精细的水平上对植物进行分类，众多学者深入研究了植硅体形态特征，发现同一类型植硅体还是存在细微的差别。为了进一步描述它们之间的差别，学者提出了用植硅体形态参数来刻画同一类型植硅体的差异，以区分亲缘关系较近的植物，从而提高植物分类的水平。

早期，近藤、吕厚远等就尝试通过测量扇型植硅体的扇面长度、扇柄长度、扇宽、扇柄宽、扇柄厚度对稻亚科和竹亚科在亚科的水平上及竹亚科在属的水平上进行区分。随后，吕厚远等利用多种草本植物的哑铃型的形态参数，将草本植物鉴别到亚科的水平（Lu and Liu，2003a）。徐德克等（2005）测量了棕榈科的植硅体特有型——刺球状的形态参数，利用其长轴长度、短轴长度、刺的数量、褶高和褶距能够将棕榈科植物进行区分。李泉等（2005）选取竹亚科特有的长鞍型作为研究对象，测量其长度、宽度、侧面宽，并结合硅质颗粒数目等，对不同竹亚科植物进行判别，以区分不同竹亚科植物的生活型，发现散生竹的长鞍型植硅体个体最大，混生竹次之，丛生竹最小。早期学者依据扇型植硅体的长度、宽度、扇柄长、侧长建立判别函数，能够有效地将粳稻与籼稻区分。根据黍亚科中哑铃型的长度、宽度、柄长、柄宽能够将黍亚科鉴别到属的水平（Fahmy，2008；张健平等，2010）。刘洪妍等（2013）通过测量植硅体在长轴方向的延展程度及与圆接近的程度（长度、面积、周长、最小外接圆面积及周长、最大内切圆面积及周长），并利用黍亚科植物中的哑铃型植硅体和早熟禾亚科植物中的棒型、尖型、齿型的形状系数，进行判别分析及非参数检验，可初步将它们鉴别到种的级别，且同一形态参数指标能够适用于不同的植硅体类型，这为植硅体形态研究提供了新思路。2013 年顾延生等通过测量哑铃型的长度、宽度、柄长、柄宽，扇型的长度、宽度、侧边长、扇顶长，双峰颖片型的顶部宽度、中间宽度、乳突的平均高度、乳突之间的宽度，用三种植硅体的形态参数分别进行判别分析，有效地将野生与栽培水稻区分开，这一成果对于考古学具有重要意义（Gu et al.，2013）。

二、植硅体–木本植物分类

早期人们尝试从木本植物叶片中提取植硅体，发现与草本植硅体形态相比，木本植硅体形态复杂、不规则，很难用于植物分类。随着人们对木本植硅体认识的逐渐深入，发现某些木本植物中还是存在特征植硅体的，并开始利用木本植物植硅体对木本植物进行分类。

Carnelli 等（2004）研究了阿尔卑斯地区 21 种常见的植物，包括双子叶植物及单子叶植物，利用植硅体组合进行聚类分析及主成分分析，发现松科与杜鹃花科能够分开，木本植物内部很难进一步区分。Mercader 等（2009）分析了非洲莫桑比克 90 种木本植物植硅体，并利用植硅体组合进行主成分分析和聚类分析，两种分析结果相似，都能够将木本植物在科的水平上进行分类，尤其是基于茎中植硅体的植物分类细胞更好。葛勇等对长白山北坡的 14 种木本植物进行植硅体分析，总结了 14 种植硅体形态，发现针叶植物与阔叶植物的植硅体组合存在明显差异（Ge et al.，2011）。Sayantani 等（2013）研究了印度桑德班斯现代三角洲的 33 种非草本植硅体，对不同植硅体形态含量进行主成分分析，发现木本植硅体形态的贡献率很低，木本植硅体分类意义不明显。Watling 和 Iriarte（2013）选取了南美洲北部的 92 种非草本植物作为样品，研究了不同形态植硅体的分类意义，认为其中的 37 种非草本植物的植硅体能够将植物鉴定到科的水平。可见，对于利用木本植硅体组合对植物进行分类的认识还不统一。为了提高基于木本植硅体的木本植物分类效果，作者尝试利用典型植硅体的形态参数对木本植物分类。通过测量 4 科 15 种木本植物的植硅体形态参数，包括块状、棒型植硅体的长轴长度、面积、周长、最小外接圆面积、最大内切圆面积，根据这些形态参数对其在科的水平上进行判别分析，总正确率为 76.60%；以平滑棒型及刺状棒型的长度、宽度、刺长为参数，对 6 种松科植物在亚科的水平上（冷杉亚科、落叶松亚科、松亚科）进行判别分析，总正确率为 64.70%，说明利用植硅体形态参数对木本植物进行分类研究还是有一定潜力的。

三、植硅体–植物群落分类

由于群落组成不同或是外界环境的差异，不同植物群落的植硅体形态组合及植硅体含量存在差别。在利用植硅体对植物分类的基础上，其也可用于不同植物群落的划分。利用植硅体划分植物群落主要基于两种指标，一是具有植物分类意义的植硅体类型、植硅体组合指标，二是利用植硅体浓度的差异区分不同植物群落，其中利用典型植硅体及植硅体组合指标划分植物群落的应用最为广泛。众多学者分别提出划分植物群落的指标。

例如，植硅体指标干旱指数 IPh（ariditdy inedx）=画眉草亚科植硅体（鞍型）/［画眉草亚科植硅体+黍亚科植硅体（十字型+哑铃型+鞍型）］可以区分高、矮草原（Barboni et al., 2007）；Delhon 等（2003）认为用 D/P=阔叶植硅体（球粒状）/禾本科植硅体（来源于短细胞、泡状细胞和毛状细胞的植硅体之和）计算阔叶林覆盖密度，用 P_i（松科植硅体）/P（禾本科植硅体）计算针叶林覆盖密度，用 $T=D/P+P_i/P$ 计算总的木本植物覆盖密度，而木本植物覆盖密度的增减也能够反映不同的气候环境；McCune 和 Pellatt（2013）认为仅利用黄杉属的特有类型——星状植硅体，能够识别加拿大的林草过渡界线及其演变过程。另外，不同小生境下植物群落植硅体形态组合也存在差异。吕厚远等分析了美国东南沿海不同生境的近 65 种现代植物和 50 个表土样品的植硅体，总结了不同植物植硅体形态和不同环境下沉积物的植硅体组合特征，结果显示不同的海岸带环境可以由植硅体组合进行判别（Lu and Liu, 2003b）。沿海不同植物群落中黍亚科、画眉草亚科、竹亚科、稻亚科具有不同的植硅体组合特征，其中红树林区主要植硅体类型为哑铃型及十字型，离海较远的常绿森林区典型植硅体类型为短鞍型、三角塔型、双角塔型、龙骨状帽型（Ghosh and Naskar, 2011）。

然而对现代植物群落植硅体的研究归根结底还是应用于沉积物中，以反演不同时期植物群落演变情况，间接推断气候环境的变化。Barboni 等（2007）提取了非洲 10 个不同群落的表土样品，总结了 11 种能够将群落有效区分的典型植硅体类型，当海拔高于 1900.00m 时，利用帽型和哑铃型分类效果较好，海拔低于 500.00m 时，球状的分类效果更好。Mercader 等（2000）认为表土中的粗糙球状、哑铃型的含量在森林密集区与稀疏区差别较大，说明这两种类型可以作为森林动态演变的代用指标。Heloisa 等（2013）利用 D/P（双子叶植硅体/禾本科植硅体）研究了巴西全新世以来的森林覆盖密度，选取粗糙球状代表双子叶植物，短细胞、毛状细胞、泡状细胞植硅体为禾本科代表类型，发现全新世以来巴西森林覆盖密度变化不大，一直处于干旱森林区，未达到湿润森林区水平。除了反演不同时期的森林覆盖密度，植硅体还能够用于推测林线变迁等。刘红梅（2010）、郭梅娥等（2012b）根据植硅体组合测算了长白山北坡不同高度的表土及剖面的温暖指数，并据此反演出长白山某一时间段的林线变迁情况及气候变化规律。Dickau 等（2013）研究了南美洲玻利维亚 10 个具有显著差异的植物群落下的表土，包括常绿森林群落、落叶森林群落、草原群落，详细描述了各植物群落的植硅体组合状况，发现利用植硅体组合能够将热带常绿森林群落、落叶森林群落、大草原群落相区分。

虽然已有学者研究了特定地区的植硅体形态指标，但是由于不同地区同一科属的典型植硅体类型存在差异，不同地区间不能照搬同一植硅体指标，一概而论。Caroline（2004）总结了不同生态系统典型植硅体类型：热带森林群落中，木本植硅体典型类型为有褶皱或平滑的球状和厚壁组织中硅化的植硅体，其中有褶皱的球状由于含量较多，成为测算热带森林覆盖密度的指标；南半球的亚热带及温带生态系统也以非草本植硅体为主，主要有褶皱及平滑的球状、硬化细胞植硅体、表皮植硅体；北温带的生态系统较复杂，主要根据低丰度的植硅体或是不存在的类型及特有型等推断植物群落的演变，植硅体类型主要是叶肉细胞植硅体、不同形态的板状、块状、针叶类植物中产生的特有型，而这些代表类型对于研究群落的动态演变及反演古环境提供了基础。

另外，不同植物群落的植硅体总量也存在差异，不同植物群落植硅体含量分别限定于不同的范围，可以用其笼统地区分差异较大的植物群落类型，可以避免植硅体形态指标选取不当产生的误差。Carnelli 等（2001）研究了阿尔卑斯山地区的 28 种高山植物，发现不同植物科属及不同群落的硅含量不同，单子叶植物、双子叶植物、针叶类植物的硅含量分别为 3.00%、0.10%、0.30%，而草原群落、高山草地群落、灌木群落、森林群落硅含量分别为 9.40%、1.20%、0.48%、1.60%，不同植物群落环境中硅含量存在差异。Marie（1985）总结了三个不同群落（高草原、矮草原、森林群落）的植硅体，发现不同群落表土中植硅体丰度存在差异，利用其植硅体组合特征及植硅体的丰度差异能够区分这三种群落。Carnelli 等（2001）也认为土壤中植硅体难以区分来源且保存性有所不同，单用植硅体形态指标不能准确反演原有植被状况，建议用植硅体的浓度与类型相结合区分不同植物群落，二者相互弥补，以全面准确地反映植物群落演变情况。总之，利用植硅体形态组合划分植物群落具有可行性，但不同地区的具体植硅体形态指标仍需具体分析。不少学者在研究林草交错带时，将短细胞植硅体、球状植硅体分别作为禾本科、木本植物的代表类型，由于两者在草本、木本植硅体中所占比例不同，且不是所有的木本植物中都存在球状植硅体等，这种指标对草本及木本植物的反演存在偏差。由于不同植硅体的保存性不同也会影响结果的准确性。因此，准确地区分草本植物和木本植硅体，以及不同类型植硅体保存性的研究显得尤其重要。以上两种利用植硅体划分植物群落的方法各有利弊，将两者相结合，既考虑植硅体形态组合指标，又考虑群落植硅体的总浓度，结果有可能更准确。

第三节　植硅体与环境因子的关系

植硅体发育于植物细胞及细胞间隙，而植物生长又受外界环境因素的影响，所以植硅体与外界因子环境关系密切。不同类型的植硅体具有不同的环境指示意义，植硅体形态组合及百分含量也会受温度、湿度、CO_2 浓度等环境的影响，因此，植硅体能够用于推测古环境演化。

一、植硅体类型及其组合对环境的指示意义

首先，某些植硅体类型具有较好的环境指示意义，能够直接反映气候环境。王永吉和吕厚远（1987）综合考虑了植物的不同光合作用途径及现代表土植硅体不同类型的分布规律，将禾本科植硅体大致分为两组，即以狐茅型、棒型和尖型为代表的示冷型植硅体和以虎尾草型、黍型、扇型及长鞍型为代表的示暖型植硅体。吕厚远和王永吉（1992）对不同植硅体类型对应的气候环境进行研究，发现哑铃型、竹节型、长鞍型、圆粒型代表温暖湿润的气候，扇型、方型、长方型产生于比较温暖的环境，短鞍型代表干旱少雨的环境，帽型、齿型、平滑棒型、刺状棒型、尖型代表寒冷干旱的环境，而皱纹型、团粒型多产于极端干旱寒冷的环境，不规则植硅体多指示寒冷气候。吕厚远等认为禾本科植物哑铃型植硅体的形态、大小与湿度有密切的联系，其中湿生植物哑铃型的柄较短，而旱生植物产生的哑铃型的柄较长，如果这种现象能够发现于更多种类或更多环境条件

下生长的植物，哑铃型的大小有可能用于反映植物生境的干湿状况（Lu and Liu，2003）。介冬梅等从湿地植物中提取了大量的硅化气孔，发现水生植物硅化气孔的含量多、宽度大，另外，羊草的硅化气孔大小随湿度的变化而变化，其长度和宽度也会相应变化，说明硅化气孔对湿度因子反应敏感（左闻韵等，2005；介冬梅等，2013）。有学者认为扇型植硅体含量［Fs（%）=扇型植硅体×100%/（植硅体总数−棒型个数）］可以指示植物生长的蒸腾作用强弱或受到的水分压力状况，植物生长蒸腾作用越强，受到的水分压力越大，扇型植硅体比重越大。吕厚远和王永吉（1992）认为海绵骨针、硅藻代表水生或极湿润的环境，其不属于植硅体，但环境指示意义较强。因此，具有典型环境意义的植硅体的应用比较简单直接，被广泛应用于古环境研究中，另外，其也是植硅体组合指标应用的基础与前提。

其次，利用植硅体形态组合及相关指标也能够反映气候环境。由于植物及沉积物中植硅体类型多样，难以利用单一植硅体进行全面的描述，因此，典型植硅体的应用存在局限性，重建古环境、古气候更多的是利用植硅体组合及其指标进行描述。王伟铭等（2003）根据示暖型、示冷型植硅体定义了温暖指数［温暖指数=示暖型植硅体/（示暖型植硅体+示冷型植硅体）］，在沉积物植硅体研究中普遍用其推测不同时间段的气候特征，是应用最为广泛的植硅体指标。由于 C_3 植物多生长于温凉或高海拔的气候环境，C_4 植物多生长于温暖、湿润的气候区，而典型 C_3 植物早熟禾亚科中的植硅体代表类型为针茅哑铃型、齿型、帽型、截锥型，用它同 C_4 植物植硅体组合的比值作为温度的指标［例如，$IC_3/(C_3+C_4)$=早熟禾亚科植硅体/（早熟禾亚科+黍亚科+画眉草亚科植硅体）］，以恢复环境的海拔和温度。画眉草亚科的抗旱能力较强，主要生长于干旱环境中，因此利用干旱指数"IPh（ariditdy index）=画眉草亚科/（画眉草亚科+黍亚科）"可以推测气候的干旱程度（Alexandre et al.，1997）。Bremond 等（2008）利用 Fs 指标，即泡状细胞植硅体与总植硅体之比，评价草本植物受水分胁迫情况，从而可以用其反映所处环境的水分状况。另外，研究较多的林草交错带、森林覆盖比例、草地动态演变等都用到植硅体组合指标，其主要利用草本植物与木本植物的典型植硅体的数量进行比较，反映草本及木本植物的数量变化（Dickau et al.，2013）。而植物群落组成的变化也可间接推测气候的变化，就草本及木本植物覆盖比例而言，由于木本植物代表较湿润的环境，而草本植物生长于相对干旱的气候环境，其比例的变化能够间接反映气候要素的变化。将非洲现代植硅体的组合特征与孢粉资料对比，Alexandre 等（1999）建立了木本覆盖比例指标"ID/P=D（双子叶木本植硅体）/P（禾本科植硅体）"，木本及草本植硅体分别选取球状、短细胞植硅体作为代表型，利用其比例的大小推测群落演变特征，发现热带雨林土壤植硅体中的 $D/P>1.00$，热带稀疏草原 D/P 接近于 1.00，而草原地区木本覆盖比例小于 1.00。Delhon 等（2003）认为在地中海地区，可以用 D/P 计算阔叶林覆盖比例，用 P_i（松科植硅体）/P（禾本科植硅体）计算松科覆盖比例，用 $T=D/P+P_i/P$ 计算总的木本植物覆盖比例，其中松科的植硅体代表为有纹孔的球型，而松科占较大比例代表寒冷的气候环境。可见，利用植硅体形态指标也能够有效地反演环境要素的变化。

植硅体能够反演环境变化，具有环境指示意义的植硅体形态及植硅体指标的应用能够反演气候，但仍有一些细节需要考虑，如草本及木本植硅体的保存性尚未解决，吕厚远和吕厚远（1992）认为草本植硅体相比木本植硅体更容易溶解。因此，由于指标的不同、所选取植硅体类型对于草本或木本植物的代表性不同等，用植硅体指标反演群落演化必然存在一定的误差，需进行深入的研究估算误差大小，从而准确地反演环境变化。

二、环境因子对植硅体数量和大小的影响

植硅体形态和大小受控于植物细胞及细胞间隙的形态和大小，而细胞及细胞间隙的发育是由环境影响下的植物生理机制所决定的。因此，植硅体形态组合及大小受环境因子的影响比较显著，主要环境因子有温度、湿度、土壤 pH、大气 CO_2 浓度及土壤营养状况。目前，外界环境因素对植硅体影响的研究较少，现有成果仅代表性地说明环境因子对植硅体数量和大小的影响。

（一）植硅体数量和大小与温度的关系

温度通过影响大气湿度及植物的蒸腾作用，也会对植硅体的形成造成影响。具体看来，温度通过影响植物的生长及生态型的形成，影响植硅体的沉淀时间、形态大小、组合特征。模拟羊草增温及氮沉降的实验发现温度及氮含量对植硅体形态及含量均有影响，增温与施氮处理对羊草植硅体发育具有拮抗作用，增温处理对羊草植硅体发育有促进作用，帽型总含量随着温度的升高而增加，其中尖顶帽型和平顶帽型含量随着温度的增加而增加，刺帽型含量则下降，羊草植硅体的种类和含量对温度及土壤氮的改变响应明显，施氮有抑制作用，若增温与施氮同时作用，有助于羊草植硅体的发育（介冬梅等，2010；耿云霞等，2011）。不同温度条件下竹亚科长鞍型植硅体的形态大小不同，生长在寒冷地区的合轴散生竹形成较大的长鞍型植硅体，可能与其能够提高植物抵御严寒和抗倒伏能力有关（李泉等，2005）。慈竹机动细胞植硅体在高温强蒸发的夏季大量形成，含量出现峰值，棒型在寒冷的冬季形成较多，含量迅速增加，多细胞植硅体相对比重也有明显变化（李仁成，2010）。刘利丹等（2013）研究东北地区芦苇植硅体的时空分异规律时，发现在东北地区范围内，纬度较低的样点芦苇植硅体浓度相对较大，纬度较高的样点芦苇植硅体的浓度相对较小，说明温度对植硅体浓度有影响。

（二）植硅体数量和大小与湿度的关系

据前人研究，机动细胞在蒸腾作用加剧或干旱压力的条件下优先硅化，在大量失水的情况下能够收缩细胞的宽度，促进叶片卷曲、减少叶片曝光的面积，而细胞大小的改变会影响植硅体形态的形成（Bremond et al.，2004）。不同物种植硅体受湿度的影响不同，且同一物种不同植硅体类型受湿度的影响也存在差异。在东北地区不同湿度条件下芦苇植硅体形态组合特征的研究中，干旱环境下芦苇植硅体变大，硅化气孔的含量相应减少，而湿润区则相反；尖型植硅体长度会随湿度的不同有所差异，鞍型植硅体随着湿度的增加而增加，湿度的增加有利于芦苇植硅体的发育，植硅体随着湿度的减小呈现变大的趋

势（介冬梅等，2013）。另外，湿地植物中普遍存在硅化气孔，芦苇、水问荆和狄等在水生环境中采集的植物含有的硅化气孔数量较多、宽度较大，说明植物植硅体的形成与湿度的关系较为密切（Guo et al.，2012）。Madella 等（2009）认为植物在生长过程中所需水分影响植硅体的产量，特别是在普通小麦、二粒小麦和大麦等植物中，某些特殊敏感植硅体产量受到的影响更为明显。Katz 等（2013）对 8 种菊科植硅体总量与灌溉水量关系的研究发现，大部分灌溉区植硅体含量相对较多，但有两种菊科植硅体则是非灌溉区含量更多，说明植硅体含量受湿度的影响程度因物种而异。

（三）植硅体数量和大小与其他环境要素的关系

植硅体来源于植物，外界环境因子对植物的影响势必会影响到植硅体的形态及含量等。除了温度、湿度等气候因子对植硅体有明显影响外，大气 CO_2 浓度、氮沉降、土壤pH 及土壤含水量也会对其产生显著影响。大气 CO_2 浓度能够促进植物的同化作用，改变植物对水分的利用效率，影响植物生长过程中植硅体的淀积。在自然状态下模拟 CO_2 浓度升高对羊草植硅体形成的影响发现 CO_2 浓度升高能提高羊草植硅体的产量；不同类型植硅体含量变化不同，刺棒型、平顶帽型、刺帽型和矛尖型的含量下降，而角状棒型、光滑棒型和尖顶帽型的含量上升，并且新出现了对照处理中未见到的空心棒型和毛发状；不同类型植硅体大小变化也不同，平顶帽型、尖顶帽型和刺帽型的长与宽增加，角状棒型长度变小（葛勇等，2010）。CO_2 浓度升高对植硅体的含量、组合及大小有显著影响，利用植硅体分析重建 CO_2 浓度具有一定的潜在价值。土壤酸碱性也会影响植硅体大小及含量，介冬梅等（2010）对松嫩草原羊草植硅体形态特征及环境意义进行分析，发现随着环境中 pH 的增加，弱齿型、尖型以及硅化气孔数量都出现增加的趋势，硅化气孔的体积也有变大的趋势，植硅体总数量有所减少，得出羊草耐盐碱 pH 极值可能为 10.15～10.18。耿云霞等（2011）也研究了不同盐碱梯度环境下的羊草植硅体变化情况，发现植硅体的大小随着盐碱度的升高呈现出不同程度的变化，总体上有增大的趋势。另外，土壤营养状况直接影响植物的生长及发育，也对植硅体的形成有促进或抑制作用，但相关研究较少，具体影响机制仍需深入探讨。

研究环境因子对植硅体形态及含量的影响应选择环境适应性较强的植物，从而排除物种差异对研究结果的影响，因此，研究植物物种的选择非常重要。本书所做的研究主要以芦苇为研究对象，芦苇属于禾本科中的芦竹亚科，是东北地区 C_4 植物的代表物种。芦苇为多年水生或湿生的高大禾本科植物，是典型的广域性植物，多生于低湿地或浅水中，世界各地均有生长，具有广泛的适应性，在淡水、碱性、轻盐性的湿地都有分布，甚至在强酸性（pH=2.90）的湿地和干旱沙丘也能生长，而且芦苇作为禾本科植物，植硅体研究较成熟，已有的研究成果显示成熟期的芦苇硅含量较高，植硅体形态丰富（王永吉和吕厚远，1992）。芦苇植硅体形态规则，类型相对少，常见的植硅体类型有鞍型、尖型、帽型、硅化气孔、扇型、棒型、蜂窝状植硅体和其他类型。植硅体多来源于短细胞，具有较好的环境指示意义。常见植硅体中帽型、棒型、尖型为示冷型植硅体，扇型、鞍型为示暖型植硅体，而硅化气孔对湿度反应敏感。因此，芦苇用作植硅体研究，尤其是环境因素影响下的植硅体研究将具有一定代表性。

第四节　土壤植硅体的溶解与运移

　　植硅体以硅质成分为主，具有很强的抗风化能力，在植物腐烂、分解、搬运、埋藏过程中能较完好地保存下来，其成分受后生作用改造也较少。正是由于植硅体原地保存性好，能够直接从沉积物中提取出不同时间段的古环境信息，植硅体才得以广泛地应用于反演古环境、古气候。随着植硅体应用的深入，众多学者发现植硅体形态出现磨损、破裂等现象，推测植硅体有可能在不同的环境条件下出现溶解或运移，而植硅体的保存会影响到植硅体的代表性，进而影响到植硅体应用的准确性。近年来，不少学者开始研究植硅体的埋藏及运移规律。

一、植硅体在土壤中的溶解

　　早期，一些学者认为植硅体在土壤中的含量是稳定的，溶蚀量很小，不会影响到植硅体指标的应用。然而，后来研究发现植硅体在埋藏过程中由于受到物理、化学及生物作用的影响，会不同程度地受到溶蚀。热带森林的植硅体溶解速率快，并能迅速被植物吸收，植物吸收溶解的有效硅含量是植物吸收矿物成分的 3 倍。土壤中不同植硅体形态的溶解速率不同，Caroline（2004）认为不同植硅体形态对于土壤的化学及力学的响应不同，一些易碎的植硅体类型，如叶肉细胞植硅体，在植物中富集而在土壤中很少见，毛发状、泡状细胞植硅体、不规则的平滑及弯曲长细胞植硅体、具有瘤状突起的长细胞植硅体都是不稳定的，而平滑棒型、有褶皱的棒型相对较稳定。另外，Alberta 等（2000）发现土壤中双子叶木本植硅体是超代表性的，草本植硅体相对来说是低代表性的，即木本植硅体比草本植硅体更易于保存，而木本植物中阔叶植物植硅体比针叶植物植硅体易溶解。即使在同一植物中，花序植硅体比茎、叶植硅体更易溶解（Cabanes et al.，2011）。当土壤温度升高时，土壤中的植硅体更易溶解，如土壤经过火灾后，有可能是由于加热导致植物硅移除羧基及束缚水，使其更易溶解。可见，不同植物及不同类型的植硅体溶解速率不同，而保存性的差异影响植硅体的植物代表性。

　　植硅体溶解问题较为复杂，植硅体溶解速率受多方面因素影响。第一，植硅体自身因素，植物植硅体本身 Si/Al、表面积大小和含水量不同，抵抗溶解的能力也有很大差异。植硅体内铝铁含量越多、含水量越多、表面积越大，植硅体越容易溶解（Piperno，2006）。针叶类植硅体比阔叶类植硅体保存时间久，就是因为针叶生长时间久、叶中水量少、铁铝含量高。不同植硅体类型的保存时间不同有可能与植硅体表面积直接相关，表面积大的植硅体更易受到侵蚀而更易破碎。第二，植硅体溶解速率与沉积环境的物理性质有关。土壤植硅体溶解受土壤 pH 及土壤中铁铝氧化物含量等影响。土壤 pH 对于植硅体溶解速率有直接影响，研究显示，当 pH 为 2.00～8.00 时植硅体是稳定的，但当土壤 pH 高于8.00 时溶解量会上升，Karkanas（2010）发现考古遗址中植硅体在碱性环境中能够全部或部分被溶解。土壤中铁铝氧化物会吸附溶解硅，热带地区土壤因为富含铁铝氧化物而不利于植硅体的积累。第三，人类活动会影响植硅体的溶解（Jenkins，2009）。人类活动用火或火灾的高温作用能够使植硅体发生熔融变形,造成植硅体内部有机质的氧化变色。

另外，考古遗址中的植硅体含量相对于自然剖面的较多，Albert 等认为这是由于人类的直接或间接活动导致大量有机质及相应植硅体的聚集，也有可能是由于遗址中植物较少，植硅体的溶解较少（Albert et al.，2000；Shahack-Gross et al.，2003；Tsartsidou et al.，2009；Cabanes et al.，2011）。第四，植硅体的分解速率与其提取方法有关，一些学者研究了不同植硅体提取方法对于埋藏学的作用，主要集中于灰化法和湿化法的区别，土壤及沉积物植硅体的提取主要通过物理或化学作用从矿质成分和非矿质成分中把植硅体浓缩或分离出来（Parr et al.，2001a，2001b）。植硅体提取方法对于植硅体溶解的影响主要有两种观点：一种认为植硅体的形态组合没有受到明显影响，另一种认为会产生重要影响，灰化法利用高温灼烧使植硅体脱水而造成不同个体之间的熔融，形成结合在一起的多细胞植硅体，而湿化法强烈的氧化作用使结合在一起的植物组织分离，产生较多的单个植硅体，如 Jenkins（2009）认为小麦中富含的多细胞集合植硅体与提取方法有关。相对于前三种影响植硅体溶解的因素，植硅体提取方法对植硅体溶解的影响目前还没有统一的认识。

由于植硅体的溶解会影响不同深度土壤的植硅体含量及造成植硅体形态的破损、变形，植硅体在用于恢复古环境、古植被时应考虑沉积物中植硅体的保存问题。Cabanes 等（2011）尝试定量分析植硅体在沉积物中的保存情况，其认为利用沉积物中植硅体时应首先确定沉积物植硅体的绝对含量，然后进行植硅体形态分析，对于形态相似的植硅体则采用植硅体变化指数（PVI）突出其差别，最后应用最快溶解方法估算植硅体的溶解度。Madella 等认为有两种评价植硅体代表性的方法：一种是利用泡状细胞表面的凹陷程度及长细胞侵蚀程度预计植硅体保存程度，另一种可以用长细胞与短细胞之比估算植硅体的保存性（Madella et al.，1998；Lancelotti，2010）。

二、植硅体在土壤中的运移

植硅体密度较黏土和孢粉大，一般认为不易被搬运，具有原地沉积的特征。然而，在剧烈风力、火灾、地表径流、动物排便以及人类生产活动作用下也可能引起植硅体的迁移。近年来，随着植硅体分析在古环境重建研究中的广泛应用，植硅体在土壤及现代沉积物的垂向运移作用及其对植硅体分析的影响的研究日益受到重视。早期 Rovner（1983）认为植硅体有一定的重量及个体相对较大，在土壤中不向下运移或移动量很少，不会影响植硅体的应用，其中，沉积物表层到下层植硅体组合存在明显差别就说明了这一点。但是多位学者通过模拟实验及对剖面的研究发现，植硅体确实存在不同程度的运移。Wright 和 Foss（1968）进行柱状实验，发现在蒸馏水的冲击下粗砂土中植硅体是有所移动的。Alexandre 等（1997）在不渗透黏土层（130.00～140.00cm）处发现的植硅体能够移动到 220.00cm 处的铁铝土层中，说明其运移距离较远远。而 Fishkis 等（2010）和 Madella 等（1998）认为在生物扰动和水的下渗作用下，植硅体会明显地向下移动，而且不同类型的土壤或沉积物的植硅体运移量存在差异，这会直接影响到沉积物的植硅体组合特征（Fisher et al.，1995）。不同土壤类型植硅体运移机制存在差异，Humphreys 等（2003）认为灰化土中植硅体的运移主要是渗透下渗引起的；而有些学者认为植硅体的运移应该是生物扰动和下渗共同影响的，生物扰动和运输会使植硅体破碎，而下渗直接引起植硅体的运移，在不同土壤中两者有主次之分，淋溶土中生物扰动占主要地位，灰化土中下渗占主导地位（Clarke，2003；Farmer et al.，2005）。Fishkis 等（2010）通过实验为植硅体下渗运移提供了直接的证据，始成土中植硅体一年的平均搬运距离为 3.99cm 左右，淋溶土中植硅体一年的平均搬运距离为 3.86cm 左右，50.00%左右的植硅体都运移了 5.00cm 左右。Fishkis 等（2009）探究了砂质土壤的植硅体运移情况，分别对土壤进行低频率及高频率的灌溉，发现 5 个月后低频率灌溉下植硅体运移（2.70±1.60）mm，而在高频率灌溉区植硅体运移（3.70±0.20）mm，有 22.00%的植硅体有所运移。根据所建立的两种植硅体运移模型预测 1000 年后，99.00%的植硅体分别会运移 5.00cm 和 19.00cm。因此，植硅体运移会影响植硅体组合特征，影响环境反演的准确性，探究植硅体运移的影响因素及植硅体应用时的误差矫正尤为重要。

植硅体运移量受多重因素的影响。首先，植硅体自身因素。植硅体的大小对其运移具有重要影响，个体小的植硅体运移速度更快，植硅体的长宽比会影响植硅体运移速度，Locke（1986）认为植硅体长宽比大于 3.00 时植硅体运移量显著增加。不同类型植硅体在不同土壤类型中的运移量也存在差异，长宽比小于 2.00 的植硅体在始成土及淋溶土中随深度的增加而减少；长宽比大于 3.00 的植硅体在始成土中的数量随深度的增加而增加，其在淋溶土中没有明显规律；相应地，始成土中植硅体数量与土壤深度明显相关，而在淋溶土中相关性不强。其次，风和水都会运移不同大小、形状及比重的植硅体。风对植硅体运移的程度与生境的开放程度有关，在开放环境中植硅体记录了生境外围的信息，而在运移不明显的封闭区域，能够较好地反映本地环境。河流对植硅体的运移研究较少，湖泊沉积物中能够提取到河流源头的植硅体组合信息说明河流确实能够运移植硅体。据研究，在水流作用下植硅体大约以 4.00cm/a 的速度移动。最后，土壤及岩石特性也会影响植硅体的迁移。Madella 和 Lancelotti（2012）认为植硅体进入土壤后，受土壤及岩石特性影响较大（如土壤物理、化学性质等），还受到不同程度的生物扰动影响。Fraysse 等（2009）认为土壤酸碱性也会影响植硅体的运移，pH 从 4.00 上升至 10.00，植硅体的运移量明显增加。

在利用植硅体重建古环境时，植硅体在土壤及沉积物中的运移会影响结果的准确性。为了尽可能减少植硅体运移的影响，取样时应特别关注地层结构及特征的变化。植硅体在不同类型土壤或沉积物的运移存在差异，应该具体分析，植硅体运移较小的土壤类型能够较客观、精确地重建植被和环境，而对于植硅体运移量较大的土壤类型则应具体考虑其运移量。Meunier 等（2014）发现利用 1.00% Na_2CO_3 提取无定形硅后加上晶体硅的矫正成为定量研究土壤及水生环境硅迁移的有效方法，目前此种方法已用于硅藻研究中，定量研究土壤及其他沉积物种中植硅体的运移仍需不断地探索。

第五节　植硅体在古环境中的应用

由于沉积物中植硅体记录了历史时期的植被类型、温度和湿度等综合信息，植硅体成为古环境研究的重要手段之一。植硅体在反演第四纪环境方面取得的成果较多，以下主要总结植硅体在重建古植被、古气候及相应的考古学方面的应用。

一、植硅体在恢复古植被和古气候中的应用

与其他微体古生物化石研究方法一样，植硅体研究也是通过形态鉴定和确定组合带来划分对比地层，通过古植被恢复和植物群落演替讨论推断古气候环境及其变迁。在利用形态组合综合恢复古植物群落种类组成时，植硅体不如孢粉化石那样直接，但在许多少含或不含孢粉化石的红土、黄土等哑地层中，尤其是以禾本科植物为主的生态环境的研究中，植硅体则显示出重要的作用（Wang，2003；张新荣，2006；安晓红和吕厚远，2012）。植硅体应用于地质学的另一个优势在于，它的碳同位素值与植物体中碳同位素值密切相关，而且地层中植硅体碳同位素不受后生成岩作用的影响，它可以连续分布在各种沉积相的地层剖面中，这就为植硅体碳同位素应用打下了基础。此外，随着 AMS 测年技术的提高，微小植硅体样品年龄的测定已经成为了可能，许多学者用此能够进行准确的年代测定。相对于其他环境代用指标，植硅体有其特有的优势，在古环境研究方面的应用逐渐得到认可。

利用植硅体反演古植被、古气候开始于 20 世纪 80 年代前后，历时较短，但也取得了一些显著的成果。1959 年，Baker 研究了澳大利亚维多利亚古近纪—新近纪和第四纪硅藻土中的植硅体，对植硅体形态进行了鉴定分析。1961 年，Jones 分析了美国犹他州、怀俄明州、南达科他州的几个新生代地层剖面中的植硅体，他认为植硅体在新生代不同的沉积相地层中都有可能存在，但尚待深入研究。1967 年，Wilding 对分离出的植硅体进行了 ^{14}C 测年，这可能是植硅体的第一个碳同位素测年数据。1971 年，Wilding 和 Drees 对美国西部威斯康辛期的黄土、冰碛物和冲积平原沉积物做了植硅体分析，并将植硅体大小与沉积物粒级的动力条件进行了对比分析。同年，Rovner 对以前的植硅体工作做了总结，指出它在恢复古生态研究中有着很大的应用潜力。1980 年 Robinson 依据不同类型植硅体的比例，对美国得克萨斯州南部冰后期气候旋回进行了研究。早期日本学者利用植硅体分析在武藏野台地进行了 8 万年来的古环境变化研究，划分出 6 个植硅体组合带、5 个气候带。日美学者研究发现植硅体的风化度与地层年代及气候旋回也有一定的关系。大洋深海钻探研究表明，远洋沉积中含有许多内陆植物来源的植硅体，从而为古信风研究增添了可靠依据。此外，英国、澳大利亚、加拿大、美国、日本等很多国家曾对古土壤中的植硅体做了分析。

我国从 1988 年开始，把植硅体应用到了地质学、考古学等方面。诸多学者先后对部分现代植物、古代遗址沉积、黄土沉积、浅海沉积、河流沉积、沙丘堆积做了植硅体分析（Wang，2003；安晓红和吕厚远，2012）。1989 年，王永吉、吕厚远利用植硅体对青岛附近海岸阶地做了恢复古环境的尝试工作，分析了气候变化经历了"温—冷—温—冷"的过程，并与海平面的升降变化做了对比。我国胶州湾海岸阶地中部夹杂明显的泥炭层，由于缺乏反映环境标志的化石，长期以来把这个黑色层视作高海侵面的标志，通过吕厚远等的研究，划分出 5 个植硅体组合带，包含泥炭层的组合带反映气候变冷，海平面下降则形成潮上富有机质沼泽沉积环境。吴乃琴等（1992）对 C_3 和 C_4 植物植硅体进行了研究，并利用全国 162 块表层土壤样品的植硅体组合及气候资料，建立了植硅体-气候因子转换函数，并估算出渭南晚冰期以来的年均温和年均降水量（Li et al.，2010）。吕厚

远在 1996 年做了宝鸡黄土植硅体组合的季节性气候变化对黄土高原和南海陆架古季风演变的生物记录（包括植硅体在内），与 Heinrich 事件进行了分析对比，1999 年对末次间冰期以来黄土高原南部植被演替的植硅体记录做了分析。1997 年，王永吉等对冲绳海槽岩心植硅体进行了分析，这是我国第一次在半深海做植硅体分析工作，得出了正确可靠的结论。此外，王伟铭对江西星子县红土和南京直立人洞穴沉积中的植硅体进行了分析研究。我国第四纪黄土沉积厚度大、分布广，黄土研究具有特殊的地理优势，在全球气候变化研究方面，植硅体分析已经提供了重要的信息（王伟铭等，2003）。吕厚远和王永吉（1991）对洛川黑木沟黄土植硅体组合生态环境进行了解释，并应用对应分析方法所做的成因分析，直观定量反映出各层位的古气候条件与整个剖面上的气候变化，经计算分析晚更新世以来洛川地区古植被经历了 8 种植被类型演替过程。黄土地层加密取样的植硅体分析可以达到 1 千年甚至数百年以下的精度，是建立干旱、半干旱区高分辨气候地层序列的理想手段（黄翡等，2004a，2004b）。此外，多位学者曾尝试将植硅体分析用于黄土、红土等第四纪沉积物的分析中，为我国第四纪区域古环境变化研究提供了重要的事实依据。

二、植硅体在农业和环境考古中的应用

由于植硅体保存性好及农作物植硅体形态分辨率高、植硅体形态能够有效地将农作物区分到种的水平等特点，植硅体也成为环境考古方面的有效手段。最早可追溯到 20 世纪 90 年代初期，以德国的科学家做的工作最多，如 Netoliteky 对采自瑞士和其他欧洲遗址的考古灰烬进行植硅体研究。随后，植硅体分析被广泛用来恢复古人类环境，探寻农业的起源和古文明的产生。2000 年，在刚果的热带雨林的三个考古遗址，Mercader 等（2000）利用植硅体指标推测出在更新世和全新世期间，刚果东北部流域的热带雨林地区曾有人居住且千年前有过农业文明。2003 年，Ishida 等对阿拉伯联合酋长国拉斯阿尔卡麦的库什考古遗址进行植硅体分析，发现了各种各样的短细胞植硅体和长细胞植硅体，结果显示库什周围出现集中农业灌溉的可能性很小。2004 年，Sullivan 等首次利用植硅体分析和土壤化学过程来确定弗吉尼亚州的威廉斯堡遗址的活动范围，证明了 18 世纪殖民经济和社会转变带来的经济变化。2005 年，Harvey 等以水稻和小米为例，对印度玛哈嘎拉遗址的农作物加工过程做了研究，发现植硅体对恢复巨大植物残存物碎片十分有用。2009 年，Alam 等利用植硅体分析恢复了孟加拉国 Mahavihara 考古遗址的古环境，发现该地区的优势种为阔叶林，并且从公元 730～1080 年帕拉王朝统治下的帕哈普尔及周围地区的气候出现由冷到温暖干旱的周期性变化。2009 年，Zurro 等对雅玛纳人遗址的贝壳堤做植硅体分析，并强调取样的重要性。2010 年，Messager 等利用植硅体恢复了德玛尼斯遗址的古植被，显示了地层中部的一段时间，气候有明显变干的趋势，推测可能与当时的人类活动有关。2011 年，Kawano 等根据植硅体和碳屑记录的信息推测晚冰期以来，日本 Aso 火山口北坡旧遗址草原与火灾演变历史。

自 20 世纪 80 年代植硅体的研究引进中国以来，植硅体就开始应用于考古领域。2002 年，吕厚远等对中国东海沉积物做植硅体分析，得出栽培水稻出现在 13 900ka B. P. 左右，并在 13 000～10 000ka B. P. 消失，10 000ka B. P. 至今水稻种植普遍，相对应气候

出现了"暖湿—干冷—暖湿"的波动，水稻的消失与当时的干冷气候相一致，说明气候变化可能对人类文化产生巨大的影响。2003 年，张玉兰等利用上海广富林遗址中的植硅体组合特征研究先民农耕发展。2007 年，靳桂云等对山东胶州赵家庄遗址的表土进行植硅体分析，找到了 4000 年前稻田存在的证据。2010 年，李仁成等对湖北省金锣嘉遗址的四个文化剖面做了植硅体分析，通过沉积物中草本植硅体对古气候的恢复，认为唐朝、宋朝、西周和东周早期气候温暖湿润，而东周晚期、明代和清朝呈现干冷气候。2011 年，龚怡雯等对新疆苏贝希遗址出土的面条、小米和蛋糕做了植硅体分析，发现公元前 300~500 年，最主要的农作物是黍。

关于植硅体重建植被方面，应在深入植硅体形态与现代过程研究的基础上，补充原有的以短细胞植硅体代表草本植物，球状代表木本植物等指标。对于沉积物植硅体的应用大多只是简单地罗列植硅体提取到的信息，很少涉及植硅体应用中存在的误差及误差矫正的问题。以上这些都是植硅体深入应用中需要解决的问题，应该加以重视。

小　结

本章概括总结了植硅体形态分类、基于植硅体的植物分类、植硅体与环境因子的关系、植硅体的溶解与运移、植硅体古环境应用，现有研究成果丰富，但随着植硅体研究的深入，现有研究逐渐显现一些不足，本章有针对性地提出以后研究的努力方向。

首先，植硅体形态方面应加强木本植硅体形态研究工作、有效地鉴别草本与木本植硅体、统一植硅体形态名称，通过扩大植物植硅体研究范围，细化植硅体形态分类体系及在属甚至种的水平上进行植物分类。

其次，植硅体用于古环境研究时，应具体分析选取合适的植硅体形态指标。此外，估算结果存在的误差及误差的矫正有利于提高植硅体应用的可信度。

最后，植硅体与环境因子的关系、植硅体硅同位素、植硅体的溶解与迁移等问题尚处于研究的初期阶段，研究较少，仍需开展大量工作。

总之，植硅体在重建古环境等方面能够发挥一定的作用，其作为环境代用指标是无可厚非的。但是植硅体研究作为一门新兴的学科，虽然已取得一些成果，仍有很多方面研究不够完善，需要学者的共同努力。

参 考 文 献

安晓红, 吕厚远. 2012. 贡嘎山东坡表土植硅体组合的海拔分布及其与植被的关系. 第四纪研究, 30（5）：934~945.

薄勇. 2009. 植硅石在全球硅生物地球化学循环中的作用. 建材世界, 30（5）：121~123.

葛勇, 介冬梅, 郭继勋, 等. 2010. 松嫩草原羊草植硅体对模拟全球 CO_2 浓度升高的响应研究. 科学通报, 55（27-28）：2735~2741.

耿云霞, 李依玲, 朱莎, 等. 2011. 盐碱胁迫下羊草植硅体的形态变化. 植物生态学报, 35（11）：1148~1155.

郭梅娥, 介冬梅, 葛勇, 等. 2012a. 长白山区湿地表土植硅体特征及其环境意义. 古地理学报, 14（5）：639~650.

郭梅娥, 吴凡, 黄莹莹, 等. 2012b. 1.4 ka 来长白山北坡植硅体组合气候变化与林线变迁. 地球科学前沿, 2（1）：16~23.

黄翡, Lisa K, 黄凤宝. 2004a. 内蒙古草原中东部现代表土植硅体组合与植被关系. 微体古生物学报, 21（4）：419~430.

黄翡, Lisa K, 黄凤宝. 2004b. 内蒙古典型草原禾本科植硅体形态. 古生物学报, 43（2）：246~253.

介冬梅, 葛勇, 郭继勋, 等. 2010. 中国松嫩草原羊草植硅体对全球变暖和氮沉降模拟的响应研究. 环境科学, 31（8）：1708~1715.

介冬梅, 刘红梅, 葛勇, 等.2011. 长白山泥炭湿地主要植物植硅体形态特征研究. 第四纪研究, 31（1）：163～170.

介冬梅, 王江永, 栗娜, 等.2013. 东北地区不同湿度梯度条件下芦苇植硅体形态组合特征. 吉林农业大学学报, 35（3）：295～302.

近藤錬三, 隅田友子.1978. 樹木叶の クイ酸体に关する研究（第一报）, 裸子植物および单子叶被子植物树木叶の植物クイ酸体について. 日本土壤肥料科学杂志, 49（2）：70～84.

靳桂云, 燕生东, 宇田津彻郎, 等.2007. 山东胶州赵家庄遗址4000年前稻田的植硅体证据. 科学通报, 52（18）：2161～2168.

李泉, 徐德克, 吕厚远.2005. 竹亚科植硅体形态学研究及其生态学意义. 第四纪研究, 6：777～785.

李仁成.2010. 竹叶及其植硅体类脂物的分类意义及其季节性变化. 武汉：中国地质大学博士学位论文.

李仁成, 樊俊, 高崇辉.2013. 植硅体现代过程研究进展. 地球科学进展, 28（12）：1287～1295.

李仁成, 谢树成, 顾延生.2010. 植硅体稳定同位素生物地球化学研究进展. 地球科学进展, 25（8）：812～819.

刘红梅.2010. 长白山北坡1500年来林线变迁及环境演化. 长春：东北师范大学硕士学位论文.

刘洪妍, 介冬梅, 刘利丹, 等.2013a. 长白山区典型禾本科植物植硅体形状系数. 第四纪研究, 33（6）：1234～1244.

刘利丹, 介冬梅, 刘洪妍, 等.2013b. 东北地区芦苇植硅体的变化特征. 植物生态学报, 37（9）：861～871.

吕厚东, 李荣华, 吕厚远.1992. 植物中的硅酸体. 生物学通报, （10）：18～20.

吕厚远, 贾继伟, 王伟铭, 等.2002. "植硅体"含义和禾本科植硅体的分类. 微体古生物学报, 19（4）：389～396.

吕厚远, 刘东生, 吴乃琴, 等.1999. 末次间冰期以来黄土高原南部植被演替的植物硅酸体记录. 第四纪研究, 19（4）：336～349.

吕厚远, 吴乃琴, 刘东生, 等.1996.150ka来宝鸡黄土植物硅酸体组合季节性气候变化. 中国科学（D辑：地球科学）, 26（2）：132～136.

吕厚远, 王永吉.1991. 晚更新世以来洛川黑木沟黄土地层中植物硅酸体研究及古植被演替. 第四纪研究, （1）：72～84.

农日正, 李仁成, 董松声, 等.2013. 碳酸盐岩红土植硅体记录的指示意义. 中国岩溶, （32）：23.

秦利, 李杰, 旺罗, 等.2008. 青藏高原常见早熟禾亚科植硅体形态特征初步研究. 古生物学报, 47（2）：176～184.

冉祥斌, 于志刚, 臧家业, 等.2013. 地表过程与人类活动对硅产出影响的研究进展. 地球科学进展, 5：577～587.

史吉晨, 介冬梅, 李思琪, 等.2014. 东北芦苇湿地土壤有效硅与pH值及物质组成的关系. 天津农业科学, 20（5）：64～70.

司勇.2013. 物种和气候对植物硅、铝铁和植硅体组成的影响. 杭州：浙江农林大学硕士学位论文.

孙艳磊, 介冬梅, 刘朝阳, 等.2009. 长白山北坡垂直植被带木本植物的植硅体形态特征及其环境意义. 微体古生物学报, 26（3）：261～270.

唐旭, 郑毅, 汤利.2005. 高等植物硅素营养研究进展. 广西科学, 12（4）：347～352.

田福平, 陈子萱, 苗小林, 等.2007. 土壤和植物的硅素营养研究. 山东农业科学, 1：81～84.

汪秀芳, 陈圣宾, 宋爱琴, 等.2007. 植物在硅生物地球化学循环过程中的作用. 生物学杂志, 26（4）：595～600.

王惠, 马振民, 代力民.2007. 森林生态系统硅素循环研究进展. 生态学报, 7（27）：3010～3017.

王立军, 季宏兵, 丁淮剑, 等.2008. 硅的生物地球化学循环研究进展. 矿物岩石地球化学通报, 2（27）：188～194.

王伟铭, 刘金陵, 周晓丹.2003. 南京直立人洞穴沉积的植硅体气候指数研究. 科学通报, 48（11）：1205～1208.

王永吉, 吕厚远.1987. 植物硅酸体研究及应用简介. 黄渤海海洋, 7（2）：66～68.

王永吉, 吕厚远.1992. 植物硅酸体研究及应用. 北京：海洋出版社.

吴乃琴, 吕厚远, 聂高众, 等.1992.C_3、C_4植物及其硅酸体研究的古生态意义. 第四纪研究, （3）：241～251.

吴乃琴, 吕厚远, 孙湘君, 等.1994. 植物硅酸体-气候因子转换函数及其在渭南晚冰期以来古环境研究中的应用. 第四纪研究, 14（3）：270～277.

徐德克, 李泉, 吕厚远.2005. 棕榈科植硅体形态分析及其环境意义. 第四纪研究, 6：785～793.

翟水晶, 薛丽丽, 仝川.2013. 湿地生态系统硅生物地球化学循环研究进展. 生态环境学报, 22（10）：1744～1748.

张健平, 吕厚远, 吴乃琴, 等.2010. 关中盆地6000～2100cal.a B.P.期间黍、粟农业的植硅体证据. 第四纪研究, 30：287～297.

张健平, 吕厚远.2006. 现代植物炭屑形态的初步分析及其古环境意义. 第四纪研究, 26（5）：857～863.

张新荣, 胡克, 王东坡, 等.2004. 植硅体研究及其应用的讨论. 世界地质, 23：112～117.

张新荣.2006. 东北地区晚全新世泥炭沉积的植硅体气候指示意义研究. 长春：吉林大学博士学位论文.

张玉兰, 张敏斌, 宋健, 等.2003. 从广富林遗址中的植硅体组合特征看先民农耕发展. 科学通报, 48（1）：96～99.

张玉龙, 王喜艳, 刘鸣达. 2004. 植物硅素营养与土壤硅素肥力研究现状和展望. 土壤通报, 35 (6): 785~788.

赵送来. 2012. 竹林土壤-植物系统 Si 的生物地球化学循环研究. 杭州: 浙江农林大学硕士学位论文.

郑莉莉. 2013. 植物硅酸体在黄河硅输送中的作用. 成都: 成都理工大学硕士学位论文.

郑祥民, 赵健, 周立昊, 等. 2002. 东海嵊山岛风尘黄土中的植物硅酸体与环境研究. 海洋地质与第四纪地质, 22 (2): 25~30.

左闻韵, 贺金生, 韩梅, 等. 2005. 植物气孔对大气 CO_2 浓度和温度升高的反应——基于在 CO_2 浓度和温度梯度中生长的 10 种植物的观测. 生态学报, 25 (3): 565~574.

Albert R M, Ruth S G, Cabanes D, et al. 2008. Phytolith-rich layers from the Late Bronze and Iron Ages at Tel Dor (Israel): mode of formation and archaeological significance. Journal of Archaeological Science, 35 (1): 57~75.

Albert R M, Weiner S, Bar-Yosef O, et al. 2000. Phytoliths in the Middle Palaeolithic deposits of Kebara Cave, Mt Carmel, Israel: Study of the plant materials used for fuel and other purposes. Journal of Archaeological Science, 27: 931~947.

Alexandre A, Meunier J D, Lézine A M, et al.1997. Phytoliths: indicators of grassland dynamics during the late Holocene in intertropical Africa. Palaeogeography, Palaeoclimatology, Palaeoclimatology, 136: 213~229.

Alexandre A, Meunier J D, Mariotti A, et al. 1999. Late Holocene phytoliths and carbon-isotope record from a latosol at Salitre, South-Central Brazil. Quarternary Research, 51 (2): 187~194.

Barboni D, Bremond L, Bonnefille R. 2007. Comparative study of modern phytolith assemblages from inter-tropical Africa. Palaeogeography, Palaeoclimatology, Palaeoecology, 246 (2-4): 454~470.

Barboni D, Bremond L. 2009. Phytoliths of East African grasses: An assessment of their environmental and taxonomic significance based on floristic data. Review of Palaeobotany and Palynology, 158 (1-2): 29~41.

Blinnikovt M S. 2005. Phytoliths in plants and soils of the interior Pacific Northwest, USA. Review of Palaeobotany and Palynology, 135 (1-2): 71~98.

Bozarth S R. 1992. Classification of opal phytoliths formed in selected dicotyledons native to the Great Plains. In: Rapp G, Mulholland S C (eds). Phytolith systematics. New York: Plenum Press.

Bozarth S. 1993. Biosilicate assemblages of boreal forests and aspen parklands. In: Pearsall D M, Piperno D R (eds). Current Research in Phytoliths Analysis: Applications in Archeology and Paleoecology, (10). Philadelphia: University of Pennsylvania.

Bremond L, Alexandre A, Matthew J W, et al. 2008. Phytolith indices as proxies of grass subfamilies on East African tropical mountains. Global and Planetary Change, 61 (3-4): 209~224.

Bremond L, Alexandre A, Peyron O, et al. 2004. Grass water stress estimated from phytoliths in West Africa. Journal of Biogeography, 32 (2): 311~327.

Brown D A. 1984. Prospects and limits of a phytolith key for grasses in the central United States. Journal of Archaeoligical Science, 11 (4): 345~368.

Cabanes D, Gadot Y, Cabanes M, et al. 2012. Human impact around settlement sites: a phytolith and mineralogical study for assessing site boundaries, phytolith preservation, and implications for spatial reconstructions using plant remains. Journal of Archaeological Science, 39 (8): 2697~2750.

Cabanes D, Weiner S, Ruth S G. 2011. Stability of phytoliths in the archaeological record: a dissolution study of modern and fossil phytoliths. Journal of Archaeological Science, 38 (9): 2480~2490.

Carlos E C, William C J, Rolfe D M, et al. 2011. Late Quaternary environmental change inferred from phytoliths and other soil-related proxies: Case studies from the central and southern Great Plains, USA. Catena, 85 (2): 87~108.

Carnelli A L, Madella M, Theurillat J P. 2001. Biogenic silica production in selected alpine plant species and plant communities. Annals of Botany, 87 (4): 425~434.

Carnelli A L, Theurillat J P, Madella M. 2004. Phytolith types and type-frequencies in subalpine–alpine plant species of the European Alps. Review of Palaeobotany and Palynology, 129 (1-2): 39~65.

Caroline A E. 2004. Using phytolith assemblages to reconstruct the origin and spread of grass-dominated habitats in the great plains of North America during the late Eocene to early Miocene. Palaeogeography, Palaeoclimatology, Palaeoecology, 207: 239~275.

Charles D T, Isabel I A. 2005. Paleoenvironment and plant cultivation on terraces at La Quemada, Zacatecas, Mexico: The pollen, phytolith and diatom evidence. Journal of Archaeological Science, 32 (3): 341~353.

Clarke J. 2003. The occurrence and significance of biogenic opal in the regolith. Earth-Science Review, 60 (3-4): 175~194.

Deborah M P, Karol C E, Alex C E. 2004. Maize can still be identified using phytoliths: response to Rovner. Journal of Archaeological Science, 31 (7): 1029~1038.

Delhon C, Alexandre A, Berger J F, et al. 2003. Phytolith assemblages as a promising tool for recinstructing Mediterranean Holocene vegetation. Quaternary Research, 59 (1): 48~60.

Dickau R, Bronwen S W, Iriarte J, et al. 2013. Differentiation of neotropical ecosystems by modern soil phytolith assemblages and its implications for palaeoenvironmental and archaeological reconstructions. Review of Palaeobotany and Palynology, 193: 15~37.

Eichhorn B, Neumann K, Garnier A. 2010. Seed phytoliths in West African Commelinaceae and their potential for palaeoecological studies. Palaeogeography, Palaeoclimatology, Palaeoecology, 298 (3-4): 300~310.

Fahmy A G. 2008. Diversity of lobate phytoliths in grass leaves from the Sahel region, West Tropical Africa: Tribe Paniceae. Plant Systematics and Evolution, 270 (1-2): 1~23.

Farmer V C, Delbos E, Miller J D. 2005. The role of phytolith formation and dissolution in controlling concentrations of silica in soil solutions and streams. Geoderma, 127 (1-2): 71~79.

Fenwick R S, Carol J L, Marshall I W. 2011. Palm reading: a pilot study to discriminate phytoliths of four Arecaceae (Palmae) Taxa. Journal of Archaeological Science, 38 (9): 2190~2199.

Fisher R F, Newell B C, Fisher W F. 1995. Opal phytoliths as an indicator of the foristics of prehistoric grasslands. Geoderma, 68 (4): 243~255.

Fishkis O, Ingwersen J, Lamers M, et al. 2010. Phytolith transport in soil: A field study using fluorescent labeling. Geoderma, 157 (1-2): 27~36.

Fishkis O, Ingwersen J, Streck T. 2009. Phytolith transport in sandy sediment: Experiments and modeling. Geoderma, 151 (3-4): 168~178.

Fraysse F, Pokrovsky O S, Schotta J, et al. 2009. Surface chemistry and reactivity of plant phytoliths in aqueous solutions. Chemical Geology, 258 (3-4): 197~206.

Freya R. 1999. The opal phytolith inventory of soils in central Africa—quantities, shapes, classification, and spectra. Review of Palaeobotany and Palynology, 107: 23~53.

Gallego L, Distel R A. 2004. Phytolith assemblages in grasses native to Central Argentina. Annals of Botany, 94: 1~10.

Ge Y, Jie D M, Sun Y L, et al. 2011. Phytoliths in woody plants from the northern slope of the Changbai Mountain (Northeast China), and their implication. Plant Systematics and Evolution, 292 (1-2): 55~62.

Gérard F, Mayer K U, Hodson M J, et al. 2008. Modelling the biogeochemical cycle of silicon in soils: application to a temperate forest ecosystem. Geochimica et Cosmochimica Acta, 72 (3): 741~758.

Ghosh R, Naskar N. 2011. Phytolith assemblages of grasses from the Sunderbans, India and their implications for the reconstruction of deltaic environments. Palaeogeography, Palaeoclimatology, Palaeoecology, 311 (1-2): 93~102.

Gong Y W, Yang Y M, Ferguson D K, et al. 2011. Investigation of ancient noodles, cakes, and millet at the Subeixi Site, Xinjiang, China. Journal of Archaeological Science, 38 (2): 470~479.

Gu Y S, Zhao Z J, Deborah M. 2013. Phytolith morphology research on wild and domesticated rice species in East Asia. Quaternary International, 287: 141~148.

Guo M E, Jie D M, Liu H M, et al. 2012. Phytolith analysis of selected wetland plants from Changbai mountain region and implications for palaeoenvironment. Quaternary International, 250: 119~128.

Heloisa H G C, Alexandre A, Carvalho C N, et al. 2013. Changes in Holocene tree cover density in Cabo Frio (Rio de Janeiro, Brazil): Evidence from soil phytolith assemblages. Quaternary International, 287: 63~72.

Honaine M F, Alejandro F Z, Margarita L O. 2006. Phytolith assemblages and systematic associations in grassland species of the

South-Eastern Pampean Plains，Argentina. Annals of Botany，98（6）：1155～1165.

Humphreys G S，Hart D M，Simons N，et al. 2003. Phytoliths as indicator ofprocess in soils. Papers from a conference held at the ANU，August 2001，CanberraAustralia. Phytolith and Starch Research in the Australian-Pacific-Asian Regions：The State of the Art. Terra australis，19：93～104.

Humphreys G S，Hart D M，Simons N，et al.2003. Phytoliths as indicators of process in soils. In：Hart D M，Wallis L A（eds）. Phytoliths and Starch Research in the Australian-Pacific-Asian Regions：The State of the Art. Terra Australis，19：93～104.

Iriarte J，Eduardo A P. 2009. Phytolith analysis of selected native plants and modern soils from southeastern Uruguay and its implications for paleoenvironmental and archeological reconstruction. Quaternary International，193（1-2）：99～123.

Iriarte J. 2003. Assessing the feasibility of identifying maize through the analysis of cross-shaped size and three-dimensional morphology of phytoliths in the grasslands of southeastern South America. Journal of Archaeological Science，30（9）：1085～1094.

Ishida S，Parker A G，Kennet D，et al. 2003. Phytolith analysis from the archaeological site of Kush，Ras al-Khaimah，United Arab Emirates. Quaternary Research，59（3）：310～321.

Jenkins E L. 2009. Phytolith taphonomy：a comparison of dry ashing and acid extraction on the breakdown of conjoined phytoliths formed in Triticum durum. Journal of Archaeological Science，36（10）：2402～2407.

Jenkins E. 2009. Phytolith taphonomy：A comparison of dry ashing and acidextraction on the breakdown of conjoined phytoliths formed in Triticum durum. Journal of Archaeological Science，36：2402～2407.

John A C. 2002. Phytolith analysis and paleoenvironmental reconstruction from Lake Poukawa Core，Hawkes Bay，New Zealand. Global and Planetary Change，33（3-4）：257～267.

Karkanas P. 2010. Preservation of anthropogenic materials under different geochemical processes：A mineralogical approach. Quaternary International，214（1-2）：63～69.

Katharina N，Ahmed F，Laurent L，et al. 2009. The Early Holocene palaeoenvironment of Ounjougou（Mali）：Phytoliths in a multiproxy context. Palaeogeography，Palaeoclimatology，Palaeoecology，276（1-4）：87～106.

Katz O，Simcha L Y，Kutiel P B. 2013. Plasticity and variability in the patterns of phytolith formation in Asteraceae species along a large rainfall gradient in Israel. Flora-Morphology Distribution，Functional Ecology of Plants，208（7）：438～444.

Kawano T，Sasaki N，Hayashi T，et al. 2011. Grassland and fire history since the late-glacial in northern part of Aso Caldera，central Kyusyu，Japan，inferred from phytolith and charcoal records. Quaternary International，254：1～10.

Klein R L，Geis J. 1978. Biogenic silica in the Pinaceae. Soil Science，126：145～156.

Lancelotti C. 2010. Fuelling Harappan Hearths：Humane Environment Interactions as Revealed by Fuel Exploitation and Use. Cambridge：Unpublished PhD Dissertation，Department of Archaeology，University of Cambridge.

Li R C，Carter J A，Xie S C，et al. 2010. Phytoliths and microcharcoal at Jinluojia archeological site in middle reaches of Yangtze River indicative of paleoclimate and human activity during the last 3000 years. Journal of Archaeological Science，37（1）：124～132.

Lisa K，Dolores R P. 1998. Opal Phytoliths in Southeast Asian Flora. Washington，D.C.：Smithsonian Institution Press.

Locke WW. 1986. Fine particle translocation in soils developed on glacial deposits，Southern Baffin Island，N. W.T.，Canada. Arctic and Alpine Research，18（1）：33～43.

Lu H Y，Liu K B. 2003a. Morphological variations of lobate phytoliths from grasses in China and the south-eastern United States. Diversity and Distributions，9：73～87.

Lu H Y，Liu K B. 2003b. Phytoliths of common grasses in the coastal environments of southeastern USA. Estuarine，Coastal and Shelf Science，58（3）：587～600.

Lu H Y，Liu Z X，Wu N Q，et al. 2002. Rice domestication and climatic change：phytolith evidence from East China. Boreas，31（4）：378～385.

Lucrecia G，Roberto A D. 2004. Phytolith Assemblages in Grasses Native to Central Argentina. Annals of Botany，94（6）：865～874.

Madella M，Lancelotti C. 2012. Taphonomy and phytoliths：A user manual. Quaternary International，275：76～83.

Madella M，Alexandre A，Ball T. 2005. International code for phytolith nomenclature 1.0. Annals of Botany，96（2）：253～260.

Madella M，Powers-Jones A H，Jones M K. 1998. A simple method of extraction of opal phytoliths from sediments using a non-toxic heavy liquid. Journal of Archaeological Science，25：801～803.

Madella M，Jones M K，Echlin P，et al. 2009. Plant water availability and analytical microscopy of phytoliths：Implications for ancient irrigation in arid zones. Quaternary International，193：32～40.

Marie K H. 1985. An opal phytolith and palynomorph study of extant and fossil soils in Kansas（USA）. Palaeogeography，Palaeoclimatology，Palaeoecology，49：217～235.

Masud A A，Xie S C，Wallis L A. 2009. Reconstructing late Holocene palaeoenvironments in Bangladesh：phytolith analysis of archaeological soils from Somapura Mahavihara site in the Paharpur area，Badalgacchi Upazila，Naogaon District，Bangladesh. Journal of Archaeological Science，36（2）：504～512.

Mazumdar J. 2011. Phytoliths of pteridophytes. South African Journal of Botany，77（1）：10～19.

McCune J L，Pellatt M G. 2013. Phytoliths of Southeastern Vancouver Island，Canada，and their potential use to reconstruct shifting boundaries between Douglas-fir forest and oak savannah. Palaeogeography，Palaeoclimatology，Palaeoecology，383，384：59～71.

Mercader J，Astudillo F，Mary B，et al. 2010. Poaceae phytoliths from the Niassa Rift，Mozambique. Journal of Archaeological Science，37（8）：1953～1967.

Mercader J，Bennett T，Esselmont C，et al. 2009. Phytoliths in woody plants from the Miombo woodlands of Mozambique. Annals of Botany，104（1）：91～113.

Mercader J，Runge F，Vrydaghs L. 2000. Phytoliths from Archaeological Sites in the Tropical Forest of Ituri，Democratic Republic of Congo. Quaternary Research，54（1）：102～112.

Messager E，Lordkipanidze D，Delhon C，et al. 2010.Palaeoecological implications of the Lower Pleistocene phytolith record from the Dmanisi Site（Georgia）. Palaeogeography，Palaeoclimatology，Palaeoecology，288（1-4）：1～13.

Meunier J D，Keller C，Guntzer F，et al. 2014. Assessment of the 1% Na_2CO_3 technique to quantify the phytolith pool. Geoderma，216：30～35.

Michael S. 2009. Silica bodies and their systematic implications in Pteridaceae（Pteridophyta）. Botanical Journal of the Linnean Society，161（4）：422～435.

Montti L，Honaine M F，Osterrieth M，et al. 2009. Phytolith analysis of Chusquea ramosissima Lindm（Poaceae：Bambusoideae）and associated soils. Quaternary International，193（1-2）：80～89.

Morris L R，Baker F A，Morris C，et al. 2009. Phytolith types and type-frequencies in native and introduced species of the sagebrush steppe and pinyon-juniper woodlands of the Great Basin，USA. Review of Palaeobotany and Palynology，157（3-4）：339～357.

Motomura H，Mita N，Suzuki M. 2002. Silica accumulation in long-lived leaves of Sasa veitchii（Carrière）Rehder（Poaceae：Bambusoideae）. Annals of Botany，90（1）：149～152.

Mulholland S C. 1989. Phytolith shape frequencies in North Dakota grasses：a comparison to general patterns. Journal of Archaeological Science，16：489～511.

Mulholland S C，Rapp J G. 1992. Phytolith systematics emerging issues. Advances in Archaeological and Museum Science，XXIV：350.

Novello A，Barboni D，Berti-Equille L，et al. 2012. Phytolith signal of aquatic plants and soils in Chad，Central Africa. Review of Palaeobotany and Palynology，178：43～58.

Osterrieth M，Madella M，Zurro D，et al. 2009. Taphonomical aspects of silica phytoliths in the loess sediments of the Argentinean Pampas. Quaternary International，193（1-2）：70～79.

Parr J F，Dolic V，Lancaster G，et al. 2001a. A microwave digestion method for the extraction of phytoliths from herbarium specimens. Review of Palaeobotany and Palynology，116：203～212.

Parr J F，Lentfer C J，Boyd W E. 2001b. A comparative analysis of wet and dry ashing techniques for the extraction of phytoliths from plant material. Journal of Archaeological Science，28：875～886.

Piperno D R. 1985. Phytolith taphonomy and distributions in archaeological sediments from Panama. Journal of Archaeological Science，12：247～267.

Piperno D R. 1988. Phytolith Analysis：An Archaeological and Geological Perspective. San Diego：Academic Press.

Piperno D R，Becker P. 1996. Vegetation history of a site in the central Amazon basin derived from phytolith and charcoal records from natural soils. Quaternary Research，45（2）：202～209.

Piperno D. 2006. Phytoliths：A Comprehensive Guide for Archaeologists and Paleoecologists. Oxford：Alta Mira Press.

Prat H. 1932. Epiderme des Graminees.（The epidermis of Gramineae.）Annales des Sciences Naturelles：Botanique，14：117～324.

Prat H. 1936. La systematique des Graminees（Systematics of the Graminese）. Annales des Sciences Naturelles，Botanique，Series 10，18：165～258.

Rosa M A，Marion K B. 2006. Taphonomy of phytoliths and macroplants in different soils from Olduvai Gorge（Tanzania）and the application to Plio-Pleistocene palaeoanthropological samples. Quaternary International，148：78～94.

Rovner I. 1971. Potential of opal phytoliths for use in palaeoecological reconstruction. Quaternary Research，1：343～359.

Rovner I. 1983. Plant opal phytolith analysis. Advances in Archaeological Method and Theory，6：225～266.

Sase T，Hosono M. 2001. Phytolith record in soils interstratified with Late Quaternary tephras overlying the eastern of Towada Volcano，Japan. In：Meunier J D，Colin F（eds）.Phytoliths：Application in Earth Sciences and Human History. Rotterdam：A. A. Balkema Publishers：57～72.

Sayantani D，Ruby G，Subir B. 2013. Application of non-grass phytoliths in reconstructing deltaic environments：A study from the Indian Sunderbans. Palaeogeography，Palaeoclimatology，Palaeoecology，376：48～65.

Shahack-Gross R，Marshall F，Weiner S. 2003. Geo-ethnoarchaeology of pastoralsites：the identification of livestock enclosures in abandoned Maasai settlements. Journal of Archaeological Science，30：439～459.

Stephanie T C，Selena Y S. 2013. Phytolith variability in Zingiberales：A tool for the reconstruction of past tropical vegetation. Palaeogeography，Palaeoclimatology，Palaeoecology，370：1～12.

Sullivana K A，Kealhofer L. 2004. Identifying activity areas in archaeological soils from a colonial Virginia house lot using phytolith analysis and soil chemistry. Journal of Archaeological Science，31（12）：1659～1673.

Thorn V C. 2004. Phytoliths from subantarctic Campbell Island：plant production and soil surface spectra. Review of Palaeobotanyand Palynology，132（1-2）：37～59.

Tsartsidou G，Lev-Yadun S，Efstratiou N，et al. 2009. Use of space in a Neolithic village in Greece（Makri）：phytolith analysis and comparison of phytolith assemblages from an ethnographic setting in the same area. Journal of Archaeological Science，36（10）：2342～2352.

Twiss P C，Suess E，Smith R M. 1969. Division S-5-soil genesis，morphology，and classification（morphological classification of grasses phytolith）. Soil Science Society of America，Proceedings，33：109～115.

Wallis L. 2003. An overview of leaf phytolith production patterns in selected northwest Australian flora. Review of Palaeobotany and Palynology，125：201～248.

Wang W M，Liu J L，Zhou X D. 2003. Climate indexes of phytoliths from Homo erectus' cave deposits in Nanjing. Chinese Science Bulletin，48（18）：2005～2009.

Watling J，Iriarte J. 2013. Phytoliths from the coastal savannas of French Guiana. Quaternary International，287：162～180.

Wilding L P，Drees L R. 1971. Biogenic opal in Ohio soils. Soil Science Society of America，Proceedings，35（6）：1004～1010.

Zheng Y F，Dong Y J，Matsui A，et al. 2003. Molecular genetic basis of determining subspecies of ancient rice using the shape of phytoliths. Journal of Archaeological Science，30（10）：1215～1221.

Zurro D，Madella M，Briz I，et al. 2009. Variability of the phytolith record infisher-hunter-gatherer sites：An example from the Yamana society（Beagle Channel，Tierra del Fuego，Argentina）. Quaternary International，193（1-2）：184～191.

第二章　研究区概况及样地设置

第一节　研究区概况

东北地区位于 118.5°E～135°E, 38°N～54°N 范围内, 总面积 $124 \times 10^4 km^2$, 其南起辽宁省宽甸县境, 北至黑龙江主航道中心线, 长约 1300km; 西起大兴安岭东坡阿尔山附近, 东至乌苏里江与黑龙江合流点, 宽约 1000km。东北地区包括大兴安岭、小兴安岭、长白山地和松嫩平原等自然单元。在行政区划上, 除包括辽宁、吉林、黑龙江三省外, 还包括内蒙古自治区东部的大部分地区, 是我国纬度最高的地区。北部、东部和西部三面均有中、低山环绕, 中部为广阔的三江平原、松嫩平原和辽河平原(蔡菁菁, 2013)。根据芦苇群落在东北地区的分布范围, 作者于 2011 年 5 月在东北地区按照温度的差异自北向南布设四条剖面线, 共 12 个样点, 即包括同江—北安—讷河、牡丹江—哈尔滨—大庆、龙湾—长春—长岭、丹东—盘锦—通辽。同时, 每条剖面线上的 3 个样点按湿度梯度的变化布设, 即分别设在湿润区、半湿润区和半干旱区(图2-1)。同时本书中的模拟增温样地位于松嫩草原西南部, 吉林省长岭县腰井子村种马场境内, 东北师范大学松嫩草地生态研究站, 地理位置为 123°45′E～123°47′E, 44°40′N～44°44′N, 海拔 137.80～144.80m(图 2-1)。

一、地质与地貌

中国东北地区地质构造相当复杂, 约以 43°N 一线为界, 以北属东北台块, 以南属华北台块, 东西两侧的山地多属地槽, 西侧为大兴安岭和内蒙古褶皱带, 东侧为太平岭和乌苏里褶皱带, 中部地区为比较稳定的地台, 此外, 在地槽与地台之间还有一个过渡性的吉林准褶皱带(徐丽娇, 2013)。

东北地区的山地与平原面积大体相等, 山地岭脊, 海拔一般为 1000～2000m, 但少巍峨峻拔的高山, 西侧有大兴安岭山地及辽西山地, 东侧有长白山地, 北部有西北走向, 近期隆起的小兴安岭、三列山地围城半圆形状的马蹄形, 其内侧环抱东北大平原, 自北向南又可分为三江平原、松嫩平原和辽河平原, 其中东北大平原是我国最大的平原之一。大兴安岭以西, 地势升高至 600m 以上, 属于内蒙古高平原的一部分。最南部辽东半岛处于黄海、渤海之间(裴善文等, 1981)。

东北地区主要水系有黑龙江、松花江、乌苏里江、嫩江、辽河、大凌河、小凌河等及其支流。大兴安岭中北部径流相对稳定, 径流系数为 20%～40%, 有春、夏两汛, 中间没有枯水期。小兴安岭及长白山地径流丰富, 土壤侵蚀现象不严重, 但常引起洪水灾害。辽东山地径流更大, 易产生水害。松嫩平原及呼伦贝尔盟等平原径流少, 多形成湖沼, 辽河上中游径流较大, 水土流失严重(王丽娜等, 2009)。

图 2-1 东北地区样点分布图

二、气候

　　东北地区属温带湿润、半湿润大陆性季风气候，四季鲜明，夏季时间较短而温暖多雨，冬季寒冷而漫长，冬夏之间季风交替。冬季寒冷，来自东西伯利亚的寒潮经常侵入；东北面与素称"太平洋冰窖"的鄂霍次克海相距不远，春夏季节从这里发源的东北季风常沿黑龙江下游谷地进入东北地区，使东北地区夏季温度不高；南面临近渤海、黄海，东面临近日本海，经华中、华北而来的变性很深的热带海洋气团，经渤海、黄海补充水汽后进入东北地区，给东北地区带来较多雨量和较长的雨季。由于气温较低，蒸发微弱，降水虽不十分丰富，但湿度仍较高。东北地区年平均气温一般为-5～10℃，由于太阳辐射的作用，气温随纬度的增加而显著降低，南北温差较大。冬季受极地大陆气团控制，气候严寒，1 月为全年最冷月，除南部沿海和东南部近海等地，全区大部分地区的 7 月为全年气温最高月，入秋以后，气温迅速下降（赵国帅等，2011）。日照时数为 2200～3000h，从东南向西北逐渐增加，无霜期由辽南及东南沿海向北逐渐减少，为 160～200d，由于无霜期短，作物一年一熟（高晓容，2012）。降水时空分布不均匀，全年降水量为400～1000mm，地域间差别很大，基本由东南向西北减少，降水主要集中在夏秋，与作物生长期匹配较好，基本能满足作物生长需求。但降水的年际变化较大，各地最大年降水量可为最小年降水量的 2～3 倍，西北干旱地区可达 4.00～4.50 倍，容易发生旱涝灾害（周琳，1991；马占云，2006）。

三、土壤

东北地区土壤类型比较复杂,分布广泛的地带性土壤有温带的暗棕壤、黑土和黑钙土,寒温带的棕色针叶林土。隐域性土壤有白浆土、草甸土、沼泽土等,常和地带性土壤呈微域交错分布。虽然东北地区的土壤类型复杂,但它们的共同特点是各种土壤表层的颜色较暗,有机质或腐殖质含量丰富(孙晓玲等,2006)。

温带暗棕壤:主要分布在长白山地、小兴安岭(马占云,2006)。

黑土:从北部的嫩江、北安,到南部的四平,沿着滨北、滨长铁路两侧,有一条较为完整的黑土带。另外,三江平原的西部、黑龙江中游的黑河、嘉荫的低平地和低丘陵地也有黑土分布。

黑钙土:主要分布在松嫩平原中西部,中部大部分是草甸黑钙土,西部以黑钙土为主。

白浆土:凡地形坡度小于5°,成土母质较为黏重的地方常发育有白浆土。区内白浆土主要分布在长白山地、小兴安岭山间盆地及河谷阶地等地形部位。三江平原也有广泛分布的白浆土。

草甸土和沼泽土:草甸土主要分布在河流泛滥或低阶地上。沼泽土和草甸土一般呈复域分布。沼泽土主要分布在三江平原(包括兴凯湖北部的广大平原区)。此外,在大、小兴安岭,长白山山地,松花江和黑龙江的洪泛平原,嫩江下游两岸呈带状、片状分布(崔瀚文,2010)。

此外,东北地区还广泛分布有冻土,是中国第二大冻土分布区,面积为 $38 \times 10^4 \sim$ $39 \times 10^4 km^2$ (崔瀚文,2010),有多年冻土和季节性冻土两种。多年冻土主要分布在大、小兴安岭地区,属于亚欧大陆高纬度多年冻土区的南缘地带,位于 $46°30'N \sim 53°30'N$ (孙希科等,2009),冻土厚度小,热状况不稳定,对气候变化较敏感。季节性冻土普遍分布在冬季的各地。土壤冻结期一般为 $4 \sim 6$ 个月,有的长达 7 个月。季节性冻土层厚度,除南部外,其余各地均在 1.00m 以上。由南向北,冻结厚度逐渐加深,冻结时间也逐渐加长。冻土的存在,提高了气候的冷湿程度,夏季来临时,仅表土层发生季节性融化,但在 3.50m 以下,仍然是永冻层,地表水不容易下渗,造成土壤下部处于过湿状态,使得东北地区湿地广泛发育。

四、植被

东北地区从南向北具有暖温带、温带和寒温带的热量变化,自东向西具有湿润、半湿润和半干旱的湿度分异,形成了独特的植被分布格局,成为全球变化研究的敏感区域。西部大兴安岭山地为寒温带落叶针叶林分布区,以耐寒的兴安落叶松(*Larixgmelini*)为典型树种;东部的长白山地为温带针阔叶混交林分布区,以喜湿的红松(*Pkoraiensis*)与枫桦(*Betulacostata*)为典型树种;东北平原为温带森林草原、草甸草原和干草原分布区,以耐旱的羊草(*Aneurole pidium chinense*)、贝加尔针茅(*Stipabaicalensis*)等植物为典型植物种;西南部还有面积广阔的科尔沁沙地(国志兴等,2008)。

第二节 样地设置

实验的样地设置主要包括两个部分，即模拟增温实验设置和东北地区野外网络样地设置。

一、模拟增温实验设置

作者于 2011 年在东北师范大学松嫩草地生态研究站进行了样地设置，本书利用开顶式气室（open-top chamber，OTC）和红外线辐射器（infrared radiator，IR）来完成实验所需的增温过程，即 OTC 增温和 IR 增温。其中，OTC 增温是通过改变每个 OTC 增温装置顶面的有机纤维玻璃的面积来调控增温幅度。实验共设计了 3 种增温处理方式，即 OTC 增温装置顶部未放玻璃（全开增温，用"T_1"表示）、OTC 增温装置顶部有 1/3 被玻璃覆盖（2/3 开增温，用"T_2"表示）和 OTC 增温装置顶部有 2/3 被玻璃覆盖（1/3 开增温，用"T_3"表示）（按照上述顺序温度逐渐升高）（图 2-2）。每个 OTC 增温装置均配有 Watch Dog 土壤空气温度监测站（Watch Dog Series 2000）用来实时监测土壤温度和空气的温湿度等指标。根据实验需要，将 Watch Dog 土壤空气温度监测站分别安装到 0~10cm 的表层土壤和 10~20cm 的亚表层土壤中，用来监测这两个层位土壤温度变化情况，并规定每隔半个小时记录一次温度数据。

用于 IR 增温的实验样地总面积为 144m²，在样地内设置 12 块面积为 4m×3m 的长方形小样地，小样地间隔为 3m，随机选取其中 9 块样地采用 IR 进行温度控制，IR 距地面高度为 2.25m，可满足空气年均温增加 2~3℃的要求，并使表土增温（1.00±0.10）℃，温度处理保持全年实施（图 2-3）。样地中有 4 种处理方式，即对照处理和 3 个不同温度梯度的增温处理，每个处理重复两次。

图 2-2　OTC 模拟增温装置
（彩色插图见附录二）

图 2-3　IR 模拟增温样地
（彩色插图见附录二）

二、东北地区野外网络样地设置

2011 年依据本书实施方案在东北地区按纬度自南向北的方向布设四条剖面线，从西到东，每条剖面线上的 3 个样点按湿度增大的方向排列，3 个样点分别设在西部半干旱区、中部半湿润区和东部湿润区。共设置 12 个样点，即通辽—盘锦—丹东（南线）、长岭—长春—龙湾（中 1 线）、大庆—哈尔滨—牡丹江（中 2 线）、讷河—北安—同江（北线）（图 2-1）。

第三节　样品采集

2011 年 7～10 月、2012 年和 2013 年的 6～10 月的每月 15 日，作者对长岭增温实验样地进行样品采集。其中，每个月每个样方均采集芦苇，并于每年 10 月采集相应的表土样品（0～10cm 土层、10～20cm 土层）。因此，2011～2013 年每种增温实验处理共采集芦苇 560 株，表土样品 48 个。

2011～2013 年的 6～10 月，每月的 15 日同时对东北地区 12 个样点（通辽—盘锦—丹东、长岭—长春—龙湾、大庆—哈尔滨—牡丹江、讷河—北安—同江）的芦苇进行采集，其中每个样点各采集芦苇样品和相应的表土样品（0～10cm 土层、10～20cm 土层）。三年共采集芦苇 3400 株，表土样品 3060 个，水体样品 170 个（2012 年及 2013 年讷河样点遭到破坏，样品无法采集），见表 2-1。

表 2-1　2011～2013 年采样路线

序号	采样时间	路线	样点
1	2011～2013 年的 6 月 15 日	南线（3 个）	通辽—盘锦—丹东
2	2011～2013 年的 6 月 15 日	中 1 线（3 个）	长岭—长春—龙湾
3	2011～2013 年的 6 月 15 日	中 2 线（3 个）	大庆—哈尔滨—牡丹江
4	2011～2013 年的 6 月 15 日	北线（3 个）	讷河—北安—同江
5	2011～2013 年的 7 月 15 日	南线（3 个）	通辽—盘锦—丹东
6	2011～2013 年的 7 月 15 日	中 1 线（3 个）	长岭—长春—龙湾
7	2011～2013 年的 7 月 15 日	中 2 线（3 个）	大庆—哈尔滨—牡丹江
8	2011～2013 年的 7 月 15 日	北线（3 个）	讷河—北安—同江
9	2011～2013 年的 8 月 15 日	南线（3 个）	通辽—盘锦—丹东
10	2011～2013 年的 8 月 15 日	中 1 线（3 个）	长岭—长春—龙湾
11	2011～2013 年的 8 月 15 日	中 2 线（3 个）	大庆—哈尔滨—牡丹江
12	2011～2013 年的 8 月 15 日	北线（3 个）	讷河—北安—同江
13	2011～2013 年的 9 月 15 日	南线（3 个）	通辽—盘锦—丹东
14	2011～2013 年的 9 月 15 日	中 1 线（3 个）	长岭—长春—龙湾
15	2011～2013 年的 9 月 15 日	中 2 线（3 个）	大庆—哈尔滨—牡丹江
16	2011～2013 年的 9 月 15 日	北线（3 个）	讷河—北安—同江
17	2011～2013 年的 10 月 15 日	南线（3 个）	通辽—盘锦—丹东
18	2011～2013 年的 10 月 15 日	中 1 线（3 个）	长岭—长春—龙湾
19	2011～2013 年的 10 月 15 日	中 2 线（3 个）	大庆—哈尔滨—牡丹江
20	2011～2013 年的 10 月 15 日	北线（3 个）	讷河—北安—同江

小　　结

综合上述，东北地区作为中国东北样带（Northeast China Transect，NECT）的重要组成部分，其在气候带上由北向南跨越寒温带、温带和暖温带；在植被景观上也呈现对应的特点，从冷湿的森林向草甸草原景观过渡。其独特的地理位置及生态环境，使得东北地区成为研究中纬度对全球变化响应的理想区域。因此，依据东北地区温度、湿度的明显梯度变化，本书在东北地区按纬度自南向北的方向布设四条剖面线，从西到东，每条剖面线上的 3 个样点又按湿度增大的方向排列，共设置 12 个样点，并在松嫩草原长岭县境内开展人工控制增温模拟实验，采用野外调查和人工模拟增温实验相结合的方法，开展芦苇植硅体与温度的关系和形成机理研究。

参 考 文 献

蔡菁菁. 2013. 东北地区玉米干旱、冷害风险评价. 北京：中国气象科学研究院硕士学位论文.

崔瀚文. 2010. 30 年来东北地区湿地变化及其影响因素分析. 长春：吉林大学硕士学位论文.

高晓容. 2012. 东北地区玉米主要气象灾害风险评估研究. 南京：南京信息工程大学博士学位论文.

国志兴，王宗明，张柏，等. 2008. 2000～2006 年东北地区植被 NPP 的时空特征及影响因素分析. 资源科学，30（8）：1226～1235.

马占云. 2006. 东北湿地水热特征及生态气候识别研究. 长春：东北师范大学硕士学位论文.

裘善文，姜鹏，李凤华，等. 1981. 中国东北晚冰期以来自然环境演变的初步探讨. 地理学报，36（6）：316～327.

孙希科，周立华，马永欢，等. 2009. 我国东北地区多年冻土退化情况下的适应对策. 冰川冻土，31（3）：532～539.

孙晓玲，任炳忠，赵卓，等. 2006. 东北地区不同生境内蝗虫区系的比较. 生态学杂志，25（3）：286～289.

王丽娜，李传隆，杨传平，等. 2009. 黑龙江省纤维用材林发展策略. 森林工程，25（3）：11～16.

徐丽娇. 2013. 东北地区天然黄檗种群生物碱含量差异多尺度分析. 哈尔滨：东北林业大学硕士学位论文.

赵国帅，王军邦，范文义，等. 2011. 2000～2008 年中国东北地区植被净初级生产力的模拟及季节变化. 应用生态学报，22（3）：621～630.

周琳. 1991. 东北气候. 北京：气象出版社.

第三章 实验及数值分析方法

第一节 实 验 方 法

依据本书要求，我们采用湿式灰化法（王永吉和吕厚远，1992，1994）、电位法（鲍士旦，2010）、重铬酸钾滴定法（外热法）（鲁如坤，1999）、离子色谱和硅钼蓝比色法（鲍士旦，2010）对芦苇样品、土壤样品和水体样品进行了植硅体提取、pH、有机质、阴阳离子和有效硅测定。各种实验方法具体操作流程分列如下。

一、植硅体提取方法——湿式灰化法

（1）清洗：对同一样点的 5 株芦苇样品，选择每株芦苇的第三或第四片叶子混合后，用超声波清洗仪反复清洗后放入烘箱中烘干。

（2）氧化：将清洗干净的芦苇叶片剪成小段，称重 0.20g，放入离心管中，加入浓硝酸，直至样品不再呈黏稠状，溶液澄清为止。

（3）加入孢子片：取另一离心管放入一粒孢子片，加入浓盐酸，反应至溶液澄清。

（4）离心清洗：在离心管中加入蒸馏水清洗样品，用离心机（2000r/min）离心 15min，重复离心 3 次。

（5）再次离心清洗：将孢子片溶液倒入上述溶液中，混合均匀，将该溶液用离心机（2000r/min）离心 15min，重复离心 3 次，最后用无水乙醇离心一次以快速干燥。

（6）制片：将试管中的液体振荡均匀，用一次性滴管取均匀样滴一滴，滴在载玻片上。用酒精灯加热，样品均匀散开并干燥，滴一滴中性树胶于样品上。趁热加盖玻片，制成固定片。

（7）鉴定与统计：将做好的玻片在 MOTIC 生物显微镜（DMBA300）下放大 900 倍观察、统计。每个样品统计植硅体在 300 粒以上。

二、土壤 pH 的测定方法——电位法

（1）称取通过 2.00mm 孔径筛的风干试样 20.00g（精确至 0.01g）于 50.00mL 高型烧杯中，加去除 CO_2 的水 20.00mL，以搅拌器搅拌 1min，使土粒充分分散，放置 30min 后进行测定。

（2）将电极插入待测液中（注意玻璃电极球泡下部位于土液界面下，甘汞电极插入上部清液），轻轻摇动烧杯以除去电极上的水膜，促使其快速平衡，静止片刻，按下读数开关，待读数稳定时记下 pH。

（3）放开读数开关，取出电极，以水洗净，用滤纸条吸干水分后即可进行第二个样品的测定。每测 5～6 个样品后需用标准液检查定位。

三、土壤有机质的测定方法——重铬酸钾滴定法（外热法）

（1）选取有代表性风干土壤样品，用镊子挑除植物根、叶等有机残体，然后用木棍把土块压细，使之通过 1.00mm 筛。充分混匀后，从中取出试样 10.00～20.00g，磨细，并全部通过 0.25mm 筛，装入磨口瓶中备用。

（2）按照表 3-1 有机质含量的规定称取制备好的风干试样 0.05～0.50g，精确到 0.0001g。置入 150.00mL 三角瓶中，加粉末状的硫酸银 0.10g，准确加入 0.40mol/L 重铬酸钾-硫酸溶液 10.00mL 混匀。

表 3-1　不同土壤有机质含量的称样量

有机质含量/%	试样质量/g
2.00 以下	0.40～0.50
2.00～7.00	0.20～0.30
7.00～10.00	0.10
10.00～15.00	0.05
植物样	0.02

（3）将盛有试样的大试管放上弯颈漏斗，移至已预热到 200～230℃ 的电沙浴（或石蜡浴）加热。当冷凝管下端落下第一滴冷凝液，开始计时，消煮（5±0.5）min。

（4）消煮完毕后，将三角瓶从电沙浴上取下，冷凝片刻，用水冲洗冷凝管内壁及其底端外壁，使洗涤液流入原三角瓶，定容于 100.00mL。摇匀后取上清液 10.00mL 于三角瓶，加 3～5 滴邻菲罗啉指示剂，用硫酸亚铁标准溶液滴定剩余的重铬酸钾。溶液的变色过程是先由橙黄变为蓝绿，再变为棕红，即达终点。

（5）硫酸亚铁溶液的标定方法如下。

吸取 0.10mol/L 重铬酸钾溶液 10.00mL，放入 150.00mL 三角瓶中，加浓硫酸 1.00mL 和邻菲罗啉指示剂 80.00μL，用硫酸亚铁溶液滴定，终点为砖红色。根据硫酸亚铁溶液的消耗量，计算硫酸亚铁标准溶液浓度 C_2。

$$C_2 = C_1 \cdot V_1 / V_2 \tag{3-1}$$

式中，C_2 为硫酸亚铁标准溶液的浓度，mol/L；C_1 为重铬酸钾标准溶液的浓度，mol/L；V_1 为吸取的重铬酸钾标准溶液的体积，mL；V_2 为滴定时消耗硫酸亚铁溶液的体积，mL。

（6）结果计算：土壤有机质含量 X（烘干基）为

$$X(\%) = \frac{(V_0 - V) C_2 \times 0.003 \times 1.724 \times 100}{m} \tag{3-2}$$

式中，V_0 为空白滴定时消耗硫酸亚铁标准溶液的体积，mL；V 为测定试样时消耗硫酸亚铁标准溶液的体积，mL；C_2 为硫酸亚铁标准溶液的浓度，mol/L；0.003 为 1/4 碳原子的摩尔质量数，g/mL；1.724 为由有机碳换算为有机质的系数；m 为烘干试样质量，g。

平行测定的结果用算术平均值表示，保留三位有效数字。

四、土壤及植物阴阳离子的测定方法——离子色谱法

（1）对土壤样品进行研磨，过 20 目筛，取表土 10.00g。

（2）将表土按水土比例 5∶1 配制土壤溶液，振荡 3min，静置 20min，过滤。

（3）将上述土壤溶液按 9000r/min 高速离心 15min，取上层清液。

（4）植物样品经粉碎机研磨后，按土壤和水的比例 1∶20 配制溶液，在 100℃热水中水浴 2h 后，取上层清液。

（5）将上层土壤和植物清液在美国戴安公司 DX-300 型离子色谱仪（AS4A-SC 阴离子色谱柱，CDM-Ⅱ 电导检测器，淋洗液碳酸钠/碳酸氢钠溶液 1.70/1.80mol/L，流速 2.00mL/min）上进行土壤和植物阴离子 Cl^-、SO_4^{2-}、NO_3^- 的测试。

（6）再取第（4）步的上层清液，使用北京普析通用仪器有限责任公司 Super 990F 型原子吸收分光光度计对其进行土壤和植物阳离子 Na^+、K^+、Mg^{2+}、Ca^{2+} 的测定。

五、土壤及植物有效硅的测定方法——硅钼蓝比色法

植物和土壤有效硅的测定：根据辽宁省土壤有效硅的测试经验，我们选用柠檬酸浸提-硅钼蓝比色法测定本书的土壤和植物有效硅。其中浸提剂选用 0.025mol/L 柠檬酸，试剂包括 0.60mol/L（1/2 H_2SO_4）溶液、6.00mol/L（1/2 H_2SO_4）溶液、50.00g/L 钼酸铵溶液、50.00g/L 草酸溶液、15.00g/L 抗坏血酸溶液、50.00μg/mL 的硅标准溶液。

（1）称取通过 2.00mm 孔径筛的风干土 10.00g 于 250.00mL 塑料瓶中，加柠檬酸浸提剂 100.00mL，塞好瓶塞，摇匀，放于预先调节至 30℃的恒温箱中保温 5h，每隔 1h 摇动 1 次，取出后用干滤纸过滤。

（2）吸取上述滤液 1.00～5.00mL[含硅（Si）10.00～125.00μg]于 50.00mL 容量瓶中，用水稀释至 15.00mL 左右，依次加入 0.60mol/L（1/2H_2SO_4）溶液 5.00mL，在 30～35℃放置 15min，加钼酸铵溶液 5.00mL，摇匀后放置 5min。

（3）在上述溶液中一次加入草酸溶液 5.00mL 和抗坏血酸溶液 5.00mL，用水定容，放置 20min 后在分光光度计上 700nm 波长处比色，同时做空白实验。

（4）在样品测定同时，分别吸取 50.00μg·mol/L 硅（Si）0.00mL、0.25mL、0.50mL、1.00mL、1.50mL、2.00mL、2.50mL 置于 50.00mL 容量瓶中，用水稀释至约 15.00mL，按上述步骤显色和比色测定。即 ρ（Si）分别为 0.00μg·mol/L、0.25μg·mol/L、0.50μg·mol/L、1.00μg·mol/L、1.50μg·mol/L、2.00μg·mol/L、2.50μg·mol/L 的标准系列浓度。建立回归方程，或以硅（Si）浓度为横坐标，吸收值为纵坐标，绘制工作曲线。

六、正交试验方法

对于单因素或两因素试验，因其因素少，试验的设计、实施与分析都比较简单。但在实际工作中，常常需要同时考察 3 个或 3 个以上的试验因素，若进行全面试验，则试验的规模将很大，往往因试验条件的限制而难于实施。正交试验设计就是安排多因素试验、寻求最优水平组合的一种高效率试验设计方法。

（一）正交试验设计的基本概念

正交试验设计是利用正交表来安排与分析多因素试验的一种设计方法。它是从试验因素的全部水平组合中，挑选部分有代表性的水平组合进行试验的，通过对这部分试验结果的分析了解全面试验的情况，找出最优的水平组合。

正交试验设计的基本特点是：用部分试验来代替全面试验，通过对部分试验结果的分析，了解全面试验的情况。正因为正交试验是用部分试验来代替全面试验的，它不可能像全面试验那样对各因素效应、交互作用一一分析；当交互作用存在时，有可能出现交互作用的混杂（任露泉，2003）。虽然正交试验设计有上述不足，但它能通过部分试验找到最优水平组合，因而受到广大工作者的青睐。

（二）正交试验设计的基本原理

在试验安排中，每个因素在研究的范围内选几个水平，就好比在选优区内打上网格，如果网上的每个点都做试验，就是全面试验。例如，3 个因素的正交试验，3 个因素的选优区可以用一个立方体表示（图 3-1），3 个因素各取 3 个水平，把立方体划分成 27 个网格点，反映在图 3-1 上就是立方体内的 27 个 "."。若 27 个网格点都试验，就是全面试验。

正交设计就是从选优区全面试验点（水平组合）中挑选出有代表性的部分试验点（水平组合）来进行试验。图 3-1 中标有试验号的 9 个 "⊙"，就是利用正交表 $L_9(3^4)$ 从 27 个试验点中挑选出来的 9 个试验点。即

（1）$A_1B_1C_1$　　　　（2）$A_2B_1C_2$　　　　（3）$A_3B_1C_3$
（4）$A_1B_2C_2$　　　　（5）$A_2B_2C_3$　　　　（6）$A_3B_2C_1$
（7）$A_1B_3C_3$　　　　（8）$A_2B_3C_1$　　　　（9）$A_3B_3C_2$

上述选择，保证了 A 因素的每个水平与 B 因素、C 因素的各个水平在试验中各搭配一次。对于 A、B、C 这 3 个因素来说，是在 27 个全面试验点中选择 9 个试验点，仅是全面试验的三分之一。从图 3-1 可以看到，9 个试验点在选优区中分布是均衡的，在立方体的每个平面上，都恰是 3 个试验点；在立方体的每条线上也恰有一个试验点。9 个试验点

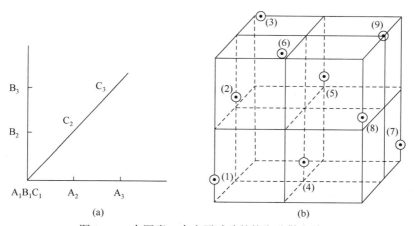

(a)　　　　　　　　　　　　　　(b)

图 3-1　3 个因素 3 个水平试验的均衡分散立体图

均衡地分布于整个立方体内，有很强的代表性，能够比较全面地反映选优区内的基本情况。

（三）正交试验设计的基本程序

对于多因素试验，正交试验设计是简单常用的一种试验设计方法，其基本程序包括试验方案设计及试验结果分析两部分。

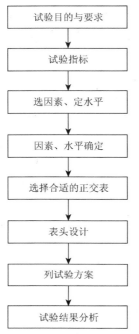

1. 试验方案设计

（1）明确试验目的，确定试验指标；

（2）选因素、定水平，列因素水平表；

（3）选择合适的正交表；

（4）表头设计；

（5）编制试验方案，按方案进行试验，记录试验结果。

正交试验方案设计的主要步骤如图 3-2 所示。

2. 试验结果分析

试验结果分析的主要步骤如图 3-3 所示，但是在分析试验结果之前应重点把握以下几个方面：分清各因素及其交互作用的主次顺序，分清哪个是主要因素，哪个是次要因素；判断因素对试验指标影响的显著程度；找出试验因素的最优水平和试验范围内的最优组合，即试验因素各取什么水平时，试验指标最好；分析因素与试验指标之间的关系，即当

图 3-2　正交试验方案设计的主要步骤

因素变化时，试验指标是如何变化的。找出指标随因素变化的规律，为进一步试验指明方向；了解各因素之间的交互作用情况；估计试验误差的大小。

1）直观分析法——极差分析法

该方法计算简便、直观、简单易懂，是正交试验结果分析最常用的方法。其主要过程如图 3-4 所示：R_j 为第 j 列因素的极差，反映了第 j 列因素水平波动时，试验指标的变动幅度。R_j 越大，说明该因素对试验指标的影响越大。根据 R_j 大小，可以判断因素的主次顺序。K_{jm} 为第 j 列因素 m 水平所对应的试验指标，$\bar{K}_{jm}$ 为 K_{jm} 的平均值。由 K_{jm} 大小可以判断第 j 列因素优水平和优组合。

2）正交试验结果的方差分析

极差分析法简单明了，通俗易懂，计算工作量少便于推广普及。但这种方法不能将试验中由于试验条件改变引起的数据波动同试验误差引起的数据波动区分开来，也就是说，不能区分因素各水平间对应的试验结果的差异究竟是由于因素水平不同引起的，还是由于试验误差引起的，无法估计试验误差的大小。此外，各因素对试验结果的影响大小无法给以精确的数量估计，不能提出一个标准来判断所考察因素作用是否显著。为了弥补极差分析的缺陷，可采用方差分析。

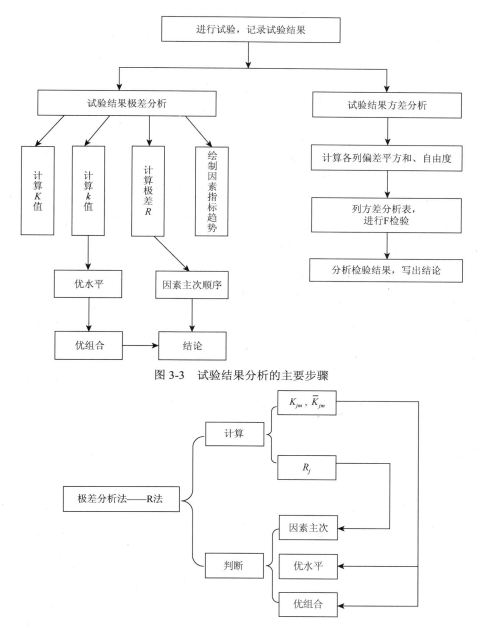

图 3-3　试验结果分析的主要步骤

图 3-4　极差分析法的步骤

方差分析的基本思想是将数据的总变异分解为因素引起的变异和误差引起的变异两部分，构造 F 统计量，作 F 检验，即可判断因素作用是否显著。

第二节　数值分析方法

一、主成分分析

主成分分析是在研究各变量间相关关系的基础上，压缩变量数，提取对分析目的有意义的主要影响因素，这种方法在生态学、环境演化方面都有很好的应用。植硅体分析时，样品数量往往较大，科属数目也较多，因而从组合图式上直接判读的环境特征带有一定的主观性和经验性，而且这种直接判读的方法也无法提取影响更大的环境因素信息。采用主成分分析法对植硅体组合从数理统计学角度来进行分析，将有助于揭示其环境意义。

（一）分析原理

主成分分析（principal components analysis，PCA）是多变量统计方法中的一种，该概念首先由 Karl Pearson 在 1901 年提出，当时只限于非随机变量的讨论，1933 年 Hotelling 将该概念推广到随机变量。主成分分析通过将具有一定相关性的多个指标转化为少数几个综合性指标，在确保数据信息丢失最少的前提下对高维变量空间做降维处理，因此是综合处理上述多变量问题的一种强有力的工具。若需要解决的问题中指标数越多且各指标间相关程度越密切，则主成分分析降维处理的优越性越能得到充分体现（林杰斌等，2002）。

（二）计算步骤

（1）计算相关系数矩阵。公式如下：

$$\boldsymbol{R} = \begin{bmatrix} r_{11} & r_{12} & \cdots & r_{1p} \\ r_{21} & r_{22} & \cdots & r_{2p} \\ \vdots & \vdots & \vdots & \vdots \\ r_{p1} & r_{p2} & \cdots & r_{pp} \end{bmatrix} \tag{3-3}$$

式中，$r_{ij}(i,\ j=1,2,\cdots,\ p)$ 为原变量的 X_i 与 X_j 之间的相关系数，其计算公式为

$$r_{ij} = \frac{\sum\limits_{k=1}^{n}(x_{ki}-\overline{x}_i)(x_{kj}-\overline{x}_j)}{\sqrt{\sum\limits_{k=1}^{n}(x_{ki}-\overline{x}_i)^2\sum\limits_{k=1}^{n}(x_{kj}-\overline{x}_j)^2}} \tag{3-4}$$

因为 $\boldsymbol{R}$ 是实对称矩阵（$r_{ij}=r_{ji}$），所以只需计算上三角元素或下三角元素即可。

（2）计算特征值与特征向量。首先求解特征方程，通常用 $|\lambda I - \boldsymbol{R}|=0$ 雅可比法（Jacobi）求出特征值 λ_i（$i=1,\ 2,\ \cdots,\ p$），并使其按大小顺序排列，即 $\lambda_1 \geqslant \lambda_2 \geqslant \cdots \geqslant \lambda_p \geqslant 0$；然后分别求出对应于特征值 λ_i 的特征向量 e_i（$i=1,\ 2,\ \cdots,\ p$）。这里要求 $\|e_i\|=1$，其中 e_{ij} 表示向量 e_i 的第 j 个分量。

（3）计算主成分的贡献率及累计贡献率。

主成分 Z_i 的贡献率为

$$\frac{\lambda_i}{\sum\limits_{k=1}^{p}\lambda_k} \quad (i=1,\ 2,\ \cdots,\ p) \tag{3-5}$$

累计贡献率为

$$\frac{\sum_{k=1}^{i} \lambda_k}{\sum_{k=1}^{p} \lambda_k} \quad (i=1, 2, \cdots, p) \tag{3-6}$$

（4）计算主成分载荷。计算公式为

$$l_{ij} = p(z_i, x_j) = \sqrt{\lambda_i e_{ij}} \quad (i, j=1, 2, \cdots, p) \tag{3-7}$$

得到各主成分载荷以后，还可以通过进一步计算，得到各主成分的得分矩阵 $\boldsymbol{Z}$。

$$\boldsymbol{Z} = \begin{bmatrix} z_{11} & z_{12} & \cdots & z_{1m} \\ z_{21} & z_{22} & \cdots & z_{2m} \\ \vdots & \vdots & \vdots & \vdots \\ z_{n1} & z_{n2} & \cdots & z_{nm} \end{bmatrix} \tag{3-8}$$

二、聚类分析

（一）聚类分析的概念

分类是人们认识世界的基础，在社会、经济及自然现象的研究中，存在着大量分类研究的问题。过去人们主要靠经验和专业知识进行定性分类处理，致使许多分类带有主观性和任意性，不能很好地指示客观事物内在的差别与联系，特别是对于多因素、多指标的分类问题。为了克服定性分类的不足，有必要引入数学方法，形成数值分类法。

聚类分析的基本思想是根据对象间的相关程度进行类别的聚合。在进行聚类分析之前，这些类别是隐蔽的，能分为多少种类别事先也是不知道的。聚类分析的原则是同一类中的个体有较大的相似性，不同类中的个体差异很大。运用一定的方法将相似程度较大的数据或单位划为一类，划类时关系密切的聚合为一小类，关系疏远的聚合为一大类，直到把所有的数据或单位聚合为唯一的类别。这种分类就是最常用最基本的一种聚类分析方法——系统聚类分析（或称为分层聚类分析）的内涵。此外还有动态聚类法、模糊聚类法、有序聚类法等（卢纹岱，2000）。

（二）聚类分析的一般步骤

不管是哪种方式的聚类分析，一般来讲，分析过程可以分为三个步骤。

（1）数据变换处理。在聚类分析过程中，需要对各个原始数据进行一些相互比较运算，而各个原始数据往往由于计量单位不同而影响这种比较和运算。因此，需要对原始数据进行必要的变换处理，以消除不同计量单位对数据值大小的影响。

（2）计算聚类统计量。聚类统计量是根据变换以后的数据计算得到的一个新数据，它用于表明各样品或变量间的关系密切程度。常用的聚类统计量有距离和相似系数两大类。

（3）选择聚类方法。根据聚类统计量，运用一定的聚类方法，将关系密切的样品或变量聚为一类，将关系不密切的样品或变量加以区分。选择聚类方法是聚类分析最终的也是最重要的一步。

三、相关分析

（一）简单相关分析

简单相关分析是对两个变量之间的相关程度进行分析。简单相关分析所用的指标称为单相关系数，又称为 Pearson（皮尔森）相关系数或相关系数。计算公式如下：

$$r = \frac{\sum_{i=1}^{n}(x_i - \overline{x})(y_i - \overline{y})}{\sqrt{\sum_{i=1}^{n}(x_i - \overline{x})^2 \sum_{i=1}^{n}(y_i - \overline{y})^2}} = \frac{\sigma_{xy}^2}{\sigma_x \sigma_y} \tag{3-9}$$

式中，n 为样本数；x_i 和 y_i 分别为两变量的变量值；σ_{xy}^2 为变量 x 和 y 的协方差；σ_x 和 σ_y 分别为变量 x 和 y 的标准差。

在实际的客观现象分析研究中，相关系数一般都是利用样本数据计算的，因而带有一定的随机性，样本容量越小其可信程度就越差。因此也需要进行检验，即对相关系数 r 是否等于 0 进行检验。数学上可以证明，在 x 与 y 都服从于正态分布，并且又有 $r = 0$ 的条件下，可以采用 T 检验来确定 r 的显著性。其步骤如下：首先，计算相关系数 r 的 t 值；其次，根据给定的显著性水平和自由度 $(n-2)$，查找 t 分布表中相应的临界值 $t_{\alpha/2}$（或 p 值）。若 $|t| > t_{\alpha/2}$（或 $p < \alpha$）表明 r 在统计上是显著的。若 $|t| \leqslant t_{\alpha/2}$（或 $p \geqslant \alpha$），表明 r 在统计上是不显著的。

$r > 0$ 为正相关；$r < 0$ 为负相关；$r = 0$ 为零相关或无相关。$|r|$ 越接近于 1，说明相关性越好；$|r|$ 越接近于 0，说明相关性越差。

Pearson 简单相关系数的检验统计量为 t 统计量，其数学定义为

$$t = \frac{r\sqrt{n-2}}{\sqrt{1-r^2}} \tag{3-10}$$

在原假设成立的条件下，t 统计量服从自由度为 $n-2$ 的 t 分布。

（二）偏相关分析

在多变量的情况下，变量之间的相关关系是很复杂的。因此，多元相关分析除了要利用简单相关系数外，还要计算偏相关系数和复相关系数。这里仅讨论偏相关系数。

在对其他变量的影响进行控制的条件下，衡量多个变量中某两个变量之间的线性相关程度的指标称为偏相关系数。偏相关系数不同于前面所介绍的简单相关系数。在计算简单相关系数时，只需要掌握两个变量的观测数据，并不考虑其他变量对这两个变量可

能产生的影响。而在计算偏相关系数时，需要掌握多个变量的数据，一方面考虑多个变量相互之间可能产生的影响，另一方面采用一定的方法控制其他变量，专门考察两个特定变量的净相关关系。在多变量相关的场合，由于变量之间存在错综复杂的关系，因此偏相关系数与简单相关系数在数值上可能相差很大，有时甚至符号都可能相反。简单相关系数受其他因素的影响，反映的往往是表面的、非本质的联系，而偏相关系数则较能说明现象之间真实的联系。

在偏相关中，根据固定变量数目的多少，可分为零阶偏相关、一阶偏相关、……、$p-1$阶偏相关。零阶偏相关就是简单相关。如果用下标 0 代表 Y，下标 1 代表 X_1，下标 2 代表 X_2，则变量 Y 与变量 X_1 之间的一阶偏相关系数为

$$r_{01 \cdot 2} = \frac{r_{01} - r_{02} r_{12}}{\sqrt{1 - r_{02}^2} \sqrt{1 - r_{12}^2}} \tag{3-11}$$

式中，$r_{01 \cdot 2}$ 为剔除 X_2 的影响之后，Y 与 X_1 之间的偏相关程度的度量；r_{01}、r_{02}、r_{12} 分别为 Y、X_1、X_2 两两之间的简单相关系数。设增加变量 X_3，下标 3 代表 X_3，则变量 Y 与 X_1 的二阶偏相关系数为

$$r_{01 \cdot 23} = \frac{r_{02} - r_{03 \cdot 2} r_{13 \cdot 2}}{\sqrt{1 - r_{03 \cdot 2}^2} \sqrt{1 - r_{3 \cdot 2}^2}} \tag{3-12}$$

一般地，考察多个变量时，Y 与 X_i（$i = 1, 2, \cdots, p$）的 $p-1$ 阶偏相关系数，可由式（3-11）～式（3-13）组成一组递推公式进行计算。

$$r_{0i \cdot 12 \cdots (i-1)(i+1) \cdots (p-1)} = \frac{r_{0i \cdot \cdots (i-1)(i+1) \cdots (p-1)} - r_{0p \cdot 12 \cdots (p-1)} r_{ip \cdot 12 \cdots (i-1)(i+1) \cdots (p-1)}}{\sqrt{1 - r_{0p \cdot 12 \cdots (p-1)}^2} \sqrt{1 - r_{ip \cdot 12 \cdots (i-1)(i+1) \cdots (p-1)}^2}} \tag{3-13}$$

偏相关系数的显著性检验与简单相关系数的显著性检验类似（夏怡凡，2010）。

四、方差分析

方差分析一般用来对多个总体的均值进行推断，检验多个总体均值之间差异的显著性。在只比较两个均值时这种方法与两个独立样本的 T 检验是等价的。这一方法之所以被称为"方差"分析，是因为这种方法中对均值差异性的检验是通过对方差的分解进行的。方差分析的思想在 20 世纪 20 年代由英国统计学家费希尔（Fisher）最早提出，开始应用于生物和农业田间试验，以后在许多学科领域得到了广泛应用（林杰斌等，2002）。

（一）方差分析原理

方差分析的基本原理是认为不同处理组的均数间的差别基本来源有两个。

（1）随机误差，如测量误差造成的差异，称为组内差异。用变量在各组的均值与该组内变量值之偏（离均）差平方和的总和表示。记作 SS 组内。

（2）实验误差，即不同的处理造成的差异，称为组间差异。用变量在各组的均值与总均值之偏（离均）平方和的总和表示。记作 SS 组间。

SS 组间、SS 组内除以各自的自由度得到其均方值即组间均方和组内均方。

一种情况是处理因素没有作用,即各样本均来自同一总体。MS 组间/MS 组内＝1。考虑抽样误差的存在,则有 MS 组间/MS 组内≈1。

另一种情况是处理因素确实有作用。组间均方是由于误差与不同处理共同导致的结果,即各样本来自不同总体。那么,组间均方会远远大于组内均方。MS 组间 ≫ MS 组内。

MS 组间/MS 组内值构成 F 分布。用 F 值与其临界值比较,推断各样本是否来自相同的总体。

（二）方差分析的步骤

单因素方差分析的基本步骤如下。

（1）检验数据是否符合方差分析的假设条件。

（2）提出零假设和备择假设。不管所研究问题的背景如何,单因素方差分析中的零假设总是相同的,各总体的均值之间没有显著差异,即 H_0：$_{1\ 2\cdots r}$；备择假设也相同,至少有两个均值不相等,即 H_1：μ_1,μ_2,$\cdots$,μ_r 不全相等。

（3）根据样本计算 F 统计量的值和 p 值。

（4）根据决策规则得出检验结论。决策规则可以用两种方式来表述。一是根据事先确定的显著性水平 α 和自由度计算 F 检验的临界值,当实际值大于临界值时拒绝零假设。二是根据样本统计量计算 p 值,当 $\alpha > p$ 值时拒绝零假设。

双因素方差分析的步骤与单因素分析类似,主要包括以下步骤。

（1）分析所研究数据能否满足方差分析要求的假设条件,需要的话进行必要的检验。如果假设条件不满足需要先对数据进行变换。

（2）提出零假设。双因素方差分析可以同时检验两组或三组零假设。首先要说明因素 A 有无显著影响,就是检验如下假设 H_0：$_{1\ 2\cdots r}$；H_1：$_{1'\ 2'\cdots r'}$ 0 不全为 0。其次要说明因素 B 有无显著影响,就是检验如下假设 H_0：$_{1\ 2\cdots s}$；H_1：$_{1'\ 2'\cdots s'}$ 0 不全为 0。最后在有交互作用的双因素方差中,要说明因素 A 与第二个因素 B 的交互作用是否显著,还需要同时检验第三组零假设 H_0：$(\ )_{11}(\ )_{12\cdots}(\ )_{ss}$；$H_1$：$(\ )_{11'}(\ )_{12'\cdots}(\ )_{ss'}$,0 不全为 0。

（3）计算 F 检验值,并根据实际值与临界值的比较,或者 p 值与 α 的比较得出检验结论。与单因素方差分析的情况类似,对 F_A、F_B 和 F_{AB},当 F 的计算值大于临界值 F_α 时拒绝零假设 H_0。临界值 F_α 可以根据显著性水平 α 以及相应的自由度计算。

五、冗余分析

Canoco for Windows 是新一代的 CANOCO 软件,是生态学应用软件中用于约束与非约束排序的最流行工具。Canoco for Windows 整合了排序以及回归和排列方法学,以便得到健全的生态数据统计模型。冗余分析（redundancy analysis,RDA）是隶属其中的一种排序方法。对比主成分分析可以发现,其实冗余分析就是约束化的主成分分析。PCA 和 RDA 的目的都是寻找新的变量作为最好的预测器来预测响应变量分布,它们的主要区别在于后者样方在排序图中坐标是环境因子的线性组合。

分析步骤的具体步骤如下（卢纹岱,2000）。

（1）进入 Canoco for windows 模块主界面后新建 Project 文件，会自动弹出 "Available Data" 窗口，在其中选择需要分析的数据，并选择勾选下部第二个（间接梯度分析）选择框。

（2）点击 "Next" 后，出现 "Data Editing Choices" 对话框后，差异开始出现。选中环境变量删除命令，点击下一步后，在出现的对话框中将左侧不需要分析的环境变量全部移除到右侧。

（3）紧接着出现环境变量预选对话框。由于我们这里只有一个环境变量被纳入分析，所以选择不用预选选项（"Do not use forward selection"）。如若被纳入的分析的环境变量较多，可以自行尝试自动预选和手动预选，看看什么效果。

（4）在置换检验对话框中，由于我们只有一个环境变量被纳入分析，所以选择第一轴显著性检验；右侧部分保留默认状态。在紧接着出现的置换类型对话框中选定 "Urestricted permutations" 类型，一路 "Next" 直到结束。

（5）点击 "Analysis" 后，在 "Log View" 窗口中找到信息。这里第一轴（即典范轴）是约束性排序轴，读取对响应变量的解释比例，后面的三个轴都是非约束性的。单从解释量来看，第二轴的解释量大于第一轴，但根据蒙特卡罗检验结果我们可以发现，这不影响第一轴解释量的显著性。

（6）出图之前可以通过相关设置，使排序图中只显示能被典范轴（第一轴）很好解释的物种，方法为：Project＞Settings＞Inclusion Rules＞Lower Axis Minimum Fit＞Species，根据第一轴对响应变量的解释量，这里我们将该值设为低于该解释变量的某一值，保存后便可得到排序图。

小　结

综上所述，在完成环保公益性行业科研专项项目 "芦苇植硅体与未来温度变化预测研究" 的过程中，采用湿式灰化法对采自东北地区野外网络样地和长岭模拟增温样地的芦苇样品进行植硅体提取，并利用方差分析、相关分析和聚类分析等数值方法对芦苇不同生长时期植硅体的变化规律进行对比分析；利用环境因子监测设备，记录野外网络样地和人工温控样地芦苇生长期的温度变化，为建立东北地区芦苇特征植硅体与温度因子的关系模型提供环境信息；采用电位法、重铬酸钾滴定法（外热法）、离子色谱和硅钼蓝比色法对芦苇样品、土壤样品和水体样品分别进行 pH、有机质、阴阳离子和有效硅测定，并采用正交试验设计、方差分析以及冗余分析等数值分析方法对芦苇植硅体与气候、土壤因素之间的关系进行分析，以探讨芦苇植硅体的形成机理。

参 考 文 献

鲍士旦. 2010. 土壤农化分析（第三版）. 北京：中国农业出版社.

林杰斌，陈湘，刘德明. 2002. SPSS 11 统计分析实务设计宝典. 北京：中国铁道出版社.

卢纹岱. 2000. SPSS for Windows 统计分析（第 3 版）. 北京：电子工业出版社.

鲁如坤. 1999. 土壤农业化学分析方法. 北京：中国农业科技出版社.

任露泉. 2003. 试验优化设计与分析（第二版）. 北京：高等教育出版社.

王永吉，吕厚远. 1992. 植物硅酸体研究及应用. 北京：海洋出版社.

王永吉，吕厚远. 1994. 植物硅酸体的分析方法. 植物学报，36（10）：797～804.

夏怡凡. 2010. SPSS 统计分析精要与实例详解. 北京：电子工业出版社.

第四章　模拟增温对芦苇植硅体的影响

全球变化，是指由于自然和人为因素而造成的全球性环境变化，主要包括气候变化、大气组成变化，以及由于人口、经济、技术和社会的压力而引起的土地利用的变化，全球气候变化是全球变化研究的核心内容之一。目前，陆地生态系统对全球温度升高的反应是研究全球气候变化与陆地生态系统相互关系的核心问题，也是当代研究的热点领域之一，而全球气温升高势必会对植物的生长发育、形态结构以及生理功能等产生深远的影响。自19世纪后期以来，地表气温已经升高了0.40~0.80℃，而且这一趋势还将持续下去，甚至有专家预测在高纬度或高海拔地区的上升趋势更大（Houghton et al.，2001）。

植硅体是植物根系从土壤中吸收溶解态的硅并在植物细胞内或细胞间隙中形成的无机二氧化硅矿物（王永吉和吕厚远，1992）。由于其在植物细胞或细胞间隙中形成，因此，植硅体能够表征其形成时的环境信息，也就是说，全球气候变暖对植物产生的影响必将导致在其体内形成的植硅体的形态、数量以及大小等发生变化。此外，由于植硅体在形成的过程中，影响植硅体生长发育的因子是非常多样和复杂的，区分单一环境因子对植硅体形成产生的影响较为困难。为了科学、准确地理解植硅体的环境意义，现代植物植硅体与环境因子之间关系的研究一直被广大学者重视。

在本章中，采用两种不同的增温方式来模拟温度升高，研究单一因素——温度对植硅体产生的影响，同时每种增温方式分别设置四个温度梯度，这样可以更精准地理解植硅体与温度因子之间的关系。通过对植硅体现代过程的研究，有利于了解植硅体的形成机制，同时可以正确地解译古环境重建中的植硅体数据，为运用植硅体恢复古环境和古气候提供一定的参考。

第一节　模拟增温对植物生长的影响

温度是影响植物生理变化过程的重要条件之一，同时也是调节陆地生态系统生物地球化学过程的关键因素之一，温度的升高对植物产生的影响包括很多方面，如延长植物的生长期、改变物候、影响植物的光合作用、影响植物群落的生产力水平、改变植物所生长的土壤特性以及加速枯枝落叶的分解，进而影响土壤肥力等方面。但总体来说，增温对植物的影响主要包括直接影响和间接影响两个方面（Jonasson et al.，1999；Rustad et al.，2001）。下面对增温对植物产生的影响作简单的概括。

一、增温对植物的直接影响

增温对植物产生的直接影响主要包括以下几个方面：改变植物的光合特性、影响植物的生长、改变植物的物候特征等。

（一）增温对植物光合特性的影响

光合作用，即光能合成作用，是植物、藻类和某些细菌，在可见光的照射下，经过光反应和暗反应，利用光合色素，将二氧化碳和水转化为有机物，并释放出氧气的生化过程。植物的光合作用是植物体对温度反应最为敏感的生理现象之一，并直接影响植物的生长发育。在增温的情况下，不同的植物对增温具有不同的响应（Sheu and Lin，1999）。同时，光合作用是植物物质生产的重要生理过程，它是植物生长、叶的化学特征、物候和生物产量分配以及物种竞争等众多过程的决定因素（Ceulemans et al.，1999）。适度的增温能使植物的净光合速率、最大光合速率等主要光合特性指标得以增强，进而促进植物的各种生理活动（石福孙等，2009）。尹华军等利用 OTC 增温研究了红桦（*Betula albosinensis*）以及岷江冷杉（*Abies faxoniana*）幼苗对短期增温的响应，结果表明，增温能够显著地提高红桦以及岷江冷杉这两种树木叶片中的叶绿素含量，进而提高植物的光合作用（Yin et al.，2008）。植物的光合作用都有一个适宜的温度范围，温度过高或过低都不利于植物的光合作用。此外，不同的物种具有不同的最适温度范围，而且植物在不同的生长阶段最适温度也不同。例如，Huxman 等（2003）通过研究美国科罗拉多州亚高山森林中三个优势针叶树种山地松（*Pinus contorta*）、恩氏云杉（*Picea engelmannii*）和亚高山冷杉（*Abieslasiocarpa*）的光合速率，结果表明在上述植物的生长初期其最适温度为 10℃，而在生长后期其最适温度有所增加，达到了 15℃。此外，随时间的延长，植物对温度的升高会产生一定的适应性，同时，其他因素也会对温度变化产生限制或掩盖的作用。

（二）增温对植物生长的影响

温度是影响植物生长发育的重要的环境因子，它影响着植物体内一切的生理变化，是影响植物生命活动最基本的要素。但关于增温对植物生长所产生的影响，不同的学者对其认识并不统一。例如，Welker 等（1997）在北极地区研究了仙女木（*Dryas octopetala*）对模拟夏季温度变化的响应，研究结果表明，增温后仙女木的嫩枝高度有所增长，对植物的生长起到了促进作用。杨永辉（1997）利用不同海拔高度造成的温差模拟全球变暖对植物生物量的影响，研究发现增温导致生物量明显增加，其增幅高达 50%。Regory 等（2000）通过转移积雪的方法提高土壤温度，研究增温对阿拉斯加草本植物的影响，他们的实验结果表明增温没有使叶片大小和萌发数量发生变化。刘思雅（2009）通过红外线辐射器来模拟增温，研究增温对松嫩草原羊草群落（*Leymus chinensis*）的影响，结果表明模拟增温对羊草群落的优势种——羊草的生长起到抑制作用。张吉旺（2005）通过 OTC 增温方式，研究在增温幅度小于 3℃的条件下，增温对夏玉米（*Zea Mays*）产量和品质的影响，结果表明：增温使玉米籽粒的产量显著降低。

由此可知，由于不同的学者研究地点不同，研究的植物种类千差万别，同时使用的模拟增温方式也各异，因此导致不同学者研究增温对植物产生影响的结果也不尽相同。即使是同一种植物，由于增温方式以及地域的差异性，不同学者的研究结果也会存在差异。总之，到目前为止，关于增温对植物产生的影响并没有统一的定论。

（三）增温对植物物候特征的影响

物候是指植物为了适应气候条件的节律性变化而形成的与此相对应的植物发育规律（Braley et al.，1999）。植物物候是指植物受生物因子和非生物因子，如气候、水文、土壤等影响而出现的以年为周期的自然现象，主要包括植物的发芽、开花、结果、叶变色、落叶（竺可桢和宛敏渭，1980）。增温能够直接影响植物的物候变化。国内外的很多学者就全球变暖对植物物候期的影响进行了大量的研究，如 Ahas（1999）及 Beaubien 和 Freeland（2000）通过对植物物候进行研究，得到了欧洲地区植物春季物候在 1969～1998 年提早了 8d 的结论；Schwarz 和 Reiter（2000）的研究结果表明北美地区植物春季物候在 1959～1993 年提早了 6d。温度的增加使高纬度地区植被的衰落时间推迟了 4d（Myneni et al.，1997），欧亚地区植被生长季已经延长了近 18d，北美地区生长季也延长了 12d，生长季明显变长（Zhou et al.，2001）。这表明随着全球温度的升高，植物的生长发育过程会不断地发生变换并采取一种适应的生存策略，因此植物的物候期会发生相应的变化。尽管不同物种采取变换策略的时间不同，但是变化的倾向是相同的，即增温导致植物的萌芽期提前，落叶期推迟，生长期延长。

总之，在一般情况下，增温能使植物物候进程加快，提前植物的春季物候期，推迟植物的秋季物候期，但增温对植物物候的影响也会因物种、处理时间（长期增温或短期增温）和功能群的不同而存在差异。

二、增温对植物的间接影响

我们知道，空气温度的变化势必会对土壤温度、土壤湿度、空气相对湿度等方面产生一定的影响，只是由于增温幅度不同以及增温方式各异，导致增温对上述环境因子的影响程度存在差异。因此，土壤性质、植物群落结构以及生物多样性等均会随着温度的升高而发生相应的变化，即增温势必会间接地影响土壤性质、植物群落结构以及生物多样性等方面。

（一）增温对土壤性质的影响

无论是利用哪种增温方式来模拟温度升高，增温后土壤温度会相应地发生变化，只是土壤温度变化的程度依增温方式和空气温度升高的幅度而异。而土壤温度（地温）影响着植物的生长、发育和土壤的形成。土壤中各种生物化学过程，如微生物活动所引起的生物化学过程和非生命的化学过程，都受土壤温度的影响。土壤温度对土壤中一系列物理、化学及生物化学过程有着重要影响：它是影响土壤有机物分解、土壤呼吸及土壤碳通量过程的关键因素（Moncrieff and Fang，2001；Li et al.，2008；Peng et al.，2009）。此外，土壤温度增加还会影响有机质的分解速率、土壤元素的矿化速度、土壤中有效养分含量改变等（白春华，2011）。

一般来说，草原土壤中最缺的通常是氮元素和磷元素，因此，氮、磷元素是影响草原生态系统发展的一个非常重要的驱动力（赵义海，2000）。然而空气温度的升高会使土壤有机质分解速率加快，从而促进土壤养分向根附近迁移，土壤养分的分布发生改变，进而促进植物的生长。Freeman 等（1993）通过实验证实了土壤温度升高后土壤中可利用的养分含量增加的观点。

总之，土壤温度会随着地表附近空气温度的变化而呈现季节性起伏和昼夜变化。无论采用哪种增温方式来模拟增温，土壤温度势必会发生变化。因此，在实际工作中，需根据自身实验的性质综合考虑，来选择适宜的增温方式。

（二）增温对植物群落的影响

温度的变化会影响植物的生长发育，进而对植物的群落结构产生一定的影响。一般情况下，温度升高在一定程度上满足了植物对热量的需求，有利于植物的生长和发育，使植物种群高度整体上有所增加，大多数种群的密度也有所增加（周华坤等，2000）。但模拟增温对不同植物群落的物种类型及不同区域环境的植物群落影响也不尽相同。徐振峰等（2009a）利用 OTC 增温方式来研究模拟增温对川西亚高山林线交错带绵穗柳（*Salix eriostachya*）生长的影响，研究发现，在温度升高的条件下，大多数种群的高度会有一定程度的增加，而部分物种的密度却有下降趋势。Chapin 等（1995）研究发现，高纬度苔原植物群落结构对模拟增温的响应不太敏感，短时间内温度升高对群落结构没有明显的影响。赵建中等（2006）通过调整温棚的大小设置 5 个不同的温度梯度，研究矮嵩草植物对增温的响应，结果表明，随着温度的升高，群落层片结构明显，上层以禾草为主，下层以莎草科和杂类草为主，禾草占据了上层空间形成郁闭环境，因此矮嵩草等下层植物为了争取更多的阳光和生存空间，植株高度整体增加。珊丹（2008）以内蒙古高原短花针茅（*Stipa breviflora*）+冷蒿（*Artemisia frigida*）+无芒隐子草（*Cleistogenes songorica*）为优势群落的荒漠草原为研究对象，利用红外线辐射器来模拟增温，研究在全球气候变暖的背景下，增温对荒漠草原植物群落的影响，增温使荒漠草原植物群落的均匀度增加，但并没有提高草地植物的丰富度和物种多样性。

由此可知，关于增温对植物群落产生的影响，国内外的很多学者对其进行了大量研究。但由于不同学者采取的增温方式不同、研究对象不同以及区域差异性的因素，到目前为止，关于增温对植物群落产生的影响并没有统一的定论，但总体来说，在植物生长所需的适宜温度范围内，适当的增温会对植物群落的生长发育起到促进作用。

（三）增温对生物多样性的影响

植物生物量是衡量生态系统好与坏的重要参数，也是评价生态系统健康与否的重要指标。全球气候变暖可以通过多种途径来影响植物的生物量。一方面，全球气候变暖可通过降低土壤含水量或增加植物的呼吸作用来减少生物量的产出；另一方面，全球气候变暖可通过增加植物的新陈代谢、增加植物的光合作用或通过较高的分解作用增强植物对矿物营养的吸收，从而增加生物量的产出（Kudo and Suzuki，2003；Saavedra et al.，2003；Sandvik et al.，2004）。

石福孙等（2008）的研究表明，增温使暖室内的地下生物量均小于对照地的地下生物量，但这种变化并不显著。而徐振峰等（2009b）采用 OTC 增温方式，来研究增温对川西亚高山林线交错带棉穗柳生长和叶片形状的影响，结果表明，增温对群落地上生物量产生了显著影响，建群种糙野青茅（*Deyeuxia scabrescens*）和牛尾蒿（*Artemisia subdigitata*）的地上生物量均显著增加，伴生种中华羊茅（*Festuca sinensis*）的地上生物量却有所减少，其他草类植物的地上生物量也有类似的趋势。李英年等（2004）的研究表明：长期的模拟增温使暖室内的地上年生物量相比对照地减少，同时，这与短期的模拟增温（一年）的观测结果并不相同。

总之，气候是决定陆地上植被类型及物种分布的一个非常重要的因素，同时植被类型和物种分布又是气候最鲜明的反映和标志。目前，人们普遍认为环境变化必然引起植物群落结构和功能的改变，气候的变化对陆地植被的影响是潜在的、缓慢的、长期的，如果这种变化持续下去，影响也必将是深刻而持久的。

第二节 植硅体与温度之间的关系

植硅体是指植物通过吸收单硅酸［$Si(OH)_4$］，在细胞壁、细胞内或细胞间硅化而形成的非晶质二氧化硅，而植硅体的形态和大小等特征受控于植物细胞及细胞间隙的形态和大小，而细胞及细胞间隙的发育是由周围环境因子影响下的植物生理机制所决定的，因此，植硅体的形态组合及大小受环境因子的影响比较显著（王永吉和吕厚远，1992）。目前，关于植硅体与环境因子的相关研究中，主要涉及的环境因子有温度、湿度、降水、土壤 pH、大气 CO_2 浓度以及土壤营养状况等（李仁成等，2013）。由于本章主要研究的是模拟增温对植硅体所产生的影响，因此在本节，作者主要综述了植硅体与温度因子之间的关系，而并非一一探讨植硅体与上述各个环境因子之间的关系。

目前，关于植硅体与温度因子之间关系的相关研究才刚刚开始。介冬梅等（2010）利用红外线辐射器模拟增温和人工施氮的方法研究了羊草中的植硅体对全球变暖和氮沉降的响应，结果表明，增温处理对羊草植硅体的发育具有促进作用，帽型植硅体的百分含量随着温度的升高而增加，但帽型植硅体的不同亚类的百分含量对增温的响应存在差异，尖顶帽型和平顶帽型植硅体的百分含量随着温度的升高而增加，刺帽型植硅体的百分含量则随着温度的升高而下降，通过这一结果说明三种帽型植硅体的形成机制可能并不相同；同时，增温对尖型植硅体百分含量的影响不明显。李泉等（2005）选择了我国常见的 19 属 64 种植物并对其特有的长鞍型植硅体的形态进行了研究，结果表明，不同地区竹子中长鞍型植硅体的大小并不相同，在寒冷地区生长的合轴散生高山竹中的长鞍型植硅体较大，可能与其能够提高植物抵御严寒和抗倒伏能力有关。刘洪妍等（2013）研究了东北地区 12 个样点芦苇中的植硅体浓度与纬度（温度）之间的关系，结果表明纬度较低的样点芦苇植硅体的浓度较大，而纬度较高的样点芦苇植硅体的浓度相对较小。此外，温度的变化还会影响空气湿度、植物的蒸腾速率以及植物的光合作用等，而上述因素的变化也会对植硅体产生间接影响。

总之，到目前为止，关于植硅体与温度因子之间关系的相关研究还较少，所涉及的植物种类仅禾本科中个别植物，研究区域也相对局限，致使不同学者的研究成果对比分析存在困难。而植硅体的生长发育与温度因子之间的关系非常密切，为了能更好地理解现代植物植硅体的环境指示意义，在今后的工作中，应注重加强此方面的相关研究。

第三节　野外增温实验装置简介及增温效果的对比分析

全球气候变暖是 21 世纪全球气候变化的主要趋势（IPCC，2001）。自 20 世纪以来，全球地表气温升高了 0.40～0.80℃，同时，这一趋势还将延续下去，预计未来 100 年全球平均温度还会继续升高 1.40～5.80℃（Houghton et al.，2001），这必将影响植物的生理生态特性，进而对植物的种群、群落、生态系统乃至整个生物圈产生巨大影响。因此，预测未来温度升高对陆地生态系统的影响至关重要。而野外自然条件下模拟增温实验是研究全球变暖与陆地生态系统关系的重要方法之一（Shen and Harte，2000），其研究结果可为陆地生态系统结构与功能的中长期动态模型预测和验证提供关键的参数估计，同时可以最大限度地减少全球变暖对陆地生态系统产生的不利影响，使其在全球变化背景下朝着有利于人类可持续发展的方向发展。但是，由于不同的学者使用的增温装置不同，其增温机制存在差异，导致增温对植物生长发育的影响规律并不相同，增加了模型预测的不确定性。因此，在本节中作者对野外常用的几种增温装置进行简单介绍，望今后广大的学者根据实际情况选择合适的增温装置。

一、野外增温实验装置简介

目前，广泛用于各种生态系统中的模拟增温实验装置主要分为四大类：①温室和开顶箱；②红外线辐射器；③红外线反射器；④土壤加热管道和电缆（牛书丽等，2007）。下面将分别介绍上述四种不同的增温装置。

（一）温室和开顶箱

温室和开顶箱是一种最经济、简单易行的增温装置（Richardson et al.，2000）。由于其比较经济和简单，可用于比较偏远没有电力设备的地区，同时其维护费用也不高，因此，这种增温设施已经在一系列的生境中被广泛应用，主要是一些高纬度和高海拔地区（Chapin et al.，1995；Norby et al.，1997；Oechel et al.，1998；Hollister and Webber，2000；Klein et al.，2005；Walker et al.，2006），也包括北极和南极冻原、亚高山草地、青藏高原和温带草原等区域。温室和开顶箱一般来说可以使空气温度增加 2～6℃（Stenstrom et al.，1997；Klein et al.，2005），其增温幅度与预测未来 100 年内空气的增温幅度基本相符，因此运用此装置来模拟温度升高并进行预测，在一定程度可能会提高该研究的精度，倍受广大科研工作者的青睐。尽管温室和开顶箱有很多优点并且被广泛应用于气候变化的研究中，但这种被动的增温方式也有很多缺点，如温度升高的幅度和特征不能被有效地控制；温室不仅影响温度，还影响湿度、气体组成及风速等。这些负面效应增加了观察生态系统对温度升高反应的难度，使我们不能全面而真实地理解全球变暖条件下微气候变化的综合效应。

（二）红外线辐射器

为了真实地模拟全球变暖的机制，即增强向下红外线辐射，一种新的增温装置——红外线辐射器在生态系统控制实验中逐渐得到应用。该装置是通过悬挂在样地上方、可以散发红外线辐射的灯管来实现的（Shaver et al.，2000）。Harte 等（1995）首先应用红外线辐射器在美国科罗拉多州亚高山草甸进行生态系统增温实验；Bridgham 等（1995）在明尼苏达州利用相同的装置研究全球变暖对湿地生态系统的影响；Nijs 等（1996）也用红外线辐射器在瑞士对多年生黑麦草（*Lolium perenne*）生态系统进行了加热实验；另外，这种增温装置还先后被用于其他草地生态系统（Luo et al.，2001；Shaw et al.，2002；Wan et al.，2002）。红外线辐射器这种增温方式对实验样地周围小环境的影响较小，但是由于辐射器并不直接加热空气，这种技术不能很好地模拟全球变暖的对流加热效应，而且对于比较密集的植被层可能会削弱对土壤的增温。

（三）红外线反射器

随着对全球变暖情形的深入了解，人类认识到全球变暖背景下夜间的增温幅度大于白天的增温幅度（IPCC，2001），因此，一种比较好的模拟夜间增温的实验装置——红外线反射器得到广泛的应用（Zeiher et al.，1994；Luxmoore et al.，1998；Beier et al.，2004；Emmett et al.，2004）。该装置相对经济易行，已经被成功地应用于农作物和灌丛生态系统。但是在实际操作过程中，仍然存在一些潜在的负面效应，如在有风的夜晚降低风速等对实验所造成的影响。

（四）土壤加热管道和电缆

陆地生态系统包括草地、灌丛和森林等各种类型，温室和开顶箱虽然能在荒漠、草地和灌丛等灌层较低的生态系统得到很好的应用，但对于高灌层的森林生态系统其应用被限制，而且很难设置重复。因此一种能在森林生态系统中得到应用的增温方式随后得以问世，就是在土壤中掩埋电缆，运用土壤加热电缆研究全球变暖效应的报道始见于20世纪 90 年代。Van 等（1983）用此法在阿拉斯加对森林生态系统进行大约 9℃的土壤增温实验；Peterjohn 等（1993）设计和应用此系统在北美洲温带落叶森林里对土壤进行加热，他们利用自动调温器从而保持稳定的、比对照地高出 5℃的土壤温度。尽管这种装置需要电力，在没有电力设施的地方受到限制，然而它是目前研究全球变暖对于森林生态系统影响的可行的手段之一。但是，运用埋地电缆对土壤进行增温有以下缺点，如在掩埋电缆时对土壤和地表枯枝落叶层造成物理干扰，埋地电缆会在土壤中造成垂直和水平的温度梯度，土壤加热管道和电缆所造成的恒定增温不能模拟自然条件下全球变暖所引起的增温幅度的季节和日间变化等。

由此可知，不同的增温装置有不同的增温效果和优缺点，但是作为全球变化研究的主要手段之一，增温实验在研究陆地生态系统对全球变暖的响应有着不可替代的作用。因此，要根据实际需要来选择合适的增温装置则显得尤为必要。

由于不同的增温装置在设计和增温机制上的差别，比较这些增温装置对模拟全球变暖机制和温度变化情形的有效性，有利于得出比较全面和令人信服的结论。相关研究表明，在全球气候变暖的背景下，夜间的增温幅度大于白天的增温幅度，而红外线辐射器是一种比较好的模拟夜间增温的实验装置；此外，土壤加热管道和电缆主要是应用到森林生态系统中，本书的研究地点位于温带草原区，因此，本书选择开顶箱和红外线辐射器两种不同的增温方式来研究其对植硅体的影响，下面就这两种增温方式的增温效果进行对比分析。

二、OTC和IR增温效果对比分析

在本书中，我们分别统计了两种增温实验处理下6~10月日平均空气温度、日平均空气相对湿度以及日平均土壤温度（0~10cm、10~20cm），月平均空气温度、月平均空气相对湿度以及月平均土壤温度（0~10cm、10~20cm），下面主要从这6个方面对OTC和IR的增温效果进行对比分析。

（一）两种增温实验处理下空气温度日平均变化的对比分析

图4-1是两种增温实验处理下6~10月不同温度梯度空气日均温的变化量。由图4-1可知，OTC增温下空气日均温的变化幅度较大，IR增温下空气日均温的变化幅度较小。在OTC增温下，6月、7月、8月、9月和10月空气日均温最大变化幅度分别可达4.41℃、4.91℃、4.53℃、4.89℃和0.06℃，即整个生长季内空气最大增温幅度平均为4.36℃。在IR增温下，6月、7月、8月、9月和10月空气日均温最大变化幅度分别可达0.24℃、0.83℃、0.88℃、0.37℃和0.02℃，即空气日均温最大变化幅度平均是0.47℃。由此可知，OTC增温效果较好。

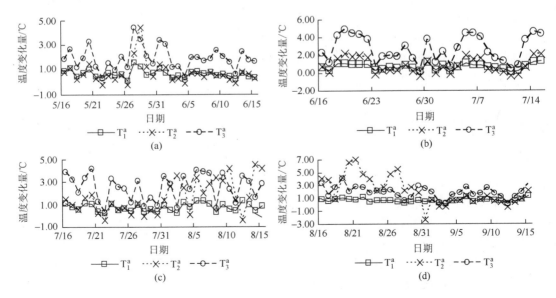

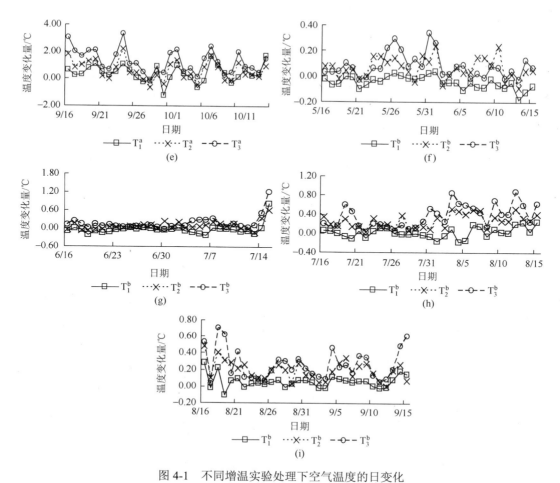

图 4-1　不同增温实验处理下空气温度的日变化

（a）～（e）分别为 6~10 月 OTC 增温实验处理下空气温度的日变化；（f）～（i）分别为 6～9 月 IR
增温实验处理下空气温度的日变化

（二）两种增温实验处理下空气相对湿度日平均变化的对比分析

图 4-2 是两种增温实验处理下 6～10 月不同温度梯度空气相对湿度的日变化量。由图 4-2 可知，OTC 增温下日均空气相对湿度的变化幅度较大，IR 增温下日均空气相对湿度的变化幅度较小。在 OTC 增温下，6 月、7 月、8 月、9 月和 10 月日均空气相对湿度最大变化幅度分别可达 6.47%、8.97%、8.62%、6.09%和 19.22%，即日均空气相对湿度最大变幅平均为 9.88%。在 IR 增温下，6 月、7 月、8 月、9 月和 10 月日均空气相对湿度最大变化幅度分别可达 2.64%、4.81%、2.72%、2.36%和 11.53%，即日均空气相对湿度最大变幅平均为 4.81%。由此可知，IR 增温对空气相对湿度的影响较小。

（三）两种增温实验处理下土壤温度日平均变化的对比分析

图 4-3 是两种增温实验处理下 6～10 月不同温度梯度下土壤日均温的变化量（上层土壤、下层土壤）。由图 4-3 可知，在 OTC 增温下，6 月、7 月、8 月、9 月和 10 月上层

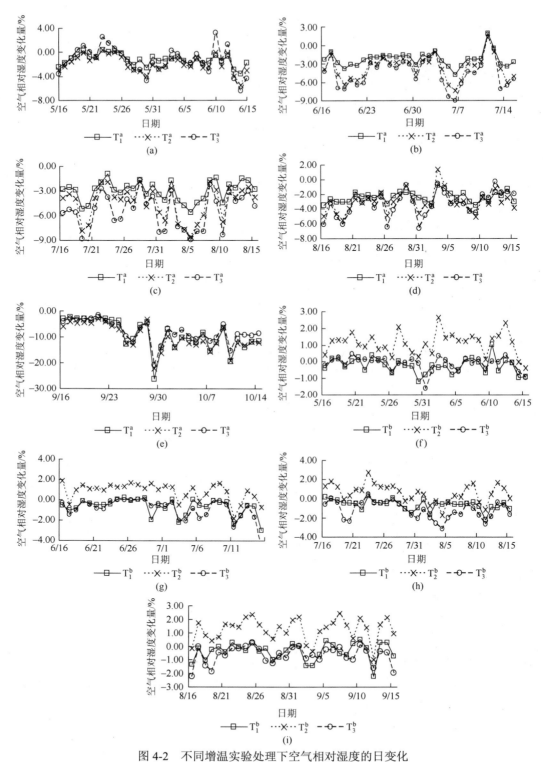

图 4-2　不同增温实验处理下空气相对湿度的日变化

（a）～（e）分别为 6～10 月 OTC 增温实验处理下空气相对湿度的日变化；（f）～（i）分别为 6～9 月
IR 增温实验处理下空气相对湿度的日变化

土壤日均温最大变幅分别可达 2.18℃、1.33℃、2.08℃、2.52℃和 1.98℃，即上层土壤温度最大增幅平均为 2.02℃；6 月、7 月、8 月、9 月和 10 月下层土壤日均温最大变幅分别可达 1.90℃、2.03℃、1.61℃、2.26℃和 1.62℃，即下层土壤温度最大增幅平均为 1.89℃。在 IR 增温下，6 月、7 月、8 月、9 月和 10 月土壤日均温最大变化幅度分别为 3.11℃、1.52℃、2.72℃、2.54℃和 1.73℃，即上层土壤日均温最大变幅平均为 2.32℃；6 月、7 月、8 月、9 月和 10 月下层土壤日均温最大变幅分别为 2.38℃、2.41℃、2.32℃、2.16℃和 1.58℃，即下层土壤日均温最大变幅平均为 2.17℃。由此可知，无论是上层土壤还是下层土壤，OTC 和 IR 两种增温对土壤温度的影响都较好。

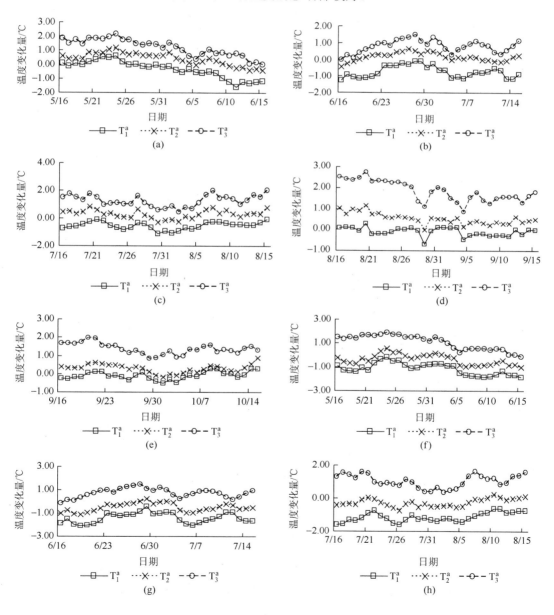

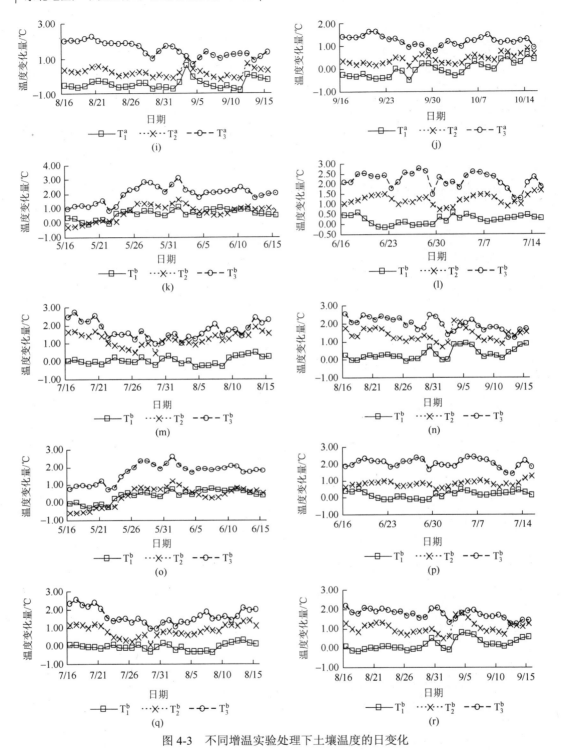

图 4-3　不同增温实验处理下土壤温度的日变化

（a）～（e）分别为 6～10 月 OTC 增温实验处理下上层土壤温度的日变化；（f）～（j）分别为 6～10 月 OTC 增温实验处理下下层土壤温度的日变化；（k）～（n）分别为 6～9 月 IR 增温实验处理下上层土壤温度的日变化；（o）～（r）分别为 6～9 月 IR 增温实验处理下下层土壤温度的日变化

（四）生长季两种增温实验处理下空气温度月平均变化的对比分析

表 4-1 是 OTC 增温实验处理下 6～10 月不同温度梯度下空气温度的增温幅度。由表 4-1 可知，与 CK 组相比，不同温度梯度下的空气均有较好的升温效果。在整个生长季，不同温度梯度下空气升温幅度分别为 0.66℃、1.09℃ 和 2.06℃，即升温幅度的排序为 T_3^a 组＞T_2^a 组＞T_1^a 组。同时，在整个生长季，8 月空气的变化幅度最大，平均变化幅度为 1.59℃，10 月空气的升温幅度最小，平均升温幅度为 0.76℃。

表 4-2 是 IR 增温实验处理下 6～10 月不同温度梯度下空气温度的增温幅度。由表 4-2 可知，与 CK 组相比，不同温度梯度下的空气月均温均有变化，但变化幅度相对较小。在整个生长季，不同温度梯度下空气升温幅度分别为 0.002℃、0.12℃ 和 0.21℃，即升温幅度的排序为 T_3^b 组＞T_2^b 组＞T_1^b 组。同时，在整个生长季，8 月空气的变化幅度最大，平均升温幅度为 0.21℃，6 月空气的升温幅度最小，平均变化幅度为 0.03℃。

综上可知，在整个生长季，OTC 增温下空气月增温幅度最大可达 2.06℃，而 IR 增温下空气增温幅度最大为 0.21℃，所以 OTC 的增温效果较好。

表 4-1　OTC 增温实验处理下空气月均温变化量的变化　　　　（单位：℃）

时间	T_1^a	T_2^a	T_3^a	均值
6 月	0.84	0.73	1.93	1.17
7 月	0.68	0.80	2.65	1.38
8 月	0.75	1.50	2.51	1.59
9 月	0.65	1.81	1.91	1.46
10 月	0.38	0.62	1.29	0.76
均值	0.66	1.09	2.06	

表 4-2　IR 增温实验处理下空气月均温变化量的变化　　　　（单位：℃）

时间	T_1^b	T_2^b	T_3^b	均值
6 月	−0.05	0.06	0.08	0.03
7 月	−0.05	0.09	0.14	0.06
8 月	0.02	0.26	0.36	0.21
9 月	0.06	0.20	0.26	0.17
10 月	0.03	0.02	0.21	0.09
均值	0.002	0.12	0.21	

（五）生长季内两种增温实验处理下空气相对湿度月平均变化的对比分析

表 4-3 是 OTC 增温实验处理下 6～10 月不同温度梯度空气相对湿度的变化幅度。由表 4-3 可知，在整个生长季，不同温度梯度空气相对湿度分别减少了 3.65%、4.66% 和 4.54%（按照 T_1^a 组＞T_2^a 组＞T_3^a 组排序），则空气相对湿度的变化幅度排序为 T_2^a 组＞T_1^a 组＞T_3^a 组。

同时，在整个生长季，10 月空气相对湿度的变化幅度最大，6 月空气相对湿度的变化幅度最小。

表 4-4 是 IR 增温实验处理下 6～10 月不同温度梯度空气相对湿度的变化幅度。由表 4-4 可知，在整个生长季，不同温度梯度空气相对湿度的变化幅度分别为−0.43%、1.04% 和 0.63%（按照 T_1^b 组、T_2^b 组和 T_3^b 组排序），空气相对湿度的变化幅度排序为 T_3^b 组 > T_1^b 组 > T_2^b 组。同时，在整个生长季，8 月空气相对湿度的变化幅度最大，9 月空气相对湿度的变化幅度最小。

由此可知，在整个生长季，OTC 增温下空气相对湿度变化幅度最大可达−4.66%，而 IR 增温下空气相对湿度变化幅度最大为 1.04%，即 IR 增温对空气相对湿度的影响程度较小。

表 4-3　OTC 增温实验处理下空气相对湿度变化量的变化　　（单位：%）

时间	T_1^a	T_2^a	T_3^a	均值
6 月	−1.22	−1.87	−1.36	−1.48
7 月	−2.28	−3.67	−4.38	−3.44
8 月	−3.01	−4.44	−5.54	−4.33
9 月	−2.39	−3.06	−3.28	−2.91
10 月	−9.34	−10.24	−8.16	−9.25
均值	−3.65	−4.66	−4.54	

表 4-4　IR 增温实验处理下空气相对湿度变化量的变化　　（单位：%）

时间	T_1^b	T_2^b	T_3^b	均值
6 月	−0.24	1.09	−0.13	0.24
7 月	−0.59	0.86	−0.79	−0.17
8 月	−0.64	0.58	−1.23	−0.43
9 月	−0.36	1.23	−0.61	0.09
10 月	−0.34	1.46	−0.41	0.24
均值	−0.43	1.04	−0.63	

（六）生长季内两种增温实验处理下土壤温度月平均变化的对比分析

表 4-5 是 OTC 增温实验处理下 6～10 月不同温度梯度土壤温度（上层土壤温度、下层土壤温度）的变化幅度。由表 4-5 可知，在整个生长季，不同温度梯度下上层土壤温度分别变化了−0.33℃、0.37℃ 和 1.30℃（按照 T_1^a 组、T_2^a 组、T_3^a 组排序），下层土壤温度分别变化了−0.81℃、−0.07℃ 和 1.12℃（按照 T_1^a 组、T_2^a 组、T_3^a 组排序），则上层土壤温度和下层土壤温度的变化幅度排序为 T_3^a 组 > T_2^a 组 > T_1^a 组。同时，上层土壤温度在 9 月增温幅度最大，下层土壤温度在 10 月增温幅度最大。

表 4-6 是 IR 增温实验处理下 6～10 月不同温度梯度土壤温度（上层土壤温度、下层土壤温度）的变化幅度。由表 4-6 可知，在整个生长季，不同温度梯度下上层土壤

温度分别变化了 0.38℃、1.09℃和 1.82℃（按照 T_1^b 组、T_2^b 组和 T_3^b 组排序），下层土壤温度分别变化了 0.25℃、0.76℃和 1.66℃（按照 T_1^b 组、T_2^b 组和 T_3^b 组排序），则上层土壤温度和下层土壤温度的变化幅度排序为 T_3 组＞T_2 组＞T_1 组。同时，上层土壤温度和下层土壤温度均在 9 月增温幅度最大。

由此可知，OTC 增温实验处理下上层土壤温度、下层土壤温度的最大增温幅度分别可达 0.76℃和 0.64℃，而 IR 增温实验处理下上层土壤温度、下层土壤温度的最大增温幅度分别为 1.22℃和 1.01℃，即 OTC 和 IR 两种增温对土壤温度的影响效果均较好。

表 4-5　OTC 增温实验处理下土壤温度变化量的变化　　　　（单位：℃）

时间	上层土温				下层土温			
	T_1^a	T_2^a	T_3^a	均值	T_1^a	T_2^a	T_3^a	均值
6 月	−0.35	0.40	1.19	0.41	−1.15	−0.37	1.05	−0.16
7 月	−0.72	0.17	0.80	0.08	−1.40	−0.49	0.74	−0.38
8 月	−0.55	0.30	1.28	0.34	−1.13	−0.24	1.04	−0.11
9 月	−0.10	0.53	1.84	0.76	−0.45	0.21	1.47	0.41
10 月	0.06	0.43	1.37	0.62	0.08	0.53	1.32	0.64
均值	−0.33	0.37	1.30		−0.81	−0.07	1.12	

表 4-6　IR 增温实验处理下土壤温度变化量的变化　　　　（单位：℃）

时间	上层土温				下层土温			
	T_1^b	T_2^b	T_3^b	均值	T_1^b	T_2^b	T_3^b	均值
6 月	0.61	0.72	1.96	1.10	0.41	0.38	1.70	0.83
7 月	0.20	1.21	2.18	1.20	0.17	0.81	2.04	1.01
8 月	0.04	1.21	1.70	0.98	−0.06	0.81	1.62	0.79
9 月	0.33	1.37	1.96	1.22	0.19	1.05	1.74	0.99
10 月	0.71	0.96	1.30	0.99	0.56	0.75	1.20	0.84
均值	0.38	1.09	1.82		0.25	0.76	1.66	

综上可知，OTC 增温对空气温度（空气日均温和整个生长季月均温）的影响程度较 IR 增温大；同时，OTC 与 IR 增温对土壤温度（上层土壤温度、下层土壤温度）的影响程度相差不大，即这两种增温实验处理对空气温度和土壤湿度等环境要素均产生了不同程度的影响。由于不同的增温实验处理对空气温度、空气湿度、土壤温度以及土壤湿度等环境要素的影响程度不同，不同的增温实验处理的增温机制存在差异，因此导致不同的增温实验处理对植物生长发育的影响也稍有差异。植硅体是在植物细胞及细胞间隙内形成的，不同的增温实验处理对植物产生影响的同时必然导致植硅体也受到不同程度的影响。

由于全球变暖仍在持续，并且其与人类的生活息息相关，因此预测未来生态系统对温度升高的响应尤为重要。然而，由于世界各地的学者使用的增温装置不同，使得不同学者之间的结果比较和数据整合难以实施，从而增加了模型预测的不确定性。本书通过植硅体这一指标，试图探索两种不同增温实验处理下植硅体的变化规律，以期提高模型预测的精度。同时，在全球气候变暖的背景下，这些温度控制实验的开展，将有利于我们理解关于温带草原生态系统对全球变暖的响应机制，为我国陆地生态系统的群落结构、初级生产力的中长期预测提供可靠的基础数据。

第四节　OTC增温对芦苇植硅体的影响

对不同实验处理下芦苇叶片中的植硅体进行鉴定和统计，共统计植硅体 85 436 粒，鉴定主要植硅体类型 6 种，分别是鞍型、扇型、帽型、尖型、棒型和硅化气孔（图 4-4）。其中由于帽型植硅体的含量非常低，故没有纳入统计。有研究表明芦苇中的主要植硅体

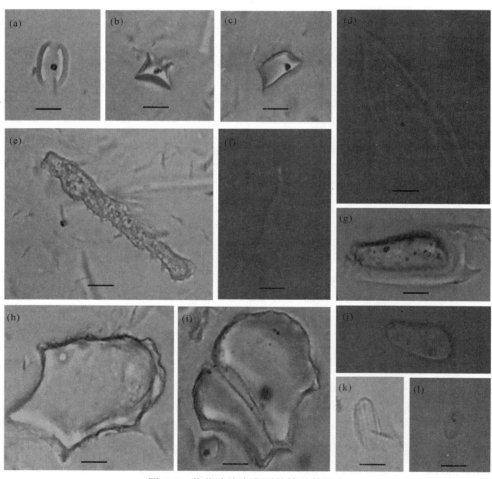

图 4-4　芦苇叶片中典型的植硅体形态

（a）～（c）鞍型；（d）、（g）、（j）尖型；（e）和（f）棒型；（h）和（i）扇型；

（k）硅化气孔；（l）帽型。线条示 10μm 标尺

类型包括鞍型、棒型、尖型等，而本书中观察到的帽型植硅体的含量较少，可能是由于帽型植硅体是示冷型植硅体，增温使帽型植硅体的发育受到抑制，所以其含量较少（近藤命名为梯型）（王永吉和吕厚远，1992）。

为更好地理解芦苇植硅体对温度升高的响应，本书选择短细胞植硅体、毛状细胞植硅体以及硅化气孔分别对其研究。由于鞍型的含量超过半数，是芦苇的特征植硅体，因此本书以鞍型作为短细胞植硅体的代表；毛状细胞植硅体对环境的变化比较敏感（Honaine and Osterrieth，2012），本书以尖型作为毛状细胞植硅体的代表；气孔是水汽进出植物的通道（Woodward，1987；Hetherington and Woodward，2003），其数目的多少可以直接影响植物的蒸腾作用和光合作用等，在植物的生长过程中起着十分重要的作用。下面，本节分别从芦苇植硅体的数量和大小两个方面来阐述其对温度升高的响应规律。

一、OTC 增温对芦苇植硅体数量的影响

我们统计了 2011～2013 年的 6～10 月不同温度梯度下的芦苇植硅体 600～1000 粒，然后分别计算芦苇鞍型植硅体、芦苇尖型植硅体和芦苇硅化气孔占芦苇植硅体总数的比例，得到了各自的百分含量，即芦苇植硅体的相对数量。

（一）OTC 增温对芦苇鞍型植硅体数量的影响

图 4-5～图 4-7 分别为 2011～2013 年不同温度梯度下芦苇鞍型植硅体百分含量的变化趋势图。由图 4-5 可知，在芦苇生长季，除 7 月 T_1^a 组和 T_3^a 组之外，不同温度梯度下芦苇鞍型植硅体百分含量的变化规律基本一致。6～10 月，芦苇鞍型植硅体百分含量呈现增加—减少—增加的规律，但总体看来其呈上升趋势。从图 4-6 可看出，2012 年，除 T_1^a 组之外，我们观察到其余温度梯度下芦苇鞍型植硅体百分含量随生长季的变化趋势基本一致（图 4-6），大体上呈现增加—减少—增加的趋势。6 月，不同温度梯度下芦苇鞍型植硅体百分含量均较低，6～7 月呈上升趋势，7 月芦苇鞍型植硅体百分含量达到峰值，7～9 月呈下降趋势，9 月芦苇鞍型植硅体百分含量达到谷值，然后 10 月其含量又逐渐升高。根据 2013 年芦苇鞍型植硅体百分含量的变化趋势（图 4-7）可知，随着生长季的变化，不同温度梯度下芦苇鞍型植硅体百分含量变化呈整体性增加—减少—增加的趋势。

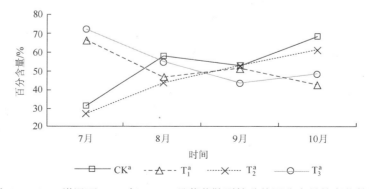

图 4-5　OTC 增温下 2011 年 7～10 月芦苇鞍型植硅体百分含量的变化趋势

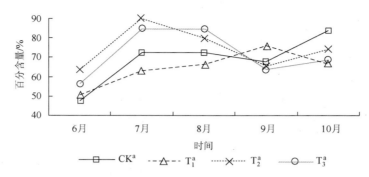

图 4-6　OTC 增温下 2012 年 6～10 月芦苇鞍型植硅体百分含量的变化趋势

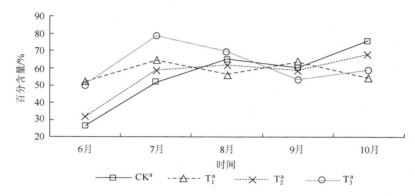

图 4-7　OTC 增温下 2013 年 6～10 月芦苇鞍型植硅体百分含量的变化趋势

　　由此可知，2011～2013 年，不同温度梯度下芦苇鞍型植硅体百分含量随时间的变化规律一致，即随时间的变化，芦苇鞍型植硅体百分含量呈现增加—减少—增加的趋势。同时，根据 6～10 月温度实测数据可知，6～8 月空气温度逐渐升高，到 8 月达到最大值，然后从 8 月开始温度逐渐降低，10 月空气温度达到最低值，也就是说 6～9月芦苇鞍型植硅体百分含量与温度的变化趋势基本一致，而在 10 月二者的变化趋势却呈现相反的变化规律。

　　王永吉和吕厚远（1992）通过对芦苇中的植硅体进行研究，发现其鞍型植硅体的百分含量为 79%，在芦苇植硅体中占有绝对的数量优势。作者同样统计了不同温度梯度下鞍型植硅体的百分含量，根据实验数据我们知道其百分含量主要集中在 50%～90%，这与前人的研究结果具有一致性。将 2011～2013 年的 6～10 月不同温度梯度下芦苇鞍型植硅体的百分含量求平均值，然后与对照组比较，从中可得出，在整个生长季，温度升高后芦苇鞍型植硅体的百分含量呈增加趋势，2011～2013 年增温后芦苇鞍型植硅体的百分含量平均增加了 2.40%、1.42% 和 1.16%。但温度升高幅度的大小对 2011 年、2012 年和 2013 年芦苇鞍型植硅体百分含量的影响不同，对于 2011 年来说，与 CK^a 组相比，T_1^a 组芦苇鞍型植硅体的平均百分含量减少了 0.99%；T_2^a 组芦苇鞍型植硅体的平均百分含量减小了 6.52%；T_3^a 组芦苇鞍型植硅体的平均百分含量增加了 2.01%，即增温后 T_2^a 组芦苇鞍型植硅体的百分含量与 CK^a 组相比差异最大。对于 2012 年来说，T_1^a 组芦苇鞍型植硅体的平均百分含量减少了 4.56%；T_2^a 组芦苇鞍型植硅体的平均百分含量增加了 6.14%；T_3^a 组芦苇鞍型植硅体的平均百分含量增加了 2.70%；T_2^a 组芦苇鞍型植硅体的百分含量与 CK^a 组相比差异最大。对于 2013 年来说，与 CK^a 组相比，T_1^a 组芦苇鞍型植硅体平均百分含量减少了 2.07%；T_2^a 组芦苇鞍型植硅体的百分含量平均减少了 0.10%；T_3^a 组芦苇鞍型植硅体的百分含量增加了 5.92%。总体来说，增温后芦苇鞍型植硅体的百分含量增加。王永吉和吕厚远（1992）通过对全国表土植硅体进行研究，总结出鞍型植硅体为示暖型植硅体，随温度升高其百分含量增加，本节的研究结果很好地证实了此观点。此外，李乐等（2013）、胡静等（2014）的研究均表明，植物叶片的叶脉密度与整个生长季月平均温度呈正相关关系，增温后植物叶片中的叶脉密度增加，而鞍型植硅体是在植物叶片的叶脉间形成的，所以推测温度升高后芦苇鞍型植硅体的含量可能也相对增多，这从另一个侧面再次支持了本书的研究结果。

我们知道，从 CK^a 组、T_1^a 组、T_2^a 组到 T_3^a 组是一个温度逐渐升高的增温序列，同时 6～8 月生长季温度也逐渐升高，我们将实测气温数据和芦苇植硅体百分含量列于表 4-7 和表 4-8 进行对比分析。由表 4-7 可知，随着温度的升高（从 CK^a 组、T_1^a 组、T_2^a 组到 T_3^a 组），芦苇鞍型植硅体的百分含量呈现减小—增加—减少的规律，即芦苇鞍型植硅体的百分含量在 T_2^a 组达到最大值，然后随温度的升高其百分含量稍有下降，总体上呈上升趋势。由表 4-8 可知，7 月和 8 月芦苇鞍型植硅体的百分含量随温度升高而比 6 月明显增加，由此可知，芦苇鞍型植硅体百分含量随模拟温度升高和生长季气温增加的变化规律一致。

表 4-7　OTC 增温下不同温度梯度芦苇鞍型植硅体百分含量及温度的变化

实验处理	芦苇鞍型/%	温度/℃
CK^a	68.65	20.01
T_1^a	64.08	20.58
T_2^a	74.78	20.74
T_3^a	71.35	22.07

表 4-8　OTC 增温下 6～10 月芦苇鞍型植硅体百分含量及温度的变化

时间	芦苇鞍型/%	温度/℃
6 月	54.24	20.03
7 月	77.45	24.93
8 月	75.69	24.95
9 月	67.94	21.38
10 月	73.27	13.51

在关于禾本科植硅体的研究中，几乎所有学者都强调对短细胞植硅体的研究，因为短细胞植硅体的形态对区分和鉴定禾本科植物很有效。本书中观察到含量最多的鞍型植硅体即来源于短细胞，鞍型植硅体在温度升高后其百分含量发生了明显的变化，说明鞍

型植硅体对环境因子的改变有敏感的响应。

（二）OTC 增温对芦苇尖型植硅体数量的影响

将 2011～2013 年不同温度梯度下芦苇尖型植硅体的百分含量求平均值，得到其随芦苇生长过程的变化趋势（表 4-9）。由表 4-9 可知，2011～2013 年芦苇尖型植硅体的百分含量随生长季的变化趋势基本一致，6～10 月，芦苇尖型植硅体的百分含量呈现增加—减小—增加的趋势，其在 8 月达到峰值，在 9 月处于谷值。同时，除 10 月之外，芦苇尖型植硅体百分含量随生长季的变化趋势与生长季温度的变化规律一致，但二者的变化方向相反，6～10 月，芦苇尖型植硅体的百分含量呈上升趋势，而温度则呈下降趋势，说明二者之间的关系为负相关关系。同时，王永吉和吕厚远（1992）通过对全国表土尖型植硅体进行研究，总结出其为示冷型植硅体，而本节的研究结果表明随着温度升高芦苇尖型植硅体的百分含量逐渐降低，这同样说明了芦苇尖型植硅体的百分含量与温度之间呈负相关关系。

通过对 2011～2013 年的 6（7）～10 月不同温度梯度下芦苇尖型植硅体的百分含量求平均值，得到了每年 6～10 月不同温度梯度下芦苇尖型植硅体的平均百分含量（表 4-10）。由表 4-10 可知，2011 年，增温后芦苇尖型植硅体的百分含量减少，与 CK^a 组相比，T_1^a 组、T_2^a 组和 T_3^a 组分别减少了 0.56%、0.44% 和 0.46%，其中，T_1^a 组减少得最多。2012 年，在芦苇生长季，温度升高后芦苇尖型植硅体的百分含量也呈现减少的趋势，T_1^a 组、T_2^a 组和 T_3^a 组与 CK^a 组相比分别减少 0.27%、0.67% 和 0.19%，其中 T_2^a 组减少得最为明显。2013 年，在芦苇生长季，增温后芦苇尖型植硅体的百分含量呈现减少的趋势，T_1^a 组、T_2^a 组和 T_3^a 组与 CK^a 组相比分别减少 0.44%、0.62% 和 0.30%，其中 T_2^a 组减少得最为明显。

表 4-9　OTC 增温下 6～10 月芦苇尖型植硅体百分含量及温度的变化

时间	2011 年/%	2012 年/%	2013 年/%	温度/℃
6 月	—	0.84	0.54	20.03
7 月	0.28	0.92	0.60	24.93
8 月	0.86	1.05	0.96	24.95
9 月	0.77	0.32	0.55	21.38
10 月	1.48	1.03	1.26	13.51

注："—"代表数据缺失

表 4-10　OTC 增温下不同温度梯度芦苇尖型植硅体百分含量的变化

实验处理	2011 年/%	2012 年/%	2013 年/%
CK^a	1.21	1.11	1.12
T_1^a	0.65	0.84	0.68
T_2^a	0.77	0.44	0.50
T_3^a	0.76	0.92	0.82

由图 4-8～图 4-10 可知，2011～2013 年，无论是增温处理还是对照处理，芦苇尖型植硅体的百分含量主要集中在 0%～2%。王永吉和吕厚远（1992）通过对芦苇植硅体进行研究，认为在芦苇所有植硅体类型中，芦苇尖型植硅体的百分含量约为 0.50%，本节的实验结果与其相符。同时，在芦苇生长季，6～7 月，不同温度梯度之间芦苇尖型植硅体的百分含量相差不大，但 8 月之后出现快速分化，说明从 8 月开始温度升高对芦苇尖型植硅体含量的影响较大。由此可知，2011～2013 年的 9～10 月（芦苇生长季后期），不同温度梯度下芦苇尖型植硅体的百分含量均存在较大差异。王永吉和吕厚远（1992）的研究认为毛状细胞等细胞组织中的植硅体的填充与短细胞中硅质的填充在填充时间上存在差异，一般认为毛状细胞植硅体在生成时间上比短细胞植硅体略晚一些，而尖型植硅体是在毛状细胞中形成的。同时，在显微镜下对植硅体形态进行观察的过程中，我们发现了一个有趣的现象，部分芦苇尖型植硅体并未填充完整，大部分芦苇尖型植硅体只有一个清晰的轮廓，其中心部分并没有硅质填充或者其中心的一部分被硅质填充，而短细胞植硅体即鞍型植硅体并未观察到此现象，证明毛状细胞植硅体与短细胞植硅体在填充时间上可能存在差异，也说明植硅体的填充是从其外围向中间填充的过程。

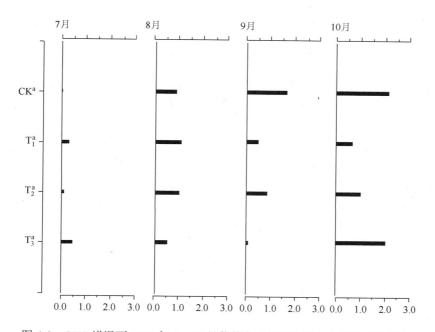

图 4-8 OTC 增温下 2011 年 7～10 月芦苇尖型植硅体百分含量的变化趋势

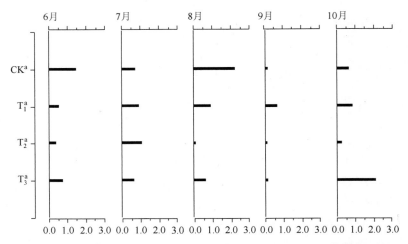

图 4-9　OTC 增温下 2012 年 6～10 月芦苇尖型植硅体百分含量的变化趋势

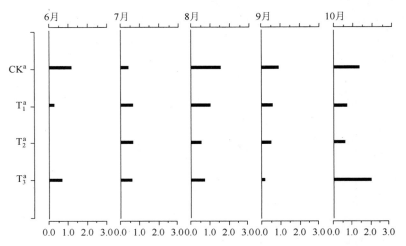

图 4-10　OTC 增温下 2013 年 6～10 月芦苇尖型植硅体百分含量的变化趋势

（三）OTC 增温对芦苇硅化气孔数量的影响

温度升高后植物会通过调节自身的生理功能、化学组成等去适应外界的环境变化。在整个生长季，温度升高后芦苇叶片中硅化气孔的百分含量降低，可能的原因是温度升高导致蒸腾作用较强，植物为了适应外界的环境变化需要将部分气孔关闭，以避免芦苇因蒸腾作用较强导致失水较多而萎蔫甚至死亡。Luomala 等（2005）研究了温度升高、CO_2 浓度升高以及二者的交互作用对樟子松叶片气孔浓度的影响，结果表明温度升高后其叶片气孔密度减小。

本书研究了在模拟增温的条件下 2011～2013 年芦苇生长季其硅化气孔的变化趋势。由 OTC 增温下 2011 年 7～10 月芦苇硅化气孔百分含量的变化趋势图（图 4-11）可知，除 7 月 T_1^a 组和 T_3^a 组外，6～10 月，芦苇硅化气孔百分含量总体上呈现降低的趋势，7～8 月，芦苇硅化气孔百分含量变化幅度较大；8～10 月，芦苇硅化气孔百分含量变化幅度较小。

由图 4-12 和图 4-13 可知，2012 年 6～10 月和 2013 年 6～10 月，不同温度梯度下，6 月芦苇硅化气孔的百分含量最大，然后随生长季的变化其含量逐渐减少，到 9 月有所波动，芦苇硅化气孔的百分含量稍有回升，10 月芦苇硅化气孔的含量又减少。即在整个生长季，芦苇硅化气孔的百分含量呈现降低—升高—降低的规律。同时，由表 4-11 可知，除 10 月外，芦苇硅化气孔的百分含量随芦苇生长过程的变化趋势与温度的变化趋势基本一致，即随芦苇生长过程的变化其呈现逐渐降低的趋势。

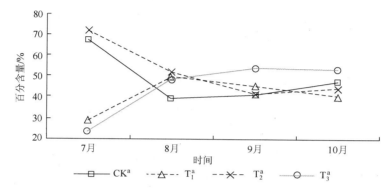

图 4-11 OTC 增温下 2011 年 7～10 月芦苇硅化气孔百分含量的变化趋势

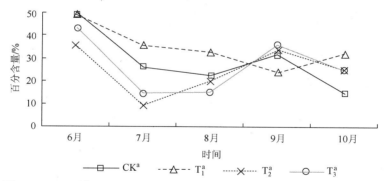

图 4-12 OTC 增温下 2012 年 6～10 月芦苇硅化气孔百分含量的变化趋势

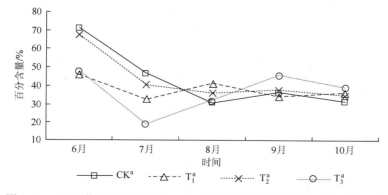

图 4-13 OTC 增温下 2013 年 6～10 月芦苇硅化气孔百分含量的变化趋势

表 4-11　OTC 增温下 6～10 月芦苇硅化气孔百分含量及温度的变化

时间	硅化气孔/%	温度/℃
6 月	44.49	20.03
7 月	20.99	24.93
8 月	22.32	24.95
9 月	31.02	21.38
10 月	23.85	13.51

综上可知，在整个生长季，2011～2013 年芦苇硅化气孔的百分含量均表现出相同的变化趋势，即 6～10 月，芦苇硅化气孔的百分含量呈现降低—升高—降低的变化规律，即总体上表现为芦苇硅化气孔的百分含量随生长季的变化而呈现逐渐降低的趋势。其可能是因为：6 月芦苇进入展叶期，需要合成更多的有机物来促使芦苇快速生长，相应的芦苇叶片中硅化气孔的含量较多会增强植物的光合作用，促进有机物的合成；7 月、8 月是本研究区一年内温度最高的时段，温度过高会导致蒸腾作用较强，但植物为了适应外界环境温度过高的变化，需要将气孔关闭，进而使气孔数量减少，以避免芦苇因蒸腾作用较强导致失水较多而萎蔫甚至死亡，因此，此时段芦苇硅化气孔的百分含量较少；8 月下旬以后，芦苇开始抽穗，进入生殖生长期，此时芦苇需要合成较多的能量来满足其生长，促使种子的发育，因此 9 月芦苇叶片硅化气孔的含量也相应较多；10 月进入生长季末期，此时只有芦苇根系具有一定的生理活动，而芦苇其他组织的生理活动十分微弱，因此芦苇硅化气孔的百分含量也有所降低。有研究表明夏季植物叶片中的气孔密度低于春季，而气孔百分含量的变化在一定程度上可以代表气孔密度的变化（BeeHing and Chaloner，1993；Ferris et al.，1996）。模拟增温实验的研究结果与其具有一致性。在本实验中，6 月硅化气孔的百分含量最大，7 月硅化气孔的百分含量最小，可能的原因是在温度较高的条件下植物通过减少其本身的气孔数量来降低水分的散失，这是植物本身对外界环境适应性的一种表现。

通过对 2011～2013 年整个生长季不同温度梯度下芦苇硅化气孔的百分含量求平均值，我们得出增温对 2011～2013 年芦苇硅化气孔百分含量的影响从总体上来说是相同的，即增温后芦苇硅化气孔的百分含量降低，但不同的增温幅度对硅化气孔百分含量的影响并不相同。对于 2011 年来说，与 CK^a 组相比，T_1^a 组芦苇硅化气孔的百分含量减少了 8.17%，T_2^a 组芦苇硅化气孔的百分含量增加了 3.57%，T_3^a 组芦苇硅化气孔的百分含量减少了 4.34%，增温后芦苇硅化气孔的百分含量平均减少 2.98%（表 4-12）；对于 2012 年来说，T_1^a 组芦苇硅化气孔的百分含量升高了 5.47%，而 T_2^a 组、T_3^a 组芦苇硅化气孔的百分含量分别降低了 4.47% 和 2.48%，增温后芦苇硅化气孔的百分含量平均减少了 0.49%（表 4-12）；对于 2013 年来说，T_1^a 组、T_2^a 组和 T_3^a 组芦苇硅化气孔的百分含量分别减少了 5.55%、0.16% 和 7.07%，即增温后芦苇硅化气孔的百分含量平均减少了 4.26%（表 4-12）。由此可知，增温时间的长短对芦苇硅化气孔的影响存在差异，同时增温幅度大小的不同也会对芦苇硅化气孔产生不同的影响。但总体来说，增温抑制芦苇硅化气孔的发育。前人对玉米进行了研究，结果表明，温度升高，玉米的气孔密度增加（Zheng et al.，2013），本节的研究结果与此结论并不一致，可能是由于物种差异造成的。但根据 2011～2013 年芦苇硅化气孔的百分含量可知，T_3^a 组芦苇硅化气孔的百分含量均较 CK^a 组小，也就是说温度过高可能会导致芦苇硅化气孔的形成受到抑制。总体来说，在一定温度范围内增温可能会促进芦苇硅化气孔的发育，但超过其发育的阈值温度升高则会对芦苇硅化气孔的发育有抑制作用。

表 4-12 OTC 增温下芦苇硅化气孔百分含量及温度的变化

实验处理	2011 年/%	2012 年/%	2013 年/%	温度/℃
CK^a	49.09	28.90	43.34	20.01
T_1^a	40.92	34.37	37.79	20.67
T_2^a	52.66	24.43	43.18	21.10
T_3^a	44.75	26.42	36.27	22.07

总之，增温后芦苇植硅体的数量都发生了相应的变化。陆静梅和李建东（1994）的研究表明：生长在黑钙土上的羊草叶子较薄，叶肉细胞排列紧密，细胞间隙小，而生长在碱土上的羊草叶片较厚，下表皮角质层很厚，气孔较多，叶肉细胞较疏松，细胞间隙大。也就是说，生长在不同环境中的植物，为了能适应环境，其细胞的形态会发生相应的变化。本节的研究结果也说明了这一观点。

二、OTC增温对芦苇植硅体大小的影响

我们使用 Motic 生物显微镜在放大 600 倍的条件下测量了不同实验处理下芦苇鞍型植硅体、芦苇尖型植硅体和芦苇硅化气孔等植硅体的形态参数（图 4-14），其测量参数包括：底边长、鞍长、底边宽和鞍宽；尖型长和尖型宽；硅化气孔长和硅化气孔宽，各个参数具体表征的含义详见 Liu 等（2013）的文章，共获得植硅体参数的测量数据 7001 个。

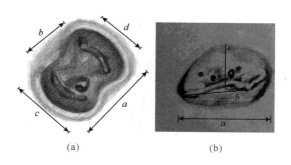

(a)　　　　　　　　　　(b)

 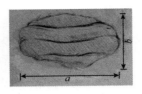

(c)   (d)

图 4-14　不同类型植硅体的形状参数

（a）鞍型：*a.* 底边长，*b.* 鞍长，*c.* 底边宽，*d.* 鞍宽；（b）帽型：*a.* 下底，*b.* 上底，*c.* 高；

（c）尖型：*a.* 尖型长，*b.* 尖型宽；（d）硅化气孔：*a.* 硅化气孔长，*b.* 硅化气孔宽

（一）OTC 增温对芦苇鞍型植硅体大小的影响

由于植物在不同的生长时期其生长状态不同，其对硅的需求量也并不相同，因此增温对不同生长时期的鞍型植硅体大小的影响也不同。我们将不同温度梯度下芦苇鞍型植硅体的大小求平均值（用"Tᵃ"表示，下同），然后与对照组相比较，我们看出，增温后6月和8月芦苇鞍型植硅体变大，7月、9月和10月芦苇鞍型植硅体的变化规律则与6月和8月的完全相反，即增温后芦苇鞍型植硅体变小（表4-13）。我们对这一结果进行了分析，原因可能是6月芦苇进入快速生长期，此时段需要较多的矿质元素来满足自身生长的需要，同时6月温度相对较低，增温能够提高植物根系活性，所以植物根系吸收的硅相对增多，相应的增温组芦苇叶片中的植硅体较对照组大；9月，芦苇处于生殖生长期，石冰等（2010）应用开顶式气室模拟增温试验，研究了芦苇的生长、繁殖和生物量分配对温度升高的响应，结果表明增温对芦苇的生殖生长有较大的抑制作用，即增温不利于生殖生长期芦苇细胞的生长发育，而植硅体是在细胞或细胞间隙内形成，因此增温后芦苇鞍型植硅体各个参数均变小；10月，进入生长季末期，参与植物生理活动的主要是植物的根系，此时植物吸收的营养元素主要储存在根部，同时植物自身的营养物质会向根部转移，用以保证植物顺利度过寒冷的冬天和为明年春天的发芽储备能量，因此温度升高会明显增强植物根部的活性，将吸收的硅大部分储存在根部，所以增温处理芦苇鞍型植硅体的各个参数均小于对照组；至于7月和8月增温对芦苇鞍型植硅体影响的原因还有待进一步研究。

表 4-13　OTC 增温下 6～10 月不同温度梯度芦苇鞍型植硅体大小的变化（单位：μm）

参数	时间	CKᵃ	T_1^a	T_2^a	T_3^a	Tᵃ
	6 月	18.04	19.06	17.40	18.93	18.46
	7 月	19.70	19.30	20.55	18.90	19.58
底边长	8 月	19.14	18.50	18.91	19.61	19.01
	9 月	20.00	18.21	17.10	18.05	17.79
	10 月	21.30	17.10	19.00	19.90	18.67
	6 月	12.13	13.40	12.60	13.19	13.06
	7 月	13.57	13.15	13.70	13.67	13.51
鞍长	8 月	12.38	12.44	12.71	13.78	12.98
	9 月	14.51	12.11	11.46	12.20	11.92
	10 月	15.05	12.06	12.90	14.97	13.31

续表

参数	时间	CK[a]	T₁[a]	T₂[a]	T₃[a]	T[a]
	6 月	16.02	18.38	16.79	18.17	17.78
	7 月	19.33	18.04	18.96	17.68	18.23
底边宽	8 月	19.54	18.86	19.13	20.86	19.62
	9 月	20.44	18.51	17.13	17.39	17.68
	10 月	19.48	17.15	19.20	19.42	18.59
	6 月	11.14	13.59	12.33	13.28	13.07
	7 月	14.60	13.49	14.06	12.90	13.48
鞍宽	8 月	12.76	13.57	13.54	15.73	14.28
	9 月	15.23	13.28	12.55	12.10	12.64
	10 月	13.69	12.70	13.90	13.10	13.23

由于增温幅度的大小不同，其对芦苇鞍型植硅体大小的影响也存在差异，为了明确增温对鞍型植硅体大小的综合影响，我们对整个生长季不同温度梯度下鞍型植硅体各个参数的大小求平均值，然后与对照组比较，得出在整个生长季，增温后芦苇叶片中鞍型植硅体的四个参数均减小，即底边长、鞍长、底边宽及鞍宽均变小，其中 T₁[a] 组与 CK[a] 组差异最大（表 4-14），也就是说温度升高抑制了芦苇鞍型植硅体的生长。其可能的原因是温度升高后植物叶片通过缩短叶脉直径来减少水分的散失，而鞍型植硅体是在植物叶片叶脉中形成的，同时通过对芦苇叶片表皮结构的观察，我们发现鞍型植硅体的长轴方向与叶脉的延伸方向垂直（图 4-15），因此可推测植物叶脉直径的减小将会导致芦苇鞍型植硅体的长度（鞍长、底边长）减小，但温度升高后芦苇鞍型植硅体的宽（鞍宽、底边宽）减小的原因还有待进一步探究。

表 4-14　OTC 增温下不同温度梯度芦苇植硅体大小及温度的变化

植硅体类型	参数	CK[a]	T₁[a]	T₂[a]	T₃[a]	T[a]
	底边长	19.63	18.44	18.60	19.08	18.71
鞍型植硅体/μm	鞍长	13.53	12.63	12.67	13.56	12.95
	底边宽	18.96	18.19	18.24	18.70	18.38
	鞍宽	13.48	13.33	13.28	13.42	13.34
尖型植硅体/μm	尖型长	49.37	47.84	55.16	48.75	50.58
	尖型宽	22.79	21.30	21.34	22.03	21.56
硅化气孔/μm	硅化气孔长	22.77	24.50	23.91	23.54	23.98
	硅化气孔宽	10.99	12.40	12.24	12.07	12.24
温度/℃		20.05	20.67	20.78	22.11	21.19

　　由 6～10 月芦苇鞍型植硅体大小的长宽比（表 4-15）可以看出，对照处理与增温处理之间芦苇鞍型植硅体的长宽比差异较小，未达到显著性检验水平，说明温度变化虽然对芦苇鞍型植硅体的大小产生了影响，但温度变化并不足以导致芦苇鞍型植硅体的形态发生变化，即在温度升高的影响下，芦苇鞍型植硅体的形态是比较稳定的。前人研究也表明鞍型这种短细胞植硅体主要是受遗传因素影响，而本书的研究结果也证实了这一观点。同时由于鞍型植硅体的形态比较稳定，因此根据这一特点可以将其作为古植被恢复的代用指标。

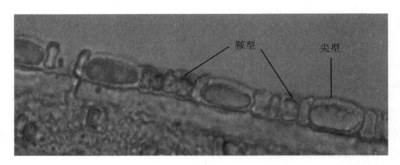

图 4-15　芦苇叶片的解剖结构

表 4-15　OTC 增温下 6～10 月不同温度梯度芦苇主要植硅体类型的长宽比

植硅体类型	时间	CK[a]	T_1^a	T_2^a	T_3^a
鞍型	6 月	1.09	0.99	1.02	0.99
	7 月	0.93	0.97	0.97	1.06
	8 月	0.97	0.92	0.94	0.88
	9 月	0.95	0.91	0.91	1.01
	10 月	1.10	0.95	0.93	1.07
尖型	6 月	1.95	2.18	2.39	2.02
	7 月	2.10	2.35	2.64	2.45
	8 月	2.31	2.17	2.53	2.30
	9 月	2.12	2.13	2.86	2.06
	10 月	2.32	2.41	2.57	2.25
硅化气孔	6 月	2.09	1.97	1.84	1.93
	7 月	2.01	2.05	1.99	1.97
	8 月	2.21	2.06	2.04	2.17
	9 月	1.94	1.96	1.97	2.03
	10 月	2.12	1.87	1.95	1.72

杨淑慧等（2012）利用 OTC 模拟增温研究湿地芦苇的光合作用对模拟温度升高的响应，结果表明升温一年后芦苇的最大净光合速率、暗呼吸速率光补偿点与对照处理相比显著增加，而升温两年后结果却与之完全相反；马略耕（2011）利用红外线辐射器模拟温度升高来研究芦苇叶片光合特性对温度升高的响应，结果表明芦苇的光合速率有所提高，由此说明短期增温和长期增温对芦苇叶片光合速率影响规律不同。本书的实验样品是在增温一年后的生长季内采集的，所以温度升高后植物光合速率降低，不利于植物体内硅的积累，也可能导致鞍型植硅体变小。

我们知道，增温幅度的不同其对鞍型植硅体大小的影响也是不一样的。但温度升高的幅度多大才导致鞍型植硅体发生明显变化呢？图 4-16（a）给予了我们答案。如图 4-16所示，整体来看，增温处理与对照处理各成一类；在增温处理中，T_1^a 组与 T_2^a 组合并为同一类，然后与 T_3^a 组合并在同一类中。其原因可能是温度升高对芦苇鞍型植硅体的大小产生了影响，所以增温处理与对照处理分开，但由于 T_1^a 组与 T_2^a 组的空气增温幅度比较接近，导致增温对此两组芦苇鞍型植硅体大小的影响程度类似，所以 T_1^a 组与 T_2^a 组合并为同一类。总之，芦苇鞍型植硅体大小变化的拐点在 T_1^a 组，根据实测数据，我们统计了不同温度梯度的空气温度（图 4-1）（分别用 CK^a 组、T_1^a 组、T_2^a 组和 T_3^a 组），并对整个生长季不同温度梯度空气温度求平均值，得出当空气温度平均升高 0.57℃（图 4-1）时，芦苇鞍型植硅体的大小变化最明显。

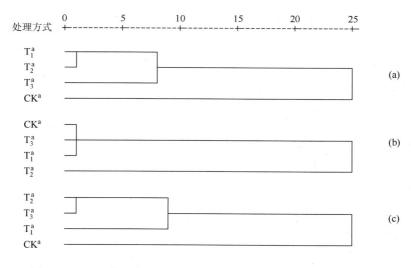

图 4-16　OTC 增温下不同温度梯度芦苇主要类型植硅体的聚类分析

（a）鞍型植硅体；（b）尖型植硅体；（c）硅化气孔

（二）OTC 增温对芦苇尖型植硅体大小的影响

根据我们的实验结果（表 4-14）可知，在整个生长季，除 T_2^a 组芦苇尖型植硅体的长以外，增温后芦苇尖型植硅体的长和宽呈现不显著减小的变化规律。根据图 4-17 可知，在不同的生长时期，6～10 月除 T_2^a 组尖型植硅体的长大于 CK^a 组之外，每个月尖型植硅体的长和宽均表现为增温处理小于对照处理，但增温处理尖型植硅体的长和宽与对照处理之间并没有达到方差分析的显著性水平。总之，增温后尖型植硅体的长和宽均变小，并且在不同的生长时期同样表现为相同的变化规律。可能的原因是持续增温后抑制了芦苇的光合作用，导致植物体内硅量有所减少，因此芦苇尖型植硅体变小。由芦苇鞍型植硅体的大小对增温的响应规律可知，6 月，增温后鞍型植硅体变大，这与此结果看似是矛盾的。但我们知道，芦苇鞍型植硅体是在植物叶脉中形成的，叶脉在整个植株中起支撑作用，所以在生长季初期需要分配较多的硅用以保证其叶片伸展，促使光合作用的最大化，因此，这两个研究结果是一致的。

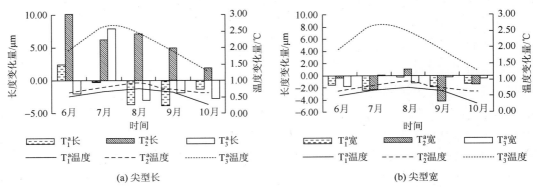

图 4-17　OTC 增温下 6～10 月芦苇尖型植硅体大小及温度变化量的变化趋势

郑云普等通过人工增温来研究其对玉米叶片产生的影响，他们发现增温后玉米叶片的宽减小，但其长无变化（Zheng et al.，2013）。通过对芦苇叶片表皮结构的观察（图 4-15），我们发现尖型植硅体的长轴方向与叶脉的延伸方向平行，同时尖型植硅体与鞍型植硅体在叶脉中有规律地相间分布。本书的研究结果表明：增温后尖型植硅体的宽以及鞍型植硅体的长（鞍长、底边长）均减小，因此可能会导致叶片的宽度减小；而增温后尖型植硅体的长变短，而鞍型植硅体变宽，其中鞍型植硅体宽的增加量可能恰好等于尖型植硅体长的减少量，因此芦苇叶片的长度不会发生明显变化，本书的研究结果与之一致。

Xu 等（2012）研究了桉树的叶片结构特征对增温和 CO_2 浓度升高的响应，结果表明叶片厚度和叶肉细胞横截面积随着温度的升高而减小，由于温度的升高加速了植物的生长，因此会限制细胞的伸长。本书的研究结果表明温度升高后尖型植硅体的长和宽变小，可能的原因是温度升高后抑制了细胞的生长，因此导致尖型植硅体的长和宽减小，这与前人的认识不谋而合。

利用 6～10 月不同温度梯度下芦苇尖型植硅体的长宽比作方差分析，结果显示，6～9 月不同温度梯度下芦苇尖型植硅体的长宽比的差异显著性系数均小于 0.05，但 10 月差异显著性检验系数大于 0.05。由此说明，增温对 6～9 月芦苇尖型的形态产生了显著影响，而对 10 月芦苇尖型植硅体的形态影响不大，因此证明毛状细胞植硅体对环境变化比较敏感这一观点。

如图 4-16（b）所示，在 0～25 的距离内，CK^a 组、T_1^a 组和 T_3^a 组合并在同一类中，T_2^a 组自成一类，可能的原因是增温幅度较小时不足以对芦苇尖型植硅体的大小产生影响，所以 CK^a 组与 T_1^a 组聚在同一类中。当温度升高的幅度增大后，芦苇尖型植硅体的大小发生了变化，随着环境温度继续升高，芦苇尖型植硅体对增温产生了一定的适应性，即增温后芦苇尖型植硅体大小的减小量有所减少，因此导致 T_3^a 组与 CK^a 组、T_1^a 组之间芦苇尖型植硅体大小的差异较小，所以 CK^a 组、T_1^a 组和 T_3^a 组合并在同一类中。总体来说，芦苇尖型植硅体的大小发生明显变化的拐点在 T_2^a 组，即在整个芦苇生长季，当环境温度升高 0.73℃时，芦苇尖型植硅体的大小变化最显著。

（三）OTC 增温对芦苇硅化气孔大小的影响

植物叶片中的气孔是水汽进出植物体的重要通道，气孔的开闭受到多种环境因子的影响，如温度（Zheng et al.，2013）、CO_2 浓度（Woodward，1987）、土壤水分（Lecoeur et al.，1995；Zhao et al.，2001；Galmes et al.，2007）等。我们知道，温度是影响气孔开闭的一个非常重要的因素，通常认为随着温度的升高，气孔导度有增大的趋势，当温度超过某一界限时，气孔导度迅速降低。司建华等（2008）的结果表明高温对胡杨气孔导度有抑制作用；李芳兰和包维楷（2005）的研究结果认为随着温度的升高，气孔的长、宽指数减小。

根据本节的研究结果可以看出，在整个生长季，增温后芦苇叶片中硅化气孔的长和宽均变大，同时其作用强度表现为 T_1^a 组＞T_2^a 组＞T_3^a 组。在生长季的不同时期，除 8 月增温处理硅化气孔的宽小于对照处理之外，硅化气孔的长和宽均表现为增温处理大于对照处理，同时在生长季初期和末期硅化气孔大小增加得较多（图 4-18），方差分析的结果说明增温对 6～10 月硅化气孔的长和宽产生了显著的影响，均达到了方差分析的显著性水平。这与上述的认识相矛盾，原因可能是涉及植物种类的不同所致（Ferris et al.，1996；Reddy et al.，1998；Kouwenberg et al.，2007）。

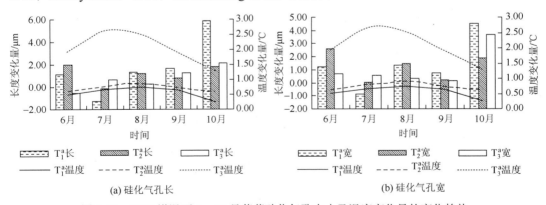

(a) 硅化气孔长　　　　　　　　　　　　(b) 硅化气孔宽

图 4-18　OTC 增温下 6～10 月芦苇硅化气孔大小及温度变化量的变化趋势

高文娟（2001）通过覆土、覆植被以及全覆盖三种不同的增温方式，来研究小麦和水稻叶片中的气孔对不同增温方式的响应规律，研究结果表明增温有利于小麦旗叶上表皮气孔长和气孔宽的生长，同时，土壤温度不变气温增加或者土壤温度增加气温不变的情况下，小麦叶片上表皮气孔长、宽增加较多,当土壤温度和空气温度都增加时,小麦叶片气孔的长、宽增加较少。本书的研究结果与高文娟的结论相符,即增温后硅化气孔的长和宽变大,同时 T_1^a 组和 T_2^a 组硅化气孔的长和宽增加较多,也就是说温度增加的幅度较小时硅化气孔的长和宽增加的幅度较大,但随着温度的继续升高,硅化气孔的长和宽增加的幅度较小。

根据本书的研究结果我们知道,增温后硅化气孔的长和宽均显著增大,而气孔导度表示的是气孔的张开程度,也就是说温度升高促使芦苇叶片的气孔导度增加,说明芦苇的蒸腾速率增强,而蒸腾作用是液态水从鲜活植物叶片表面的气孔以水蒸气状态散失到大气中的过程,并伴随着大量热量的损耗,这会使植物叶片表面的温度降低,减少高温对植物叶片的伤害,这可能是植物适应气候变化的一种表现。郑云普等研究了模拟增温对玉米叶片的影响,其结果表明增温后玉米叶片中的气孔变大(Zheng et al., 2013),本书的研究结果与其一致。

气孔的形态对外部环境变化的反应非常敏感,而植物叶片中硅化气孔的长宽比是衡量植物受到外界环境而导致其气孔发生变化的重要参数。由 6~10 月不同温度梯度下芦苇硅化气孔的长宽比(表 4-15)可知,在芦苇生长季,7 月和 9 月增温组芦苇硅化气孔的长宽比与对照组之间差异不大,说明在这两个月内,温度升高只影响了芦苇硅化气孔的长和宽,而对其形态并没有产生影响;6 月、8 月和 10 月增温组芦苇硅化气孔的长宽比大于对照组,并且达到了方差分析的显著性检验,说明温度升高对芦苇硅化气孔的形态产生了显著影响,即芦苇硅化气孔的形态逐渐由椭圆形向圆形转变。总之,在芦苇生长季,不同的月份芦苇硅化气孔的形态受温度的影响并不一致。

从聚类分析的树状图[图 4-16(c)]可以看出,对照组与增温组各成一类,在增温组中,T_2^a 组与 T_3^a 组合并在同一类中,然后再与 T_1^a 组合并为一类。针对这一结果,分析其可能的原因是气孔对外界环境温度的变化比较敏感,当温度稍有升高,其大小就发生了明显的变化,因此对照组与增温组分开;随着温度的升高,芦苇硅化气孔大小的增加幅度减小,同时温度升高得越多,硅化气孔大小增加的幅度越小,导致 T_2^a 组与 T_3^a 组差异最小,因此二者合并在同一类中。总体来说,芦苇硅化气孔大小变化的拐点主要发生在 T_1^a 组,即在芦苇整个生长季,当环境温度升高 0.57℃时,芦苇硅化气孔的大小变化最明显。

第五节　IR 增温对芦苇植硅体的影响

本书对 IR 增温实验处理不同温度梯度下芦苇叶片中的植硅体进行鉴定和统计,共统计植硅体 22163 粒,鉴定植硅体类型 6 种,参考王永吉和吕厚远对植硅体分类与命名及 IPCN 1.0(International Phytolith Code Nomenclature 1.0)的命名建议,对实验所鉴定的植硅体进行命名,他们分别是鞍型、帽型、硅化气孔、扇型、棒型和尖型。在本书中,不同温度梯度下,芦苇叶片中不同形态的植硅体百分含量明显不同,同时,不同温度梯度下芦苇植硅体的大小也存在明显差异。

一、IR 增温对芦苇植硅体数量的影响

我们统计了 2012 年 6~10 月不同温度梯度下芦苇植硅体的数量,然后分别计算芦苇鞍

型植硅体、芦苇尖型植硅体和硅化气孔占芦苇植硅体总数的比例，得到了各自的百分含量即芦苇植硅体的相对数量。在本书中，不同温度梯度下获得的植硅体中芦苇鞍型植硅体、芦苇尖型植硅体以及硅化气孔所占比例达 90%以上，而其他植硅体类型所占的比例不足 10%。本节主要探讨增温对芦苇鞍型植硅体、芦苇尖型植硅体及芦苇硅化气孔数量和大小的影响。

（一）IR 增温对芦苇鞍型植硅体数量的影响

图 4-19 为 2012 年不同温度梯度下芦苇鞍型植硅体百分含量的变化趋势图。由图 4-19 可知，在芦苇生长季，我们观察到不同温度梯度下芦苇鞍型植硅体百分含量随生长季的变化趋势基本一致，大体上随着时间的变化呈现增加—减少—增加的趋势。6 月不同温度梯度下芦苇鞍型植硅体的百分含量均较低，6～8 月不同温度梯度下芦苇鞍型植硅体的百分含量呈上升趋势，8 月芦苇鞍型植硅体的百分含量达到峰值，8～9 月不同温度梯度下芦苇鞍型植硅体的百分含量呈下降趋势，9 月芦苇鞍型植硅体的百分含量达到谷值，10 月不同温度梯度下芦苇鞍型植硅体的百分含量又逐渐升高。此外，T_1^b 组和 T_2^b 组芦苇鞍型植硅体百分含量在不同月份之间的差异较小，而 CK^b 组和 T_3^b 组芦苇鞍型植硅体的百分含量差异相对较大。

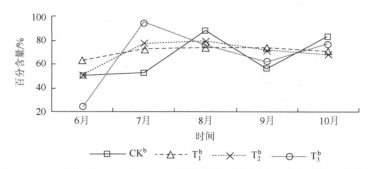

图 4-19 IR 增温下 2012 年 6～10 月芦苇鞍型植硅体百分含量的变化趋势

由图 4-19 可知，不同温度梯度下芦苇鞍型植硅体的百分含量随时间的变化规律一致，即随时间的变化，芦苇鞍型植硅体百分含量呈现增加—减少—增加的趋势。同时，由表 4-16 可知，6～9 月空气温度呈现升高—降低的变化规律，而本书中 6～9 月芦苇鞍型植硅体的变化趋势与空气温度的变化趋势一致，但 9 月和 10 月芦苇鞍型植硅体百分含量的变化趋势与空气温度的变化趋势相反。

表 4-16 OTC 增温下 6～10 月不同温度梯度芦苇植硅体百分含量及温度的变化

时间	鞍型/%	尖型/%	硅化气孔/%	温度/℃
6 月	46.99	1.14	51.41	19.03
7 月	74.24	1.84	22.82	23.76
8 月	79.20	1.95	17.42	23.74
9 月	65.92	1.06	31.47	20.29
10 月	74.77	1.14	21.49	12.94

王永吉和吕厚远（1992）通过对芦苇中的植硅体进行研究，总结了芦苇鞍型植硅体的百分含量为 79%，在芦苇植硅体中占有绝对的数量优势。作者统计了 IR 增温实验处理下不同温度梯度的芦苇鞍型植硅体的百分含量，根据实验数据我们知道其百分含量主要集中在 50%～90%，这与前人的研究结果具有一致性。

为了明确增温对芦苇鞍型植硅体百分含量的影响，我们将 2012 年 6～10 月芦苇鞍型植硅体的百分含量求平均值，得到了整个生长季芦苇鞍型植硅体的平均百分含量（表4-17）。由表 4-17 可知，在整个生长季，增温后芦苇鞍型植硅体的百分含量呈增加趋势，与 CK^b 组相比，增温后 T_1^b 组、T_2^b 组和 T_3^b 组芦苇鞍型植硅体的百分含量分别增加了 4.61%、2.43%和 0.08%，T_3^b 组芦苇鞍型植硅体百分含量的增幅最大，但这种变化并非是线性变化。王永吉和吕厚远（1992）通过对全国 130 多个表土样品中的植硅体进行研究，总结出鞍型植硅体为示暖型植硅体，即随着温度的升高其百分含量变大，本书的研究结果与其一致。在 IR 增温下，虽然不同温度梯度之间的温度差异较小，但增温确实对芦苇鞍型植硅体的百分含量产生了影响。

表 4-17　IR 增温下 6～10 月芦苇植硅体百分含量及温度的变化

实验处理	鞍型/%	尖型/%	硅化气孔/%	温度/℃	土壤湿度/%
CK^b	66.19	0.87	31.65	19.87	21.67
T_1^b	70.80	1.87	26.36	19.87	39.60
T_2^b	68.62	1.60	26.91	19.99	49.03
T_3^b	66.27	1.37	30.76	20.08	41.28

（二）IR 增温对芦苇尖型植硅体数量的影响

由表 4-16 可知，6～10 月随着时间的变化芦苇尖型植硅体的百分含量呈现增加—减小—增加的变化趋势，即从 6 月起，芦苇尖型植硅体的百分含量逐渐增加，在 8 月达到峰值，随后芦苇尖型植硅体的百分含量有所减少，在 9 月芦苇尖型植硅体的百分含量处于谷值，9～10 月芦苇尖型植硅体的百分含量稍有回升。总体来说，随着时间的变化，芦苇尖型植硅体的百分含量呈下降趋势。除 10 月之外，芦苇尖型植硅体百分含量随生长季的变化趋势与生长季内温度的变化规律一致，也就是说，6～9 月芦苇尖型植硅体的百分含量与温度均表现为增加—减小的变化规律。

由表 4-17 可知，增温后芦苇尖型植硅体的百分含量增加。与 CK^b 组比较，T_1^b 组、T_2^b 组和 T_3^b 组芦苇尖型植硅体的百分含量分别增加了 1.00%、0.73%和 0.50%，即 T_1^b 组芦苇尖型植硅体的百分含量增幅最大。针对这一结果，我们对其进行了分析。根据表 4-17 可知，增温后不同温度梯度下芦苇尖型植硅体的百分含量增加，同时随着增温幅度的增加，芦苇尖型植硅体百分含量增加的量有所减少。而在整个生长季，T_1^b 组、T_2^b 组和 T_3^b 组空气温度的增温幅度分别为 0.00℃、0.12℃和 0.21℃，因此，可能是在 0.21℃范围内增温有利于芦苇尖型植硅体的发育，但随着温度的增加其百分含量可能会减少。

图 4-20 为 2012 年 6～10 月芦苇尖型植硅体的百分含量。由图 4-20 可知，无论是增温处理还是对照处理，芦苇尖型植硅体的百分含量均小于 2%。王永吉和吕厚远（1992）通过对芦苇植硅体进行研究，认为在芦苇所有植硅体类型中，芦苇尖型植硅体的百分含量约为 0.50%，本书的实验结果与之相符。根据图 4-20 我们知道，6 月、7 月、9 月和 10 月芦苇尖型植硅体百分含量随温度升高的变化规律基本一致，但 8 月芦苇尖型植硅体的百分含量变化趋势与之相反。同时，7 和 8 月芦苇尖型植硅体的百分含量相对较 6 月、9 月和 10 月多，而在本节提到增温后芦苇尖型植硅体的百分含量增加，而 7 月和 8 月是本地区温度最高的月份，因此这两个月内芦苇尖型植硅体的百分含量也相对较大，本节的研究结果可以很好地相互印证。

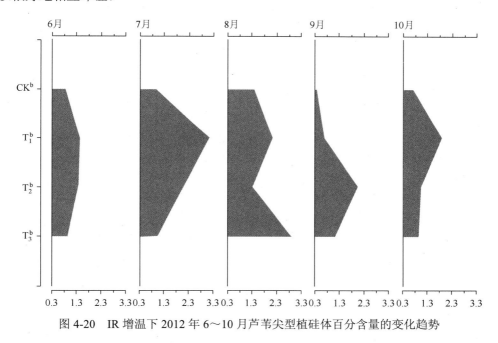

图 4-20　IR 增温下 2012 年 6～10 月芦苇尖型植硅体百分含量的变化趋势

（三）IR 增温对芦苇硅化气孔数量的影响

由图 4-21 可知，随着时间的变化，不同温度梯度下芦苇硅化气孔的百分含量变化规律基本一致，即芦苇硅化气孔的百分含量随着时间的变化呈现减少—增加—减少的变化规律，从 6 月开始，芦苇硅化气孔的百分含量逐渐降低，到 8 月芦苇硅化气孔的百分含量达到最小值，8～9 月芦苇硅化气孔的百分含量有所增加，9～10 月芦苇硅化气孔的百分含量降低，总体来说，在整个生长季，随着时间的变化，芦苇硅化气孔的百分含量呈现降低的趋势。

总之，在 IR 增温下，芦苇硅化气孔百分含量随时间的变化规律与 OTC 增温下芦苇硅化气孔百分含量随时间而发生变化的规律基本一致，而导致芦苇植硅体百分含量随时间而发生变化规律的原因已在本章第三节有详细论述，在此不再赘述。

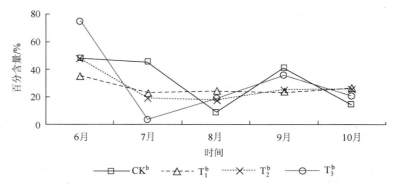

图 4-21　IR 增温下 2012 年 6～10 月芦苇硅化气孔百分含量的变化趋势

　　将 6～10 月芦苇硅化气孔的百分含量求平均值，得到整个生长季不同温度梯度下芦苇硅化气孔的平均百分含量（表 4-17）。由表 4-17 可知，增温后芦苇硅化气孔的百分含量降低，与 CK^b 组相比，增温后 T_1^b 组、T_2^b 组和 T_3^b 组芦苇硅化气孔的百分含量分别减少了 5.29%、4.74% 和 0.89%，即增温幅度最小的 T_1^b 组与 CK^b 组之间差异最大，增温幅度最大的 T_3^b 组与 CK^b 组之间差异最小。总体来说，增温抑制了芦苇硅化气孔的生长。

　　我们知道，气孔是植物叶片与外界环境进行气体和水分交换的重要门户，它调控着 CO_2 和 H_2O 的出入，因此，其对外界环境因子的变化十分敏感。在整个生长季，增温后芦苇叶片中硅化气孔的百分含量降低，同时，T_1^b 组芦苇硅化气孔的百分含量减少的最多，可能的原因是温度升高导致蒸腾作用较强，植物为了适应外界的环境变化需要将部分气孔关闭，以避免芦苇因蒸腾作用较强导致失水较多而萎蔫甚至死亡。钟海民等（1991）研究了高寒矮嵩草草甸 6 种植物（矮嵩草（*Kobresia humilis*）和二柱头薹草（*Scirpus distigmaticus*）（莎草类）、垂穗披碱草（*Elymus nutans*）和羊茅（*Festuca ovina*）（禾草类）、美丽凤毛菊（*Saussurea superba*）和麻花艽（*Gentiana straminea*）（杂草类））叶片气孔密度与蒸腾强度的关系，结果表明同一草类中，植物叶片气孔密度大者，蒸腾强度也相对较高。本书的研究结果与其相悖，可能的原因如下：二者虽然都研究了禾草类植物，但研究地点的气候差异较大，钟海民等的研究地点位于高寒草甸区，湿度相对较大，而本节的实验样点设置在温带季风气候区，蒸发量是降水量的 3.50 倍，湿度相对较小，而增温会导致水分的损失量增多，为了减少水分的散失必须将部分气孔关闭，也就是说，随着温度的升高，蒸腾作用增强，气孔密度减少。

　　总之，在 IR 增温下，无论是数量占有绝对优势的短细胞植硅体、对外界环境因子比较敏感的毛状细胞植硅体，还是具有非常重要作用的芦苇硅化气孔，增温后其数量均发生了不同程度的变化，即增温对芦苇植硅体的数量产生了影响。

二、IR 增温对芦苇植硅体大小的影响

　　在 IR 增温下，我们同样使用 Motic 生物显微镜在放大 600 倍的条件下测量了不同实

验处理下芦苇叶片中鞍型植硅体、尖型植硅体和硅化气孔植硅体的形态参数，各个参数具体表征的含义已有介绍，本节便不再赘述。在 IR 增温下，共获得芦苇植硅体参数的测量数据 7448 个。

（一）IR 增温对芦苇鞍型植硅体大小的影响

表 4-18 为 2012 年 IR 增温下不同温度梯度芦苇植硅体的大小及所对应的环境温度。如表 4-18 所示，在整个生长季，增温后芦苇鞍型植硅体的长（鞍长、底边长）变小，但增温后芦苇鞍型植硅体的宽（鞍宽、底边宽）变大，即在整个生长季，增温对芦苇鞍型植硅体长和宽的影响规律存在差异性。总体看来，在 IR 增温下，增温后芦苇鞍型植硅体长（鞍长、底边长）的变化趋势与 OTC 增温下芦苇鞍型植硅体长随温度的变化规律基本一致，而对鞍型植硅体长因温度而变化的原因已在本章第三节有详细论述，故在此不再赘述。

表 4-18　IR 增温下不同温度梯度芦苇植硅体大小及温度的变化

实验处理	鞍型/μm				尖型/μm		硅化气孔/μm		空气温度/℃
	底边长	鞍长	底边宽	鞍宽	长	宽	长	宽	
CK[b]	18.65	12.92	17.47	12.19	45.2	21.9	21.64	10.58	19.87
T_1[b]	18.31	12.73	17.52	12.69	50.86	23.06	22.26	11.42	19.87
T_2[b]	19.32	12.81	18.01	12.66	46.92	22.16	21.2	11.08	19.99
T_3[b]	17.85	11.79	17.5	12.28	48.6	21.7	22.14	10.98	20.08
T[b]	18.49	12.44	17.68	12.54	48.79	22.31	21.87	11.16	

根据图 4-22（6～10 月芦苇鞍型植硅体大小的变化量）可知，6 月，增温后芦苇鞍型植硅体的长（底边长、鞍长）减小，但宽（底边宽、鞍宽）增大；7～10 月，增温对芦苇鞍型植硅体长和宽的影响一致，7 月和 9 月，增温后芦苇鞍型植硅体变大，8 月和 10 月增温后芦苇鞍型植硅体变小。由此可知，在不同的生长时期，增温对芦苇鞍型植硅体大小的影响不同，同时，增温对芦苇鞍型植硅体的长和宽的影响规律也不完全相同。根据图 4-22，我们发现，不同温度梯度下芦苇鞍型植硅体的四个参数的变化量随时间的变化趋势一致，均在 7 月和 10 月其变化量较大，而在 6 月、8 月和 9 月其变化量相对较小。利用不同温度梯度下芦苇鞍型植硅体的长和宽作方差分析，结果表明增温处理与对照处理之间芦苇鞍型植硅体的长和宽均达到了方差分析的显著性水平（$P<0.05$），说明增温处理与对照处理之间芦苇鞍型植硅体的大小有显著性差异。

利用不同温度梯度下芦苇鞍型植硅体的长宽比作方差分析，结果表明对照处理与增温处理之间芦苇鞍型植硅体的长宽比没有显著差异（$P>0.05$），由此说明，增温对芦苇鞍型植硅体的形态没有产生显著影响。我们知道，增温处理后芦苇鞍型植硅体的大小发生了显著变化，但其大小的变化并没有导致其形态发生变化，说明其形态比较稳定。

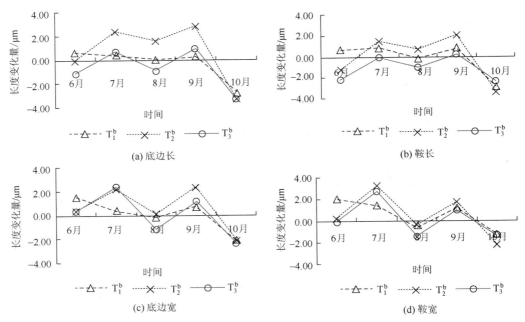

图 4-22　IR 增温下 2012 年 6～10 月芦苇鞍型植硅体大小变化量的变化趋势

（二）IR 增温对芦苇尖型植硅体大小的影响

由表 4-18 可知，在整个生长季，增温后芦苇尖型植硅体的长和宽变大。由此说明，在 IR 增温下，增温对芦苇尖型植硅体的发育具有促进作用。但是这与 OTC 增温下芦苇尖型植硅体的变化规律相反。为什么同样是增温处理，但不同的增温实验处理导致芦苇尖型植硅体的变化规律不同呢？根据本章的第二节，我们知道，OTC 增温可使生长季的平均温度升高约 2.06℃，而 IR 增温对空气温度的影响程度较小，在整个生长季最大增温幅度才使空气温度平均升高 0.21℃，OTC 增温的增温幅度基本上为 IR 增温增温幅度的 10 倍，由此可知，在较小温度范围内，增温对芦苇尖型植硅体的发育具有促进作用，即增温后芦苇尖型植硅体变大，但当增温幅度超过其生长的最适温度时，增温反而会不利于芦苇尖型植硅体的发育。

在不同的生长时期，增温对芦苇尖型植硅体大小的影响存在差异，通过图 4-23 可以看出，6～9 月，增温后芦苇尖型植硅体变大，10 月，增温后芦苇尖型植硅体的变化规律与之相反，即增温后芦苇尖型植硅体变小。

将芦苇尖型植硅体的长与宽作比值，得到 6～10 月不同温度梯度下芦苇尖型植硅体的长宽比（表 4-19）。由表 4-19 可知，6～9 月增温后芦苇尖型植硅体的长宽比变大，10 月增温后芦苇尖型植硅体的长宽比变小。我们知道，增温处理后，6～9 月芦苇尖型植硅体的长和宽均变大，10 月芦苇尖型植硅体的长和宽均变小，也就是说，6～9 月增温处理后芦苇尖型植硅体的长增加的程度大于其宽增加的程度，而 10 月增温处理后芦苇尖型植硅体长减小的程度大于宽减小的程度，即增温对芦苇尖型植硅体长的影响程度大于对宽的影响程度。方差分析的结果表明，增温对 6～9 月芦苇植硅体的长宽比产生了显著影响，差异显著性系数均小于 0.05。

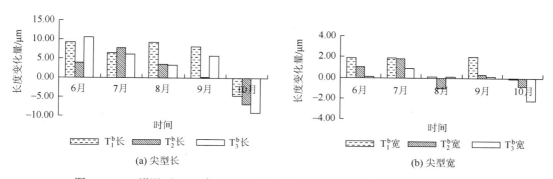

图 4-23　IR 增温下 2012 年 6～10 月芦苇尖型植硅体长和宽变化量的变化趋势

表 4-19　IR 增温下 6～10 月芦苇尖型植硅体长宽比的变化

实验处理	6 月	7 月	8 月	9 月	10 月
CK^b	1.98	2.08	1.9	2.03	2.33
T_1^b	2.21	2.18	2.3	2.21	2.13
T_2^b	2.06	2.25	2.15	2.01	2.1
T_3^b	2.46	2.27	2.04	2.29	2.14

（三）IR 增温对芦苇硅化气孔大小的影响

将 6～10 月芦苇硅化气孔的大小求平均值，得到了不同温度梯度下芦苇硅化气孔长和宽的平均值（表 4-18）。由表 4-18 可知，增温处理后，芦苇硅化气孔的长和宽均变大，同时，CK^b 组与 T_1^b 组之间的差异最大。在不同的生长时期，增温对芦苇硅化气孔大小的影响规律存在差异。如图 4-24 所示，增温处理导致 6～9 月芦苇硅化气孔的长和宽变大，而增温处理导致 10 月芦苇硅化气孔的长和宽变小。利用 6～10 月芦苇硅化气孔的长和宽分别作方差分析，结果显示增温处理与对照处理之间芦苇硅化气孔的长和宽的差异显著性系数均为 0.00，说明增温处理与对照处理之间芦苇硅化气孔的大小有显著差异。

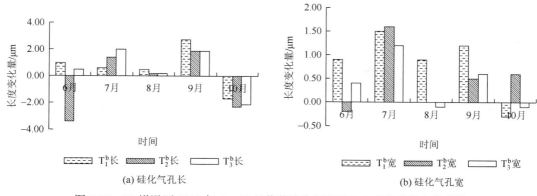

图 4-24　IR 增温下 2012 年 6～10 月芦苇硅化气孔长和宽变化量的变化趋势

由芦苇硅化气孔的长宽比（表 4-20）可知，增温处理导致 6 月、7 月和 10 月芦苇硅化气孔的长宽比减小，并且达到了方差分析的显著性水平（$P<0.05$）。而我们知道，增

温后芦苇硅化气孔的长和宽均变大，也就是说，在 6 月、7 月和 10 月，增温导致芦苇硅化气孔宽的变化幅度大于长的变化幅度，即芦苇硅化气孔的宽对增温的响应较为敏感。而 9 月，增温导致芦苇硅化气孔长宽比增大，由此说明，在整个生长季，增温后芦苇硅化气孔的形态逐渐由椭圆形向圆形转变。

表 4-20　IR 增温下 6～10 月芦苇硅化气孔长宽比的变化

实验处理	6 月	7 月	8 月	9 月	10 月
CK[b]	2.04	2.07	2.04	1.96	2.11
T$_1$[b]	1.98	1.86	1.92	1.99	2.01
T$_2$[b]	1.77	1.91	2.06	2.05	1.79
T$_3$[b]	2.02	2.03	2.08	2.03	1.93

小　结

（1）在单一因素——温度的影响下，不同增温实验处理下芦苇植硅体的类型相同，但其百分含量和大小表现出有规律的变化，说明模拟增温对芦苇植硅体产生了影响。同时，芦苇鞍型植硅体的含量十分丰富，其形态比较稳定，因此芦苇鞍型植硅体可以用来作为恢复古植被的代用指标。

（2）无论是 OTC 增温还是 IR 增温，模拟增温均对短细胞植硅体、毛状细胞植硅体以及芦苇硅化气孔产生了影响。在 OTC 增温影响下，芦苇鞍型植硅体的百分含量随着温度的升高而增加，其大小随着温度的升高而减小，并且当环境温度升高 0.57℃ 的条件下其大小变化最为明显；芦苇尖型植硅体的百分含量随着温度的升高而逐渐减小，其大小总体上随着温度的升高而变小，并且当环境温度升高 0.73℃ 的条件下其大小变化最为明显；芦苇硅化气孔的百分含量随温度的升高而增加，但超过其发育的阈值芦苇硅化气孔的百分含量随温度的升高而减小；芦苇硅化气孔随着温度的升高而变大，并且当环境温度升高 0.57℃ 的条件下其大小变化最为明显。在 IR 增温影响下，芦苇鞍型植硅体的百分含量随着温度的升高而增加，同时芦苇鞍型植硅体的长随着温度的升高而减小，但其宽却随着温度的升高而变大；芦苇尖型植硅体的百分含量随着温度的升高而逐渐增加，其大小随着温度的升高而变大；增温后，芦苇硅化气孔的百分含量增加，芦苇硅化气孔的大小也变大。总之，无论是在 OTC 增温还是 IR 增温的影响下，当环境温度在升高 1.00℃ 的范围内，芦苇植硅体的大小已经发生了明显变化，而根据 IPCC 报告，在 21 世纪末，全球温度将升高 2.00℃，也就是说，在未来全球变暖的背景下，芦苇植硅体将会发生显著变化。

（3）无论是短细胞植硅体、毛状细胞植硅体还是硅化气孔，增温对其大小和百分含量均产生了影响，即温度升高可能会对芦苇群落产生一定的影响。由于全球变暖的过程仍然在持续，芦苇作为一种非常重要的经济作物，因此有必要加强对芦苇群落生长发育的监测和管理。

参 考 文 献

白春华. 2011. 控制性增温和施氮肥对土壤性质的影响. 呼和浩特：内蒙古农业大学硕士学位论文.

高文娟. 2011. 小麦水稻叶面气孔和茎秆维管束对模拟增温的初期响应. 长沙：湖南农业大学硕士学位论文.

胡静，杨秋云，严宁，等. 2014. 环境和遗传对烟草叶片结构的影响. 植物分类与资源学报，36（1）：70～76.

介冬梅，葛勇，郭绩勋，等. 2010. 中国松嫩草原羊草植硅体对全球变暖和氮沉降模拟的响应研究. 环境科学，31（8）：
  1708～1715.

李芬兰，包维楷. 2005. 植物叶片形态解剖结构对环境变化的响应与适应. 植物学通报，22（增刊）：118～127.

李乐，曾辉，郭大立. 2013. 叶脉网络功能形状及其生态学意义. 植物生态学报，37（7）：691～698.

李泉，徐德克，吕厚远. 2005. 竹亚科植硅体形态学研究及其生态学意义. 第四纪研究，25（6）：777～784.

李仁成，樊俊，高崇辉. 2013. 植硅体现代过程研究进展. 地球科学进展，28（12）：1287～1295.

李英年，赵亮，赵新全，等. 2004. 5 年模拟增温后矮嵩草草甸群落结构及生物量的变化. 草地学报，12（3）：236～239.

刘洪妍，介冬梅，刘利丹，等. 2013. 东北地区芦苇植硅体形态的空间差异. 微体古生物学报，30（2）：191～198.

刘思雅. 2009. 模拟增温与施氮对羊草草原植物群落结构及生物量的影响. 长春：东北师范大学硕士学位论文.

陆静梅，李建东. 1994. 松嫩草地五种耐盐碱植物叶表皮的解剖观察. 东北师大学报（自然科学版），（3）：79～82.

马耕略. 2011. 松嫩草地芦苇光合特性对全球气候变化响应的研究. 长春：东北师范大学硕士学位论文.

牛书丽，韩兴国，马克强，等. 2007. 全球变暖与陆地生态系统研究中的野外增温装置. 植物生态学报，31（2）：262～271.

珊丹. 2008. 控制性增温和施氮对荒漠草原植物群落和土壤的影响. 呼和浩特：内蒙古农业大学博士学位论文.

石冰，马金妍，王开运，等. 2010. 崇明东滩围垦芦苇生长、繁殖和生物量分配对大气温度升高的响应. 长江流域资源与环
  境，19（4）：383～388.

石福孙，吴宁，罗鹏. 2008. 川西北亚高山草甸植物群落结构及生物量对温度升高的响应. 生态学报，28（11）：5286～5293.

石福孙，吴宁，吴彦，等. 2009. 模拟增温对川西北高寒草甸两种典型植物生长和光合特征的影响. 应用与环境生物学报，
  15（6）：750～755.

司建华，常宗强，苏永红，等. 2008. 胡杨叶片气孔导度特征及其对环境因子的响应. 西北植物学报，28（1）：125～130.

王永吉，吕厚远. 1992. 植硅体研究及应用. 北京：海洋出版社.

徐振峰，胡庭兴，李小艳，等. 2009a. 川西亚高山采伐迹地草坡群落对模拟增温的短期响应. 生态学报，29（6）：2089～2095.

徐振锋，胡庭兴，张力. 2009b. 模拟增温对川西亚高山林线交错带绵穗柳生长、叶物候和叶性状的影响. 应用生态学报，（1）：
  7～12.

杨淑慧，祁秋艳，仲启铖，等. 2012. 崇明东滩围垦湿地芦苇光合作用对模拟升温的响应初探. 长江流域资源与环境，21（5）：
  604～610.

杨永辉. 1997. 山地草原生物量的垂直变化及其与气候变暖和施肥的关系. 植物生态学报，21（3）：234～341.

张吉旺. 2005. 光温胁迫对玉米产量和品质及其生理特性的影响. 泰安：山东农业大学博士学位论文.

赵建中，刘伟，周华坤，等. 2006. 模拟增温效应对矮嵩草生长特征的影响. 西北植物学报，26（12）：2533～2539.

赵义海. 2000. 全球气候变化与草地生态系统. 草业科学，17（5）：49～54.

钟海民，杨福囤，沈振西. 1991. 矮嵩草草甸主要植物气孔分布及开闭规律与蒸腾强度的关系. 植物生态学与地植物学报，
  15（1）：66～70.

周华坤，周兴民，赵新全. 2000. 模拟增温效益对矮嵩草草甸影响的初步研究. 植物生态学报，24（5）：547～553.

竺可桢，宛敏渭. 1980. 物候学. 北京：科学出版社.

Ahas R. 1999. Long-term phyto-ornitbo-and ichthyophenological time-series analyses in Estonia. International Journal of
  Biometeorology，42（3）：119～123.

Beaubien E G，Freeland H J. 2000. Spring phenology trends in Alberta，Canada: links to ocean temperature. International Journal of
  Biometeorology，44（2）：53～59.

Beerling D J，Chaloner W G. 1993. The impact of atmospheric CO_2 and temperature changes on stomatal density: observation from
  Quercus robur Lammas leaves. Annals of Botany，71（3）：231～235.

Beier C，Emmett B，Gundersen P，et al. 2004. Novel approaches to study climate change effects on terrestrial ecosystems in the field: drought and passive nighttime warming. Ecosystems，7（6）：583～597.

Blonder B，Violle C，Bentley L，et al. 2010.Venation networks and the origin of the leaf economics spectrum. Ecology Letters，14（2）：91～100.

Braley N L，LeoPold C L，Ross J. 1999. Phenological changes reflect climate change in Wisconsin. Proceedings of the National Academy of Sciences，96：9701～9704.

Bridgham S D，Pastor J，Updegraff K，et al. 1995. Paper presented at the Ecological Society of America Annual Meeting，Snowbird，Utah.

Ceulemans R，Janssens I A，Jach M E.1999. Effects of CO_2 enrichment on trees and forests: lessons to be learned in view of future ecosystem studies. Annuals of Botany，84（5）：577～590.

Chapin F S Ⅲ，Shaver G R，Giblin A E，et al. 1995. Responses of arctic tundra to experimental and observed changes in climate. Ecology，76（3）：694～711.

Emmett B A，Beier C，Estiarte M，et al. 2004. The response of soil processes to climate change: results from manipulation studies of shrublands across an environmental gradient. Ecosystems，7（6）：625～637.

Ferris R，Nijs I，Behaeghe T，et al. 1996. Elevated CO_2 and temperature have different effects on leaf anatomy of perennial ryegrass in spring and summer. Annals of Botany，78（4）：489～497.

Freeman C，Lock M A，Reynolds B. 1993. Climatic change and the release of immobilized nutrients from Welsh riparian wetland soils. Ecological Engineering，2（4）：367～373.

Galmes J，Flexas J，Save R，et al. 2007. Water relations and stomatal characteristics of Mediterranean plants with different growth forms and leaf habits: responses to water stress and recovery. Plant and Soil，290（1-2）：139～155.

Harte J，Torn M S，Chang F R，et al. 1995. Global warming and soil microclimate: results from a meadow-warming experiment. Ecological Applications，5：132～150.

Hetherington A M，Woodward F I. 2003. The role of stomata in sensing and driving environmental change. Nature，424：901～908.

Hollister R D，Webber P J. 2000. Biotic validation of small open-top chambers in a tundra ecosystem. Global Change Biology，6（7）：835～842.

Houghton J T，Ding Y，Griggs D J，et al. 2001. Climate Change 2001: The Scientific Basis Cambridge. Cambridge: Cambridge University Press.

Huxman T E，Turnipseed A A，Sparks J P，et al. 2003. Temperature as a control over ecosystem CO_2 fluxes in a high-elevation，subalpine forest. Oecologia，134（4）：537～546.

IPCC. 2001. Climate Change，Impact，Adaptation and Vulnerability. Cambridge: Cambridge University Press.

Jonasson S，Michelson A，Schmidt I K，et al. 1999. Responses in microbes and plants to changed temperature，nutrient and light regimes in the arctic. Ecology，80（6）：1828～1843.

Klein J A，Harte J，Zhao X Q. 2005. Dynamic and complex microclimate responses to warming and grazing manipulations. Global Change Biology，11（9）：1440～1451.

Kouwenberg L L R，Kurschner W M，McElwain J C. 2007. Stomatal frequency change over altitudinal gradients: prospects for paleoaltimetry. Reviews in Mineralogy and Geochemistry，66：215～241.

Kudo G，Suzuki S. 2003. Warming effects on growth，production，and vegetation structure of alpine shrubs: a five-year experiment in northern Japan. Oecologia，135（2）：280～287.

Lecoeur J，Wery J，Ture O，et al. 1995. Expansion of pea leaves subjected to short water-deficit: cell number and cell-size are sensitive to stress at different periods of leaf development. Journal of Experimental Botany，46（9）：1093～1101.

Li H J，Yan J X，Yue X F，et al. 2008. Significance of soil temperature and moisture for soil respiration in a Chinese mountain area. Agricultural and Forest Meteorology，148（3）：490～503.

Liu L D，Jie D M，Liu H Y，et al. 2013. Response of phytoliths in Phragmites communis to humidity in NE China. Quaternary International，304：193～199.

Luo Y，Wan S，Hui D，et al. 2001. Acclimatization of soil respiration to warming in tallgrass prairie. Nature，413：622~625.

Luomala E M，Laitinen K，Sutinen S，et al. 2005. Stomatal density，anatomy and nutrient concentrations of Scots pine needles are affected by elevated CO_2 and temperature. Plant Cell and Environment，28（6）：733~749.

Luxmoore R J，Hanson P J，Beauchamp J J，et al. 1998. Passive nighttime warming facility for forest ecosystems research. Tree Physiology，18（8-9）：615~623.

Moncrieff J B，Fang C. 2001. The dependence of soil CO_2 efflux on temperature. Soil Biology and Biochemistry，33（2）：155~165.

Myneni R B，Keeling C D，Tucker C J，et al. 1997. Increased plant growth in the northern high latitudes from 1981 to 1991. Nature，386：698~701.

Nijs I，Kockelbergh F，Teughels H，et al. 1996. Free Air Temperature Increase（FATI）：a new tool to study global warming effects on plants in the field. Plant Cell and Environment，19（4）：495~502.

Norby R J，Edwards N T，Riggs J S. 1997. Temperature-controlled open-top chambers for global change research. Global Change Biology，3（3）：259~267.

Oechel W C，Vourlitis G L，Hastings S J. 1998. The effects of water table manipulation and elevated temperature on the net CO_2 flux of wet sedge tundra ecosystems. Global Change Biology，4（1）：77~90.

Peng S S，Piao S L，Wang T，et al. 2009. Temperature sensitivity of soil respiration in different ecosystems in China. Soil Biology and Biochemistry，41（5）：1008~1014.

Peterjohn W T，Melillo J M，Bowles F P，et al. 1993. Soil warming and trace gas fluxes：experimental design and preliminary flux results. Oecologia，93（1）：18~24.

Reddy K R，Robana R R，Hodges H F，et al. 1998. Interactions of CO_2 enrichment and temperature on cotton growth and leaf characteristics. Environmental and Experimental Botany，39：117~129.

Regory S，Steven F O，Ericw P. 2000. Effects of lengthened growth season and soil warming on phonology and physiology of Polygonum bistorta. Global Chang Biology，6（3）：357~364.

Richardson S J，Hartley S E，Press M C. 2000. Climate warming experiments，are tens a potential barrier to interpretation? Ecological Entomology，25（3）：367~370.

Rustad L E，Campbell J L，Marion G M，et al. 2001. A meta-analysis of the response of soil respiration，net nitrogen mineralization，and aboveground plant growth to experimental ecosystem warming. Ecological，126（4）：543~562.

Saavedra F，Inouye D W，Price M V，et al. 2003. Changes in flowering and abundance of *Delphinium nuttallianum*（Ranunculaceae）in response to a subalpine climate warming experiment. Global Change Biology，9（6）：885~894.

Sandvik S M，Heegaard E，Elven R，et al. 2004. Responses of alpine snow bed vegetation to long term experimental warming. Ecoscience，11（2）：150~159.

Schwarz M D，Reiter B E. 2000. Changes in North American spring. International Journal of Climatology，20（8）：929~932.

Shaver G R，Canadell J，Chapin III F S，et al. 2000. Global warming and terrestrial ecosystems：a conceptual frame work for analysis. Bio-Science，50（10）：871~882.

Shaw M R，Zavaleta E S，Chiariello N R，et al. 2002. Grassland responses to global environmental changes suppressed by elevated CO_2. Science，298（5600）：1987~1990.

Shen K P，Hart J. 2000. Ecosystem climate manipulations. In：Sala O E，Jacks on R B，Mooney H A，Howarth R W（eds）. Methods in Ecosystem Science. New York：Springer Verlag Press.

Sheu B H，Lin C K. 1999. Photosynthetic response of seedlings of the sub-tropical tree Schima superba with exposure to elevated carbon dioxide and temperature. Environmental and Experimental Botany，41（1）：57~65.

Stenstrom M，Gugerli F，Henry G H R. 1997. Response of Saifraga oppositifolia L. to simulated climat echange at three contrasting latitudes. Global Change Biology，3（S1）：44~54.

Van C K，Dyrness C T，Viereck L A，et al. 1983. Tiaga ecosystems in interior Alaska. Bio-Science，33（1）：39~44.

Walker M D，Wahren C H，Hollister R D，et al. 2006. Plant community response to experimental warming across the tundra biome.

Proceedings of the National Academy of Scienses，103：1342~1346.

Wan S，Luo Y，Wallace L L. 2002. Changes in microclimate induced by experimental warming and clipping in tall grass prairie. Global Change Biology，8（8）：754~768.

Welker J M，Molau U，Parsons A N，et al. 1997. Responses of dryas octopetala to ITEX environmental manipulations：a synthesis with circumpolar comparisons. Global Change Biology，3（S1）：61~73.

Woodward F I. 1987. Stomatal numbers are sensitive to increase in CO_2 from preindustrial levels. Nature，327：617~618.

Xu C Y，Salih A，Ghannoum O，et al. 2012. Leaf structural characteristics are less important than leaf chemical properties in determining the response of leaf mass per area and photosynthesis of *Eucalyptus asligna* to industrial-age changes in CO_2 and temperature. Journal of Experimental Botany，63（16）：5829~5841.

Yin H J，Liu Q，Lai T. 2008. Warming effects on growth and physiology in the seedlings of the two conifers Picea asperata and Abies faxoniana under two contrasting light conditions. Ecological Research，23（2）：459~469.

Zeiher C A，Brown P W，Silvertooth J C. 1994. The effect of night temperature on cotton reproductive development. College of Agriculture，University of Arizona.

Zhao R X，Zhang Q B，Wu X Y，et al. 2001. The effects of drought on epidermal cells and stomatal density of wheat leaves. Inner Mongolia Agricultural Science and Technology，（6）：6~7.

Zheng Y P，Xu M，Shen R C，et al. 2013. Effects of artificial warming on the structural，physiological，and biochemical changes of maize（Zea mays L.）leaves in northern China. Acta Physiologiae Plantarum，35（10）：2891~2904.

Zhou L M，Tucker C J，Kaufmann R K，et al. 2001. Variations in northern vegetation activity inferred from satellite data of vegetation index during 1981 to 1999. Journal of Geophysical Research，106（D17）：20069~20083.

第五章　芦苇植硅体对时空分异的响应

植硅体是高等植物的根系在吸收地下水时，同时吸取一定量的可溶性二氧化硅，经植物的输导组织输送到茎、叶、花等处时在植物细胞间和细胞内沉淀下来的固体非晶质二氧化硅颗粒（又称蛋白石）。但是对于单硅酸在植物发育过程中通过什么途径逐渐形成植硅体，目前仅是大致了解，详细过程并不十分清楚。有研究表明植物对硅的吸收主要依赖于植物的蒸腾作用，植物上部的蒸腾作用要强于中部和下部，从而积累更多的硅（Song et al.，2012）。另有研究表明在植物的生长过程中，受蒸腾作用控制，硅主要以植硅体的形式富集在竹子等植物的叶片中（Song et al.，2013）。Lanning 和 Eleuterius（1987）通过对美国东部禾本科植物植硅体的研究也发现，有两种不同的植硅体形成方式在禾本科植物叶片中发生，同时进一步推测植硅体可能是植物吸收的硅在细胞及细胞间隙内通过积累硅化而形成的。同时由于现代植物植硅体形态和大小等特征受控于植物细胞及细胞间隙的形态和大小，而细胞及细胞间隙的发育是由植物生理机制及周围环境决定的，因此，推测植物植硅体的形成受到植物蒸腾作用和光合作用等植物生理活动的控制。

近年来，作为一门快速发展的学科，植硅体在不同领域的应用是以大量、系统的现代植物植硅体的形态及其环境意义的研究为基础的（介冬梅等，2011）。关于现代植物植硅体的形态学的研究涉及包括木本植物和草本植物的很多植物种类，其中对于禾本科的研究较为系统。现有的认识包括禾本科不同亚科植物的特征植硅体形态不同，不同部位和不同生长期植硅体的形态和含量也不同（王永吉和吕厚远，1992）。Motomura 等（2002）认为植物植硅体的含量在植物生长的初期较低，随植物生长含量有逐渐增加的趋势。但目前该类研究所涉及的植物种类很少，研究区域也比较局限，关于不同植硅体类型在不同生长期如何变化的研究更是少之又少。基于此，本章从植物生理学的角度，对东北地区不同温度条件下广域植物——芦苇的不同植硅体类型在不同生长期的变化规律进行了相关研究，探讨芦苇植硅体的时空分异规律。

第一节　植物光合作用的季节变化对植硅体形成的影响

由于植物生长的外部环境状况无时无刻不在变化，因此与环境关系密切的植物光合作用也随环境信息的变化而变化，导致植物光合作用具有一定的日变化和季节变化规律。而植物一日内环境信息的日变化与植物一年内环境信息的季节变化之间有异曲同工之处，因此对于植物光合作用的日变化也进行了相关论述，作为植物光合作用季节变化的补充，以更好地理解植物光合作用对植物植硅体形成的影响。

一、植物光合作用的基本定义

光合作用（photosynthesis）是绿色植物利用叶绿素等光合色素和某些细菌（如带紫膜的嗜盐古菌）利用其细胞本身，在可见光的照射下，将 CO_2 和水（细菌为硫化氢和水）转化为储存能量的有机物，并释放出 O_2（细菌释放氢气）的生化过程。同时也有将光能转变为有机物中化学能的能量转化过程。植物之所以被称为食物链的生产者，是因为它们能够通过光合作用利用无机物生产有机物并且储存能量。通过食用，食物链的消费者可以吸收到植物及细菌所储存的能量，效率为 10%～20%。光合作用对整个生物界产生巨大作用：一是把无机物转变成有机物。每年约合成 $5.00×10^{11}$t 有机物，可直接或间接作为人类或动物界的食物，据估计地球上的自养植物一年中通过光合作用约同化 $2.00×10^{11}$t 碳素，其中 40%是由浮游植物同化的，余下的 60%是由陆生植物同化的。二是将光能转变成化学能，绿色植物在同化二氧化碳的过程中，把太阳光能转变为化学能，并蓄积在形成的有机化合物中。三是维持大气 O_2 和 CO_2 的相对平衡。在地球上，由于生物呼吸和燃烧，每年约消耗 $3.15×10^{11}$t O_2，以这样的速度计算，大气层中所含的 O_2 将在 3000a 左右耗尽。然而，绿色植物在吸收 CO_2 的同时每年也释放出 $5.35×10^{11}$t O_2，所以大气中 O_2 含量仍然维持在 21%。由此可见，光合作用是地球上规模最大的把太阳能转变为可储存的化学能的过程，也是规模最大的将无机物合成有机物和释放氧气的过程，对于生物界的几乎所有生物来说，这个过程是它们赖以生存的关键。而地球上的碳氧循环，光合作用也是必不可少的。因此光合作用是生物界最基本的物质代谢和能量代谢，是生物界赖以生存的基础，也是地球碳氧循环的重要媒介。

二、植物光合作用的日变化

外界的光强、温度、水分等每天都在不断变化着，因此，光合作用也呈现明显的日变化。在晴天条件下，植物的光合速率日变化有一定的规律，一般分为单峰型、双峰型及三峰型（王红霞等，2003）。在温暖、晴朗、水分供应充足的天气，光合速率变化随光强而变化，呈单峰曲线，日出后光合速率逐渐提高，中午前后达到高峰，以后降低，日落后净光合速率出现负值。光强相同的情况下，一般下午的光合速率低于上午的，这是由于经上午光合作用后，叶片中的光合产物有所积累，发生反馈抑制的缘故。如果气温过高，光照强烈，光合速率日变化呈双峰曲线，大的峰出现在上午，小的峰出现在下午，中午前后光合速率下降，呈现光合"午休"现象（midday depression）。这种光合速率中午下降的程度随土壤含水量的降低而加剧。引起光合"午休"的原因主要是大气干旱和土壤干旱。在干热的中午，叶片蒸腾失水加剧，如果此时土壤水分亏缺，植物的失水大于吸水，引起气孔导度降低甚至叶片萎蔫，使叶片对 CO_2 吸收减少。午间高温、强光、CO_2 浓度降低也会产生光抑制，光呼吸增强，这些都会导致光合速率下降。还有人提出，光合"午休"现象与气孔运动内生节奏有关。例如，王继和等（2000）对苹果的光合生理研究表现出"单峰型曲线"。林金科（1999）对铁观音茶树光合日变化的研究发现，茶树叶片光合日变化在春、秋两季晴天时均呈双峰曲线型，有明显的"午休"现象，"午休"现象出现在 12：00 左右，两个峰值分别出现在上午 10：00 和下午 14：00；秋季多云天气条件下，"午休"现象不明显；阴雨天气时，呈单峰型，且光合值较低；茶树叶片光合作用的日变化随着叶片的衰老越来越小。李萍萍等（2005）对镇江北固山湿地优势植物——芦苇光合作用的日变化趋势的研究发现，晴天条件下芦苇净光合速率的日变化表现为随着时间的推移，光合速率值逐渐下降，到中午 11：00 左右降至最低，为 CO_2 20.28μmol/(m²·s)，出现光合"午休"现象。付为国等（2006）在晴朗的天气，对芦苇成熟叶片光合作用的日变化进行了田间测定，发现芦苇净光合速率日变化呈双峰曲线，主峰出现在上午 10：00，次峰出现在下午 15：00，光合"午休"现象明显，且气孔限制是产生"午休"现象的主要原因。因此，整体看来，植物光合作用的日变化呈现规律性的变化趋势，一般呈双峰型的变化趋势，光合"午休"现象明显。

三、植物光合作用的季节变化

在自然条件下，植物的光合作用表现出明显的季节变化。通常情况，植物在夏季和秋季时，植物的光合作用较强，春季和冬季时，植物的光合作用较弱，而且夏季植物的光合速率最高，冬季的光合速率最低。陈效述等（2008）利用 2005 年和 2006 年 5～9 月对内蒙古呼伦贝尔草原鄂温克旗牧业气象试验站所在地羊草光合速率的系统观测数据，分析了羊草光合速率的季节变化和年际差异，结果表明：在整个生长季，羊草光合速率的变化大致呈三峰二谷的形式，峰值分别出现在返青期之后、夏季降水高峰期和秋季降水回升期。吕建林等（1998）对甘蔗净光合速率日变化的变化趋势的研究表明，甘蔗在生育初期净光合速率较低，随着生长发育，其净光合速率逐渐增大，到生育后期净光合速率则下降，叶片叶绿素的季节变化与净光合速率的变化是一致的。张贺（2011）对芸香（*Ruta Graveolens Linn*）植株的光合速率随季节变化的趋势进行研究，结果表明：随着季节的变化，芸香植株的光合速率呈现单峰曲线。在春季和夏季芸香叶片的光合速率是随着环境中温度、光强的上升而增加的，而秋季光合速率却与温度、光强的变化不一致，光合速率降低的时期与温度、光强最高的时期不一致，此时温度、光强都开始下降，这说明夏季的高温和强光辐射对芸香叶片的光合作用是不利的。9 月光合速率最高，表明此期间的环境温度和光辐射对芸香是最适宜的。而到 11 月秋末冬初时，光合速率大幅度的下降，11 月下旬甚至出现负值，说明芸香叶片此时已没有光合能力或呼吸作用已大于光合作用。易现峰等（2000）对海北高寒草甸矮嵩草种群生长季光合作用及群落生长参数的测定表明，矮嵩草种群最大光合速率的季节变化为 6 月＞7 月＞8 月＞9 月。6 月矮嵩草种群处于返青期，此时植物保持着最高的光合能力；7 月、8 月植物进入稳定生长阶段，光合速率较高。光饱和点在整个生长季内变化不大，而光补偿点在 8 月、9 月明显上升。8 月、9 月植物进入衰老枯黄阶段，光合作用能力下降，呼吸速率提高，因而光补偿点有所提高。总的来看，植物光合作用的季节变化趋势明显，在植物生长早期净光合速率逐渐增大，9 月光合速率最高，到生育后期净光合速率则呈下降趋势。

由于植物的生长季节大致与其光合期重叠，所以，生长季节的长度在一定程度上决定着植被固定 CO_2 的能力和初级生产量（Keeling et al.，1996）。肖玮等（1995）对星星草（*Herba Eragrostidis Pilosae*）地上生物量的季节动态的研究发现，天然星星草、二年生的星星草、三年生星星草与六年生星星草地上生物量有着相似的变化规律，即返青后初期生长比较缓慢，大致在分蘖期开始迅速生长，并一直持续到开花期。开花期以后又有所降低，整个生育期呈现出单峰曲线。开花期后至完熟期地上生物量的降低是由于星星草地上部分产物向根系积累造成的。星星草是多年生植物，在生长末期向根系积累有机物质可为下一年的返青生长打下良好基础。除多等（2013）采用高寒草甸、高寒草原、高寒沼泽化草甸和温性草原四种西藏高原典型草地类型地上生物量定点观测数据，分析其地上生物量季节动态变化特征和生长规律。结果表明，四种西藏高原典型草地类型地上生物量的季节变化趋势大体相似，其月均地上生物量变化特点均表现为 3 月最低，随着气温的上升开始返青，4 月有活体但所占的比例仍较小。此后，随着气温的进一步上升，植被光合作用增强，草地生物量累积迅速，主要体现在活体占总生物量的比例逐渐增大，8 月地上生物量达到年内最大值。10 月随着气温的下降和雨季的结束，草地植物群落叶片开始枯黄，光合作用减弱，植物体逐渐衰老，枯落量增加，营养物质不断流失并向地下根系转移，导致地上生物量下降趋势显著。易现峰等（2000）认为海北高寒草甸矮嵩草种群群落的地上净生物量在 6～8 月中旬一直呈现上升趋势，在植物进入枯黄期时才出现下降。8 月下旬至 9 月初，植物已近成熟，气温降低，降水减少，土壤表层冻融交替出现。因受低温、少降水的影响，植物光合能力降低，物质分解速率增强，植物开始枯黄衰老，地上净生物量不再积累，相对稳定一段时期后缓慢下降。因此整体看来，植物生物量与植物光合作用的季节变化之间具有一定的对应关系，其均在植物生长初期开始增长，到 8 月底或 9 月初达到最大值，而后开始下降。

四、植物光合作用的季节变化对植物硅吸收的影响

植物体中，硅存在的主要形态是不溶性的水化无定形二氧化硅，其次是硅酸和胶状硅酸。水化无定形二氧化硅也称为硅胶或多聚硅酸，或称为具有明显三维结构的植物蛋白石（Paryr and Smithon，1964）。不同的植物植硅体形状明显不同。木质部汁液中的硅主要是单硅酸（Takahashi et al.，1990）。植物不同部位硅的形态也有差异，根中离子态硅比重较高，水稻可达 3%～8%，而叶片中难溶性硅胶可高达 99% 以上（高井康雄，1988）。不同植物种间的硅含量差异很大，硅含量可以占到植株地上部干重的 0.10%～10.00%（Epsteine，1994）。这种差异主要是由于不同植物根系对硅吸收能力的差异引起的。同时也有研究表明同种植物在其不同生长期的硅含量也有所不同。黄德华等（1993）于 1979 年 6～11 月，在内蒙古锡林郭勒盟白音锡勒牧场西部地区克氏针茅（*Stipa Krylovii Roshev*）草原的同一地段上，每隔一个月左右，分 5 次采集羊草的叶片，测定其硅含量。分析克氏针茅草原中硅含量的季节变化，可以看出羊草含硅量在 6～11 月呈递增趋势。陈晖等（2009）对崇明东滩海三棱藨草（*Scirpus mariqueter*）

体内生物硅（BSi）含量的季节变化的研究发现，海三棱藨草整个生长季各器官生物硅含量变化明显分为积累期和稳定期。4～7月各器官中生物硅含量逐月增加，呈线形积累模式，7月后保持基本稳定。Jones 等（1963）认为，燕麦等植物吸收硅是一种随蒸腾流进入的被动吸收过程。Handewckn 和 Jones（1968）将绛三叶草（*Trifolium Incarnatum* L.）去尖后测定木质部汁液中的 SiO_2，也证明植物体内硅的累积是通过植株对蒸腾流内单硅酸的被动吸收来实现的。因此植物内硅含量的吸收与植物蒸腾作用的关系密切，而植物对硅吸收的能量来源则取决于植物的光合作用，可能导致植物内硅含量的季节变化同植物光合作用的季节变化之间具有一定的对应关系。因此推测植物植硅体的季节变化与植物光合作用的季节变化之间具有较为密切的联系。

第二节 植物蒸腾作用的季节变化对植硅体形成的影响

蒸腾作用（transpiration）是水分从活的植物体表面（主要是叶子）以水蒸气状态散失到大气中的过程，其与物理学中的蒸发过程不同，蒸腾作用不仅受外界环境条件的影响，而且还受植物本身的调节和控制，因此它是一种复杂的生理过程。

一、植物蒸腾作用的定义

蒸腾作用是指植物体内的水以气体的形式通过气孔散失到大气中的过程。土壤中的水分通过植物枝干运送到叶片中，其中约95%的水分通过蒸腾作用散失到大气中，仅有极少部分用于各种代谢活动。因此，植物的蒸腾作用对植物生命活动的进行具有至关重要的意义。其中植物蒸腾作用的意义主要有以下三点：①蒸腾作用是植物对水分的吸收和运输的一个主要动力，特别是高大的植物，假如没有蒸腾作用，由蒸腾拉力引起的吸水过程便不能产生，植株较高部分也无法获得水分；②由于矿质盐类要溶于水中才能被植物吸收和在体内运转，既然蒸腾作用是对水分吸收和流动的动力，那么，矿物质也随水分的吸收和流动而被吸入和分布到植物体各部分中去；③蒸腾作用能够降低叶片的温度。太阳光照射到叶片上时，大部分能量转变为热能，如果叶子没有降温的本领，叶温过高，叶片会被灼伤。而在蒸腾过程中，水变为水蒸气时需要吸收热能（1.00g 水变成水蒸气所需要的能量，在 20℃时是 2444.90J，30℃时是 2430.20J），因此，蒸腾作用能够降低叶片的温度。

二、植物蒸腾作用的日变化

由于外界环境因子的变化，植物蒸腾指标产生自适应性的调整，因而，外界环境因子的变化使蒸腾作用呈现出复杂的日变化规律。植物蒸腾速率的日变化曲线多为单峰型或双峰型。其中一些学者对植物蒸腾速率日变化的研究发现，其日变化呈单峰型。例如，董智等（2009）在自然条件下，利用 CIRAS-Ⅱ型便携式光合仪对分枝期的阿尔冈金、WL323 高品质、WL414、大富豪 4 个紫花苜蓿品种（3 龄 1 茬）的叶片蒸腾速率日变化进行测定，分析了 4 个紫花苜蓿品种的蒸腾速率的日变化规律。结果表明，随 1 天内外界主要生态因子的变化，4 个紫花苜蓿品种的蒸腾速率值均呈单峰曲线，其最大值都出现在下午 14：00，最小值均出现于 18：00。茫来等（2010）在盆栽条件下，对一年龄黄花苜蓿（*Medicago falcata* L.）叶片蒸腾特征的日变化进行测定，分析了黄花苜蓿蒸腾特性日变化趋势，结果表明黄花苜蓿的蒸腾速率日变化均呈单峰曲线，12：00 左右达到峰值，并且没有光合"午休"现象。

另有一部分学者对植物蒸腾速率日变化的研究发现植物蒸腾速率的日变化呈双峰型曲线。例如，陈兆波等（2007）对开花期香紫苏功能叶片的蒸腾作用日变化规律及其与环境因子之间的相互作用进行了研究。结果表明：处于花期的香紫苏蒸腾速率的日变化总体趋势是先升高后降低；不同花期净光合速率的日变化之间则存在明显的差别，香紫苏盛花期和终花期的蒸腾速率变化曲线有着极为相似的双峰型，但初花期叶片蒸腾速率没有明显的峰值出现，在 14：00 之前一直处于上升的趋势，而在 15：00 之后则迅速下降。宫璇等（2011）以结果盛期的黄矮椰子、香水椰子、本地高种椰子、文椰 78F 等 14 个椰子品种为研究对象，对椰子叶片蒸腾作用的日变化规律及其与温度、湿度和 CO_2 浓度等环境因子之间的相互作用进行研究。结果表明，不同椰子品种的蒸腾速率日进程表现为明显的双峰型日变化。07：00～11：00 椰子叶片蒸腾速率迅速上升，在 09：00 时本地高种椰子出现第一个峰[1.78mmol/($m^2 \cdot s$)]，11：00 时黄矮椰子、香水椰子和文椰 78F1 品种分别出现第一个高峰[分别为 1.52mmol/($m^2 \cdot s$)、1.90mmol/($m^2 \cdot s$)、1.81mmol/($m^2 \cdot s$)]；随后在 13：00 时下降，15：00 时不同椰子品种蒸腾速率略有上升，出现第二次高峰，黄矮椰子、本地高种椰子、香水椰子和文椰 78F1 的蒸腾速率分别为 1.30mmol/($m^2 \cdot s$)、1.55mmol/($m^2 \cdot s$)、1.20mmol/($m^2 \cdot s$)、1.43mmol/($m^2 \cdot s$)，17：00 时蒸腾速率呈下降的趋势。白琰等（2006）以野生红砂（*Reaumuria soongorica*）为研究对象，在 2004 年 5～7 月早 7：00 到晚 20：00（晴天）测定其蒸腾速率，结果表明，红砂的蒸腾速率日变化曲线也呈双峰型，但"午休"现象不明显。赵鸿等（2007）对黄土高原半干旱雨养农业区田间春小麦叶片光合生理生态特征及其对环境因子的响应进行了分析，结果表明：天气晴朗时，蒸腾速率日变化呈不明显的双峰型。早晨，随着太阳有效辐射的增加，蒸腾速率逐渐增大，于 12：00 左右达到最高后迅速减少，之后又缓慢增加，达到次高峰后又随着太阳辐射减弱而逐渐减小。

但也有学者发现植物蒸腾速率的日变化呈多峰型曲线。刘海东等（2006）研究晴天条件下 4 种草坪草在不同供水处理下蒸腾速率的日变化特点，结果表明草地早熟禾（*Poapratensis*）和日本结缕草（*Zoysia japonic*）的净光合速率日变化曲线为双峰型，而高羊茅（*Festuca arundinacea*）和匍匐翦股颖（*Agrostis stolonifera*）为三峰型。豆胜等（2008）对 4 种常见双子叶植物的蒸腾速率日变化、蒸腾速率与气温以及叶温日变化的关系进行了研究，结果表明海棠的蒸腾速率日变化为单峰型曲线，夹竹桃的蒸腾速率日变化为双峰型曲线，月季和海桐花的蒸腾速率日变化均为无峰型曲线，一天当中始终处于下降的趋势。

三、植物蒸腾作用的季节变化

蒸腾是植物水分支出的重要指标，植物的蒸腾耗水是造林设计、幼林抚育与水分平衡研究的重要参数，蒸腾速率是测算蒸腾耗水的主要依据。在一年之中植物蒸腾因时间、季节而异，同时也因植物的种类、林龄、生长速度等而有所不同。关于植物蒸腾的研究有不少报道，大部分学者认为植物蒸腾速率的季节变化呈单峰曲线。阎秀峰等（1996）对松嫩碱化草地上人工种植一年生至三年生的星星草和自然生长的天然星星草的光合蒸腾特性的季节变化进行了测定。星星草的蒸腾速率则随生育期进程逐渐减小，但单位面积草地上星星草群体蒸腾速率的季节变化为单峰曲线，一年生、二年生和三年生星星草的最大值在开花期，而天然星星草则在抽穗期。鲍玉海等（2005）在测定 4 个水土保持灌木树种不同时期蒸腾速率及其影响因子的基础上，对不同树种蒸腾速率的时空变异特征进行了研究，研究结果表明 4 种灌木蒸腾速率的季节变化趋势基本相同，均在 5 月呈降低趋势，从 6 月初又逐渐回升，在 7 月中旬达到最大值后回落。韩兴华（2007）利用开放式气体交换 Li-6400 便携式光合作用测定系统和小型自动气象站对内蒙古农业大学（东区）校园内的 4 种针叶树（云杉、油松、圆柏、杜松）光合、蒸腾特性进行了研究。结果表明：4 种针叶树光合、蒸腾速率季节变化均为 7 月＞9 月＞4 月，由于 4 月主要环境因子温度、太阳辐射等均较低，进而导致其光合速率和蒸腾速率也低；7 月的光照强度、大气温度都高，促进光合、蒸腾作用。9 月由于主要环境因子温度、太阳辐射等降低和叶子的衰老，蒸腾速率逐渐下降。张贺（2011）研究了芸香（*Ruta Graveolens Linn*）蒸腾特性的季节性变化，其结果表明芸香植株的蒸腾速率呈现单峰曲线。6～7 月，天气逐渐变暖、气温升高、光强增加，植物体的代谢活动变强，蒸腾速率越来越旺盛。到盛夏 8 月蒸腾速率达到一年中的最高点。蒸腾速率随着温度的升高明显加快。10 月进入秋季以后，气温逐渐下降，蒸腾速率逐渐下降。到 11 月秋末初冬，气温继续下降，植物生命活动减弱，其蒸腾强度、气孔导度等都降到一年中的最低点。格日乐等（2006）采用快速称重法对库布齐沙漠人工柠条、沙枣和不同林龄的人工梭梭以及天然植物油蒿蒸腾速率日进程的季节变化进行了测定，发现不同植物种其蒸腾速率特征因季节变化存在明显差异：该 4 种植物的蒸腾速率从 6 月开始（油蒿、沙枣），逐渐升高，到 8 月达到最高，9 月次之。这种现象不仅与环境条件有关，也与其本身的物候期有关。6 月为植物生长初期，功能叶尚未发育完全；9 月则进入植物生长末期，叶片开始枯黄，因此相应的蒸腾速率较低。而 7 月、8 月属于雨季，植物生长旺盛，高温和强光也促进了植物蒸腾作用的进行。这可能是植物长期适应环境形成的一种适应性。张国盛等（1998）采用快速称重法对毛乌素沙地的臭柏、樟子松、油蒿、沙柳蒸腾作用日进程的季节变化进行了测定，表明不同植物种的蒸腾速率特征因季节变化存在明显差异。四种植物蒸腾速率的季节变化除臭柏外都呈现出 7 月、8 月高，9 月低的趋势，而臭柏则表现为 7 月、9 月低，8 月高的特征。

四、植物蒸腾作用的季节变化对植物硅沉积的影响

硅是以硅酸（H_4SiO_4）的形式在植物体内运输的，从根到茎的长距离运输主要是通过木质部，随蒸腾流而上升，一部分沉积于木质部导管的细胞壁，大部沉积于蒸腾流的终端——叶片上下表皮细胞的外壁上。硅被水稻吸收后，在导管中以硅酸态液流输送至各个组织，并向组织细胞壁外侧流动，然后经脱水成二氧化硅胶，即俗称的蛋白石（植

硅体）沉积下来。吉田也指出硅酸是通过根系吸收不断提供，硅则是在通气部位尤其是在表皮细胞积累，水分由蒸腾而损失（唐旭，2005）。在植物细胞内硅主要沉积在细胞腔、细胞壁、细胞间隙或细胞外层结构中（Marschenr，1995）。研究表明，硅能在植物叶片、茎秆、根系的表皮组织内沉积，形成硅化细胞和角质——硅双层结构，使组织硅质化，进而形成机械障碍从而延缓和抵御病菌的侵入（Seebold et al.，2001）。对水稻中硅分布的研究表明，叶片中硅积累在表皮细胞形成"角质-硅双层"。一层在表皮细胞壁与角质层之间，另一层在表皮细胞壁内与纤维素相结合（饶立华等，1986）。在谷壳中硅主要分布于角质层与表皮细胞间的空隙及维管束中；叶鞘中的分布则以表皮细胞和薄壁组织的细胞壁为主；茎中主要分布于表皮细胞、厚壁组织、维管束及薄壁组织中的细胞壁上，而硅在根中分布均匀（梁永超等，1993）。由此可看出，植物植硅体是指单硅酸通过蒸腾流以液态硅酸的形式转运到植株地上部分，然后单硅酸脱水聚合为无定形二氧化硅（$SiO_2 \cdot H_2O$），并沉积在植物各种组织内。因此硅在植物体内沉积为植硅体主要是通过蒸腾作用而完成，植物体内植硅体的季节变化与植物蒸腾作用的季节变化之间可能存在某种对应关系。

第三节 芦苇植硅体数量对时空分异的响应

2011～2013 年共处理芦苇 3400 株，观察到 102 745 粒植硅体，鉴定主要植硅体类型 6 种。参考王永吉与吕厚远对植硅体的分类与命名建议，对实验中所观测到的植硅体类型进行命名，发现实验中所观测到的芦苇植硅体类型有鞍型、帽型、扇型（含方型）、棒型、尖型及硅化气孔（图 5-1）。前人研究认为，芦苇中主要植硅体类型有鞍型、

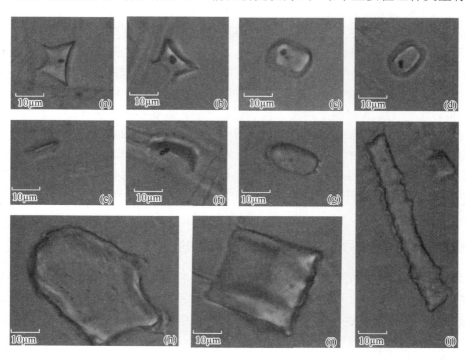

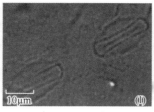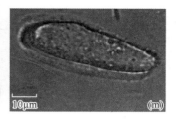

图 5-1　东北地区芦苇主要植硅体类型

（a）～（d）鞍型；（e）和（f）帽型；（g）和（m）尖型；（h）和（i）扇型；（j）棒型；（f）～（l）硅化气孔

梯型、扇型（包括方型）、尖型、棒型、毛发型。本节所做实验获取了 2011～2013 年芦苇各类型植硅体的年均百分含量，为 4.00%～80.00%。该实验结果除缺少毛发型植硅体外，其他植硅体类型比例与前人研究结果差别不大。总体来看实验所获得的芦苇植硅体中，鞍型植硅体的含量最高，一般达 60.00% 以上，应是芦苇植硅体的优势类型（表 5-1～表 5-3）。

表 5-1　2011 年芦苇主要植硅体类型百分含量的变化 （单位：%）

样点	鞍型	帽型	尖型	扇型	棒型
丹东	78.95	7.66	0.89	7.17	5.33
盘锦	79.20	9.04	3.71	2.75	5.30
龙湾	87.33	6.00	1.02	4.18	1.47
通辽	88.31	7.80	0.53	0.98	2.38
长春	83.90	5.60	2.19	5.60	2.71
牡丹江	84.58	4.24	1.19	8.07	1.92
长岭	85.06	6.58	3.71	2.60	2.05
哈尔滨	53.22	3.20	18.02	17.29	8.27
大庆	76.28	8.02	3.63	9.01	3.06
同江	81.81	8.34	2.98	4.28	1.58
北安	57.80	3.22	13.80	21.34	3.84
讷河	78.37	5.52	4.85	9.19	2.07

表 5-2　2012 年芦苇主要植硅体类型百分含量的变化 （单位：%）

样点	鞍型	帽型	尖型	扇型	棒型
丹东	78.56	6.29	4.68	6.37	4.09
盘锦	53.11	20.01	11.11	5.74	10.04
龙湾	73.97	8.07	11.07	4.55	2.33
通辽	68.68	10.16	12.21	3.19	5.77
长春	56.92	6.29	25.19	7.00	4.59
牡丹江	65.63	10.58	16.51	5.32	1.97

续表

样点	鞍型	帽型	尖型	扇型	棒型
长岭	70.12	7.59	13.51	5.97	2.81
哈尔滨	45.50	29.74	8.56	8.69	7.52
大庆	51.58	13.12	24.28	4.15	6.87
同江	65.47	13.65	14.69	4.52	1.67
北安	55.19	9.54	26.64	4.70	3.94
讷河	—	—	—	—	—

注："—"代表数据缺失

表 5-3　2013 年芦苇主要植硅体类型百分含量的变化　　（单位：%）

样点	鞍型	帽型	尖型	扇型	棒型
丹东	78.76	6.98	2.79	6.77	4.71
盘锦	66.16	14.53	7.41	4.25	7.67
龙湾	80.65	7.04	6.05	4.37	1.90
通辽	78.50	8.98	6.37	2.09	4.08
长春	70.41	5.95	13.69	6.30	3.65
牡丹江	75.11	7.41	8.85	6.70	1.95
长岭	77.59	7.09	8.61	4.29	2.43
哈尔滨	49.36	16.47	13.29	12.99	7.90
大庆	63.93	10.57	13.96	6.58	4.97
同江	73.64	11.00	8.84	4.40	1.63
北安	56.50	6.38	20.22	13.02	3.89
讷河	—	—	—	—	—

注："—"代表数据缺失

　　考虑到东北地区从南到北，随温度变化，主要为暖温带和温带；从东到西，随湿度变化，为湿润区、半湿润区和半干旱区，对芦苇植硅体数量的时空分异规律主要是从以下两方面进行分析：一方面是按从南到北的四条纬向方向的剖面线即温 1 区（位于暖温带，包括丹东—盘锦—通辽）、温 2 区（位于温带，包括龙湾—长春—长岭）、温 3 区（位于温带，包括牡丹江—哈尔滨—大庆）、温 4 区（位于温带，包括同江—北安—讷河）对芦苇植硅体浓度、鞍型植硅体浓度、扇型植硅体浓度、尖型植硅体浓度及硅化气孔浓度随温度的变化趋势进行分析；另一方面是按照从东到西的三条经向方向的剖面线即东部湿润区（丹东—龙湾—牡丹江—同江）、中部半湿润区（盘锦—长春—哈尔滨—北安）、西部半干旱区（通辽—长岭—大庆—讷河），对不同湿度条件下芦苇植硅体浓度、鞍型植硅体浓度、扇型植硅体浓度、尖型植硅体浓度及硅化气孔浓度随温度的变化规律进行分析。

一、芦苇植硅体数量（总）对时空分异的响应

由 2011～2013 年的 6～10 月芦苇植硅体浓度变化趋势（表 5-4～表 5-6）可知，东北地区 12 个样点间芦苇植硅体浓度呈现波状变化。从图 5-2（图中芦苇植硅体浓度为每条剖面线上 3 个样点芦苇植硅体浓度的均值，月均最高及最低气温为该 3 个样点月均最高及最低气温的均值）可得知，从温 1 区到温 4 区，温度是逐渐降低的。从温 3 区到温 1 区，随温度升高芦苇植硅体浓度呈增多趋势，温 4 区可能因温度较低，芦苇植株产生抗逆性而使植硅体增多，浓度增大，但其仍然比温 1 区芦苇植硅体浓度偏少。总体看来，芦苇植硅体浓度从温带到暖温带随温度升高而呈增多趋势。

表 5-4 2011 年 6～10 月芦苇植硅体浓度的变化　　　　　　（单位：10^4 粒/g）

样点	6 月	7 月	8 月	9 月	10 月	均值
丹东	263.86	331.64	742.43	392.32	769.44	499.91
盘锦	129.00	345.41	266.72	294.81	105.03	228.26
龙湾	—	449.47	466.68	311.94	277.92	376.41
通辽	—	563.75	449.93	229.77	647.62	472.76
长春	381.11	365.92	253.94	651.96	103.99	351.42
长岭	285.42	273.06	315.85	—	296.84	244.90
牡丹江	350.54	164.50	150.73	158.92	77.33	180.45
哈尔滨	249.56	228.62	393.94	407.63	438.46	34.33
大庆	263.18	246.73	451.46	118.155	121.22	239.81
同江	353.60	290.15	474.87	318.88	—	35.88
北安	293.21	399.77	218.03	466.18	145.07	30.48
讷河	268.34	677.19	477.01	—	—	47.35

注："—"代表数据缺失

表 5-5 2012 年 6～10 月芦苇植硅体浓度的变化　　　　　　（单位：10^4 粒/g）

样点	6 月	7 月	8 月	9 月	10 月	均值
丹东	1703.32	1026.45	628.25	388.36	602.47	869.39
盘锦	972.15	383.13	389.14	314.12	364.34	509.36
龙湾	1509.37	839.39	603.89	1885.45	735.23	1114.15
通辽	884.56	2065.48	521.59	364.37	—	959.18
长春	611.49	248.46	275.38	907.37	435.25	495.15
长岭	410.09	431.03	213.07	598.05	654.01	461.03
牡丹江	997.36	545.38	201.29	324.48	230.68	459.09
哈尔滨	659.67	738.45	592.68	604.65	517.47	622.03
大庆	255.32	355.43	396.64	94.99	552.69	330.46

续表

样点	6月	7月	8月	9月	10月	均值
同江	680.07	151.01	483.05	506.09	563.03	477.05
北安	—	2377.57	468.59	351.45	201.42	850.53
讷河	—					

注:"—"代表数据缺失

表 5-6　2013 年 6～10 月芦苇植硅体浓度的变化　　　　（单位：10⁴ 粒/g）

样点	6月	7月	8月	9月	10月	均值
丹东	983.53	678.81	685.26	390.29	685.73	684.50
盘锦	550.50	364.23	327.85	304.46	234.59	368.66
龙湾	—	644.20	534.85	1098.47	506.43	745.21
通辽	884.00	1314.40	485.50	296.89	647.74	715.93
长春	496.12	307.03	264.56	779.58	269.59	423.22
牡丹江	673.84	354.87	175.99	241.52	153.76	319.78
长岭	347.71	352.05	264.40	598.00	475.45	242.71
哈尔滨	454.37	483.38	493.09	505.83	477.77	328.79
大庆	259.11	300.92	423.79	106.17	336.65	176.90
同江	516.80	220.64	478.96	412.48	563.09	256.42
北安	—	1388.47	343.04	408.69	173.07	440.25
讷河	—	—	—	—	—	

注:"—"代表数据缺失

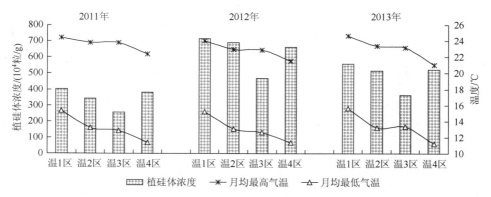

图 5-2　东北地区芦苇植硅浓度随温度的变化趋势

图 5-3 表示的是 2011～2013 年每年的芦苇植硅体浓度变化量分布趋势,由该图可知,2011～2013 年每年的芦苇植硅体浓度在 12 个样点间的变化趋势大体相似,长春以南的各个样点(除盘锦样点)芦苇植硅体浓度均相对较大,长春以北的样点芦苇植硅体浓度均相对较小,即温度较高的样点芦苇植硅体浓度相对较大,温度较低的样点芦苇植硅体浓度相对较少。

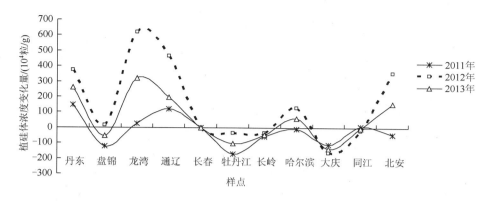

图 5-3　东北地区 12 个样点芦苇植硅体浓度变化量的变化趋势

因此综上整体看来，芦苇植硅体浓度因温度升高而呈增多趋势，即温度较高的样点芦苇植硅体浓度相对较大，而温度较低的样点其浓度则相对较小。一般认为温度通常会促进植物的生理活动，在植物生长的适宜范围内，温度升高能促进植物的生长，并在一定程度上有利于植物光合作用的进行（石福孙等，2009）。前人研究结果也发现在温度较高的情况下，植物通过蒸腾失水降低叶片温度，减轻强光照对自身的影响，从而使植物的蒸腾速率得以提高（高彦萍等，2007）。由于植物植硅体是植物生理活动的产物，在温度较高的区域光合作用和蒸腾作用等植物生理活动较强，吸收和沉积硅量增多，形成的植物植硅体浓度也因此较高，所以东北地区芦苇植硅体浓度因温度的升高而升高。

前人研究成果显示在较大的地理空间尺度上，芦苇的生态型主要是由气候因素所决定，在小尺度上则是由生境决定（庄瑶等，2010）。从表 5-4～表 5-6 可看出，2011～2013 年大庆样点芦苇植硅体浓度分别为 239.81×10^4 粒/g、330.46×10^4 粒/g、177.90×10^4 粒/g；长岭样点芦苇植硅体浓度分别为 244.90×10^4 粒/g、461.03×10^4 粒/g、242.71×10^4 粒/g，较大庆样点大，并且这两个样点的土壤类型都是碱性土壤，土壤类型一致。丹东样点芦苇植硅体浓度分别为 499.91×10^4 粒/g、869.39×10^4 粒/g、684.50×10^4 粒/g；盘锦样点芦苇植硅体浓度分别为 228.26×10^4 粒/g、509.36×10^4 粒/g、368.66×10^4 粒/g，丹东和盘锦样点均属于河口湿地，小环境较为一致。由此可看出，在生境较为一致的条件下，芦苇植硅体浓度相差仍较大。因此，本书认为东北地区芦苇植硅体浓度空间分异的主控因素可排除生境而可能主要是气候。

图 5-4～图 5-6 表示的是在不同湿度条件下，2011～2013 年的芦苇植硅体浓度、月均最低气温及月均最高气温随温度的变化趋势，从中可看出，不同湿度条件下，每年的芦苇植硅体浓度随温度的变化趋势有所差异，其中东部湿润区芦苇植硅体浓度从丹东到牡丹江随温度降低而呈递减趋势，同江样点芦苇植硅体浓度略有增加；西部半干旱区芦苇植硅体浓度从通辽到大庆随温度降低也呈递减趋势，讷河样点芦苇植硅体浓度则有明显增加；中部半湿润区各点芦苇植硅体浓度则随温度降低而呈递增趋势，与东部湿润区和西部半干旱区的变化趋势相反。因此，在东北地区范围内，芦苇植硅体的空间分异受温度和湿度的双重影响，虽然芦苇植硅体浓度在温度因子影响下有较为稳定的变化趋势，

但湿度因素对其变化规律仍产生一定干扰，从而使不同湿度区域芦苇植硅体浓度随温度的变化趋于复杂化。

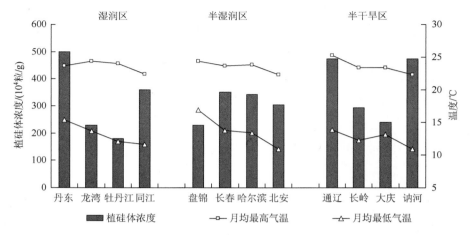

图 5-4　2011 年湿润区、半湿润区及半干旱区芦苇植硅体浓度的变化趋势

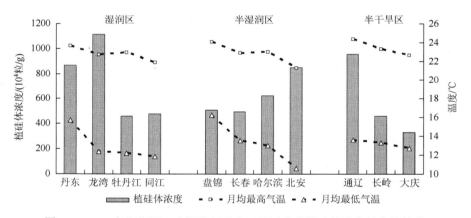

图 5-5　2012 年湿润区、半湿润区及半干旱区芦苇植硅体浓度的变化趋势

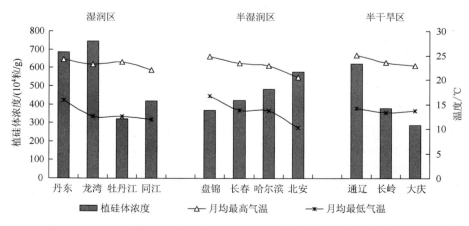

图 5-6　2013 年湿润区、半湿润区及半干旱区芦苇植硅体浓度的变化趋势

同时从表 5-4～表 5-6 可看出，2011～2013 年芦苇植硅体浓度在 6～10 月并不是逐渐增加的，原因可能是由于植物吐水现象或其他某种生理机制的存在（卞勇和潘晓琳，1995）。2011～2013 年芦苇植硅体浓度在 6～8 月较大，9 月芦苇植硅体浓度减少，10 月又有少量增加。同时图 5-7（图中 6～10 月芦苇植硅体浓度、月均最高及最低气温为东北地区 12 个样点的平均值）中显示，2011～2013 年的 6～10 月中，7 月月均最高及最低气温最高，8 月稍有降低，但其仍然高于 6 月；9 月、10 月月均最高及最低气温开始快速下降，尤其是 10 月月均最高及最低气温降低得更为明显，总体看来，6～10 月月均最高及最低气温均呈现先升高后降低的变化趋势。2011 年 6～10 月芦苇植硅体浓度也呈先升高后降低的变化趋势，其在温度较高的 7 月、8 月较多，而 2012 年和 2013 年芦苇植硅体浓度在温度较高的 6 月、7 月较多，8 月芦苇植硅体浓度有所减少，但结合表 5-4～表 5-6，整体看来，芦苇植硅体浓度在生长初期较多，而在 9 月、10 月其浓度相对较少。这与玉米和水稻在生长季内硅积累的趋势是一致的。前人研究认为玉米吸硅的特点为四叶期（6 月 3 日）以前吸硅总量较低，进入拔节期（7 月 2 日）吸硅速度增加，到抽雄初期（7 月 25 日）为玉米吸硅的高峰期，而在抽雄初期以后，植株内硅量反而减少，40%～60% 的硅外溢（肖千明等，1999）。水稻（*Oryza sativa*）在不同生长期对硅的需求也是不同的，在生殖期（7 月底左右）叶片吸收的硅量占植物总硅吸收量是最多的，在成熟期叶片吸收的硅量明显减少（周青等，2001），因此，在不同生长期芦苇同玉米和水稻可能有相似的硅需求，从而导致芦苇植硅体浓度出现与其一致的变化趋势。但本书的实验结果与前人关于水稻植硅体含量在植物生长初期较低，随植物生长其植硅体含量有逐渐增加趋势的研究结论（Motomura et al.，2002）是不一致的。

另有研究表明，芦苇地上和地下生物量存在负相关关系，生长初期芦苇种群地上生物量开始积累，在营养生长期上升较为迅速，7 月进入生殖生长期，增长变得较为缓慢，到 8 月末达到最高峰（张友民等，2006），而本书中芦苇植硅体总浓度在 6～8 月较大，9 月达到谷值，与玉米和水稻硅积累量有同步变化的趋势，同时和其自身生物量的变化趋势基本一致。因此，植物植硅体浓度的变化规律可能与植物在不同生长期其自身对硅的需求规律相一致。同时相比 9 月，2011 年和 2012 年的 10 月芦苇植硅体浓度均有一定增加，这可能是由于芦苇为多年生植物，在成熟期时形成较多的植硅体，为次年的萌发做准备。

从植物生理活动的角度来看，前人研究显示植物的光合作用在 6 月中旬达到最大，7 月、8 月植物光合作用稍有降低，但是地上部分仍保持较高的光合生产能力（李新峰等，2005）。植物的蒸腾作用在 7 月中旬最强烈，随后逐渐降低（王立，2006）。光合作用增强时，被吸收的硅量增加，同时表皮层蒸腾增强（王永吉和吕厚远，1992），因此在表皮细胞内硅化形成的植硅体可能也随之增多，进而促进其浓度增大。而本书中芦苇植硅体浓度在生长初期较大，随后有减少趋势，这正与前人关于植物的光合作用和蒸腾作用强度随温度变化的规律相吻合，因此推测芦苇植硅体的形成可能更多地受控于不同时间影响下的光合作用和蒸腾作用。

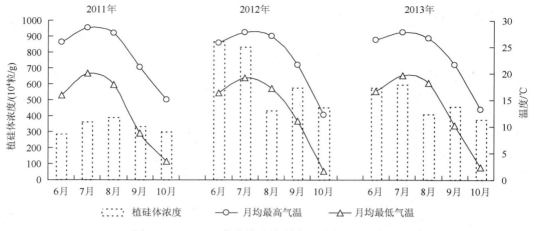

图 5-7　6～10 月芦苇植硅体浓度随温度的变化趋势

二、芦苇鞍型（短细胞）植硅体数量对时空分异的响应

鞍型植硅体是芦苇中的优势类型，其数量可直接影响到芦苇植硅体浓度。因此，对芦苇鞍型植硅体浓度的时空分异规律也进行了相关论述。

对 2011～2013 年的 6～10 月芦苇鞍型植硅体浓度计算后得出表 5-7～表 5-9、图 5-8～图 5-11。2011～2013 年，在东北地区 12 个样点中芦苇鞍型植硅体浓度最大（表 5-7～表 5-9），大部分样点芦苇鞍型植硅体浓度超过 140.00×10⁴ 粒/g，有的样点芦苇鞍型植硅体浓度高达 500.00×10⁴ 粒/g。据图 5-8～图 5-10，2011～2013 年的 6～10 月，芦苇鞍型植硅体浓度有明显的波动，但变化曲线的峰谷数量和位置并不完全一致。6 月芦苇鞍型植硅体浓度的变化曲线较 7～10 月平缓。7 月、8 月两月芦苇鞍型植硅体浓度变化曲线的峰和谷基本对应，峰谷值变化较大。9 月、10 月两月芦苇鞍型植硅体浓度的变化曲线显示，牡丹江以北的几个样点芦苇鞍型植硅体浓度迅速减少，曲线的波峰位置与之前几个月相比有向较低纬度迁移的趋势即在温度较高的样点芦苇鞍型植硅体浓度较大。从图 5-11（图中芦苇鞍型植硅体浓度、月均最低及最高气温为东北地区12 个样点的均值）可看出，2011～2013 年的 6～10 月，月均最高及最低气温呈现先升高后降低的变化趋势，其中 6～8 月的月均最高及最低气温高于 9 月、10 月。6～8月月均最高及最低气温呈上升趋势，7 月月均最高及最低气温均最高，8 月稍有降低，但其值仍然较高于 6 月；9 月、10 月月均最高及最低气温开始降低，尤其是 10 月月均最高及最低气温值迅速减小。与之相对应的，2011～2013 年芦苇鞍型植硅体浓度在 6～10 月也均呈现先升高后降低的变化趋势，其在温度最高的 7 月浓度最大，8 月稍有降低，而后呈递减趋势。因此我们认为 7 月、8 月环境温度较高，可能有利于鞍型植硅体发育；9 月、10 月牡丹江以北地区温度速降，使芦苇鞍型植硅体的形成受到影响，曲线上则表现为谷；较低纬度因温度较高形成的芦苇鞍型植硅体较高纬度多，使芦苇鞍型植硅体浓度的峰值移向较低纬度，即芦苇鞍型植硅体浓度的峰值出现在温度较高的样点。

表 5-7　2011 年 6～10 月芦苇中各类型植硅体平均浓度的变化　　（单位：10^4 粒/g）

样点	鞍型	帽型	尖型	扇型	棒型
丹东	384.52	42.81	4.73	127.54	111.85
盘锦	178.33	22.61	10.84	55.82	53.56
龙湾	322.97	22.92	11.05	38.68	90.82
通辽	415.14	38.41	3.06	40.63	114.57
长春	293.93	18.53	7.22	86.46	81.14
长岭	252.81	21.05	9.93	9.45	6.37
牡丹江	153.55	7.76	2.24	51.12	42.83
哈尔滨	168.47	9.73	68.76	90.89	67.66
大庆	180.22	20.44	8.38	61.57	54.17
同江	292.80	30.18	10.82	91.13	111.22
北安	200.11	11.09	30.93	82.86	64.97
讷河	267.24	25.41	21.85	125.01	146.38

表 5-8　2012 年 6～10 月芦苇中各类型植硅体平均浓度的变化　　（单位：10^4 粒/g）

样点	鞍型	帽型	尖型	扇型	棒型
丹东	717.03	52.14	36.18	39.09	25.16
盘锦	274.36	68.29	94.49	24.39	48.01
龙湾	821.02	99.03	121.05	45.10	27.30
通辽	752.30	74.35	70.39	27.25	36.26
长春	287.02	32.70	118.05	30.34	27.23
长岭	332.06	38.70	62.04	16.05	12.02
牡丹江	301.78	48.31	63.89	35.49	12.07
哈尔滨	289.65	53.02	183.79	50.03	46.60
大庆	166.48	45.50	84.03	14.10	20.50
同江	279.59	41.21	70.46	9.01	6.02
北安	560.89	63.36	252.78	44.45	21.38
讷河	—	—	—	—	—

注："—"代表数据缺失

表 5-9　2013 年 6～10 月芦苇中各类型植硅体平均浓度的变化　　（单位：10^4 粒/g）

样点	鞍型	帽型	尖型	扇型	棒型
丹东	550.71	47.44	20.34	83.22	68.45
盘锦	226.13	45.33	52.48	39.93	50.73
龙湾	571.94	60.95	66.01	41.86	58.92
通辽	583.55	56.27	36.52	33.88	75.26
长春	290.48	25.28	62.65	58.29	54.03
牡丹江	227.29	27.81	32.67	43.01	27.45
长岭	292.42	29.53	35.94	12.74	9.12

续表

样点	鞍型	帽型	尖型	扇型	棒型
哈尔滨	228.76	31.32	125.87	70.41	56.02
大庆	173.17	32.77	46.18	37.79	37.05
同江	285.90	35.56	40.42	50.07	58.68
北安	380.02	37.04	141.42	63.45	42.90
讷河	—	—	—	—	—

注："—"代表数据缺失

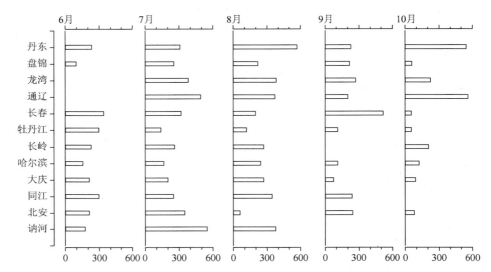

图 5-8　2011 年 6～10 月东北地区芦苇鞍型植硅体浓度的变化趋势（10^4 粒/g）

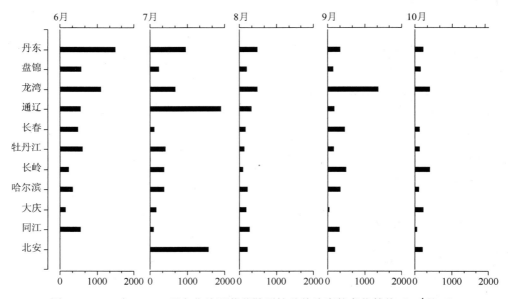

图 5-9　2012 年 6～10 月东北地区芦苇鞍型植硅体浓度的变化趋势（10^4 粒/g）

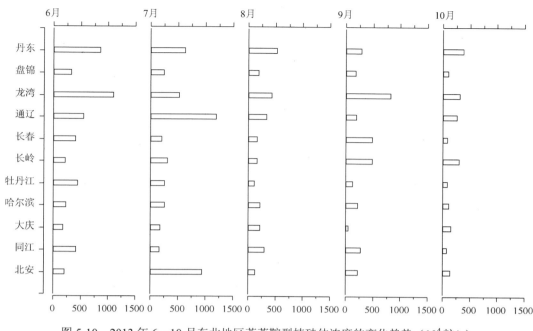

图 5-10 2013 年 6～10 月东北地区芦苇鞍型植硅体浓度的变化趋势（10⁴ 粒/g）

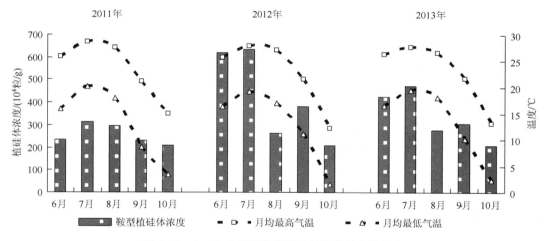

图 5-11 6～10 月芦苇鞍型植硅体浓度的变化趋势

据图 5-12（图中芦苇鞍型植硅体浓度、月均最低及最高气温为从南到北每条剖面线上 3 个样点 6～10 月的均值），从温 4 区到温 1 区，2011～2013 年月均最低及最高气温是呈升高趋势的。2011～2013 年每年的芦苇鞍型植硅体浓度随温度的变化趋势呈现温 1 区>温 4 区>温 2 区>温 3 区，但总体看来，从温带到暖温带芦苇鞍型植硅体浓度随温度升高呈递增趋势。

因此，整体看来，2011～2013 年芦苇鞍型植硅体浓度随温度升高呈现增多趋势。有学者认为表土中鞍型植硅体是示暖型植硅体（王永吉和吕厚远，1992），本书实验结果中芦苇鞍型植硅体浓度因温度升高而增多与此具有一致性。

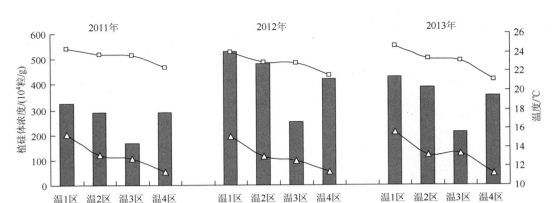

图 5-12　东北地区芦苇鞍型植硅体浓度随温度的变化趋势

从图 5-13～图 5-15（图中每个样点芦苇鞍型植硅体浓度、月均最低及最高气温是该样点 6～10 月的平均值）可得出，在不同湿度条件下，芦苇鞍型植硅体浓度随温度的变化趋势并不一致。东部湿润区和西部半干旱区芦苇鞍型植硅体浓度随温度升高而增多，其中讷河样点明显增多可能是由于该区受人类干扰严重所致，对该样点的芦苇和土壤阴阳离子分析中也发现与其他样点相比，该样点的阴阳离子含量明显偏多，这也再次验证了该区可能受人类活动的干扰较大，因而导致该区芦苇鞍型植硅体浓度出现异常偏多；中部半湿润区芦苇鞍型植硅体浓度则出现相反趋势，其随温度降低而增多。这说明在不同湿度条件下，芦苇鞍型植硅体随温度虽呈现稳定的变化趋势，但由于湿度的差异也使芦苇鞍型植硅体浓度随温度的变化方向产生一定差异。而第四章第三节中模拟增温的实验样地也设置在吉林省长岭县境内，其同样处

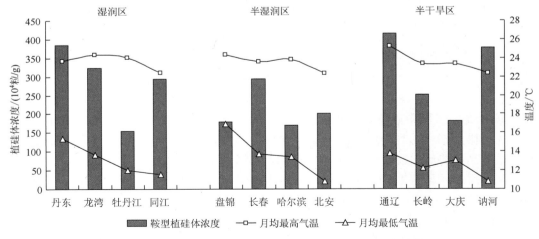

图 5-13　2011 年湿润区、半湿润及半干旱区芦苇鞍型植硅体浓度的变化趋势

于东北地区的西部半干旱区，模拟增温的实验结果表明：从 CK^a 组、T_1^a 组到 T_2^a 组，随温度升高，芦苇鞍型植硅体数量呈递增趋势，而温度最高的 T_3^a 组芦苇鞍型植硅体数量稍有降低，但其值仍然高于 CK^a 组、T_1^a 组，即芦苇鞍型植硅体数量随温度升高而增多，这与本结果中西部半干旱区芦苇鞍型植硅体数量随温度的变化趋势是一致的，显示在相同湿度条件下，芦苇鞍型植硅体数量均随温度升高而增多。因此整体来看，在东北地区范围内，影响芦苇鞍型植硅体数量空间分异的因素是很复杂的，在温度影响下，芦苇鞍型植硅体数量仍然不同程度地受到湿度因素的影响，使其随温度变化的方向出现差异。

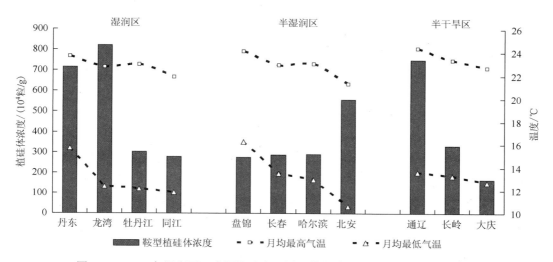

图 5-14　2012 年湿润区、半湿润及半干旱区芦苇鞍型植硅体浓度的变化趋势

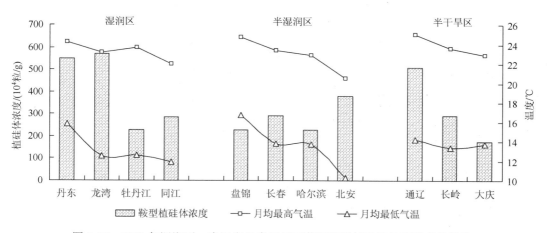

图 5-15　2013 年湿润区、半湿润及半干旱区芦苇鞍型植硅体浓度的变化趋势

　　由芦苇鞍型植硅体百分含量的变化趋势图（图 5-16～图 5-18）可看出：芦苇鞍型植硅体百分含量随样点不同呈现波状变化，其变化趋势与芦苇鞍型植硅体浓度

的变化趋势大体相似。说明芦苇植硅体的百分含量和浓度在一定程度上是相互对应的。

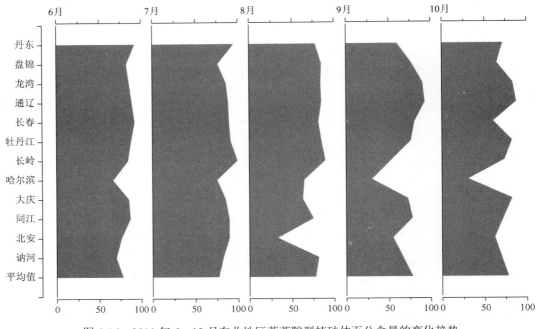

图 5-16　2011 年 6～10 月东北地区芦苇鞍型植硅体百分含量的变化趋势

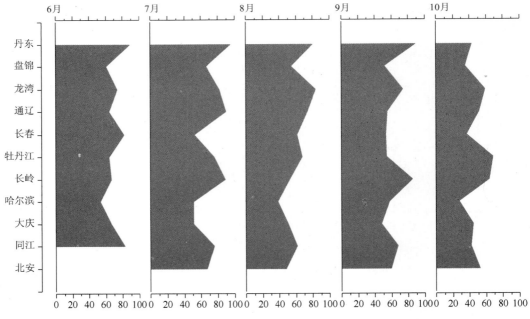

图 5-17　2012 年 6～10 月东北地区芦苇鞍型植硅体百分含量的变化趋势

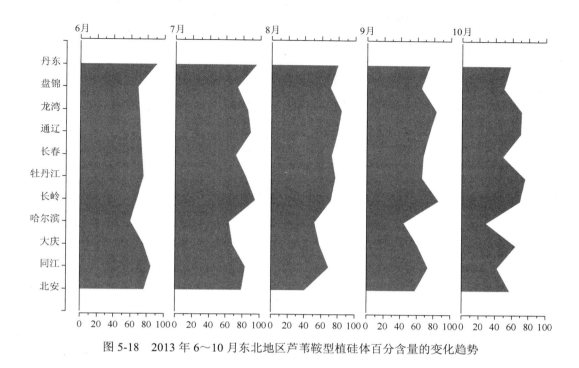

图 5-18 2013 年 6～10 月东北地区芦苇鞍型植硅体百分含量的变化趋势

三、芦苇尖型（毛状细胞）植硅体数量对时空分异的响应

图 5-19～图 5-21 表示的是 2011～2013 年的 6～10 月芦苇尖型植硅体浓度的变化趋势，从中发现 2011～2013 年的 6～10 月芦苇尖型植硅体浓度因地点不同而呈波状变化，但是各点的峰谷位置并不完全一致。总体来说，在东北地区范围内，2011～2013 年芦苇尖型植硅体浓度随温度变化的趋势与芦苇鞍型植硅体浓度的变化趋势大体相反，长岭以南的样点芦苇尖型植硅体浓度相对较少，而长岭以北的样点芦苇尖型植硅体浓度相对较大，即整体看来，温度较高的样点芦苇尖型植硅体浓度相对较少，而温度较低的样点芦苇尖型植硅体浓度相对较大，尤其是在 8 月、9 月该种变化更为明显。

图 5-22（图中芦苇尖型植硅体浓度、月均最高及最低气温为每条剖面线上 3 个样点 6～10 月的均值）显示，从温 1 区到温 4 区，其月均最高及最低气温的变化呈升高趋势，其中从温 3 区到温 2 区，其月均最高及最低气温的升高幅度较小，而相邻两个温度区间的温度升高幅度较大。2011 年芦苇尖型植硅体浓度随温度降低而呈增多的趋势，其中温 3 区芦苇尖型植硅体浓度增多的幅度较大，甚至超过了温 4 区芦苇尖型植硅体浓度；2012 年和 2013 年芦苇尖型植硅体因温度降低，其浓度也呈增多趋势，但相邻两温度区间的芦苇尖型植硅体浓度升高的幅度不同，其中温 2 区芦苇尖型植硅体浓度升高的幅度较大，使其值大于温 3 区和温 4 区。综合看来，2011～2013 年芦苇尖型植硅体浓度呈现暖温带小于温带的变化趋势，即芦苇尖型植硅体浓度因温度的降低而呈现增多的变化趋势，其中 2012 年和 2013 年芦苇尖型植硅体浓度略大于 2011 年芦苇尖型植硅体浓度。

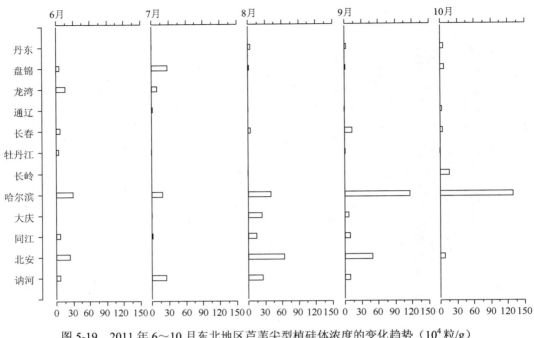

图 5-19　2011 年 6～10 月东北地区芦苇尖型植硅体浓度的变化趋势（10^4 粒/g）

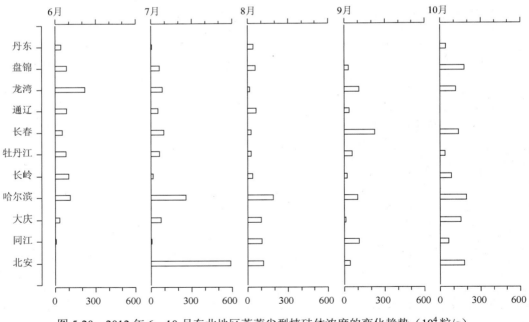

图 5-20　2012 年 6～10 月东北地区芦苇尖型植硅体浓度的变化趋势（10^4 粒/g）

　　由以上分析整体看来，2011～2013 年芦苇尖型植硅体浓度呈现随温度的降低而增多的变化趋势，这与先前学者认为表土中尖型植硅体是示冷型植硅体的结论是相一致的（王永吉和吕厚远，1992）。

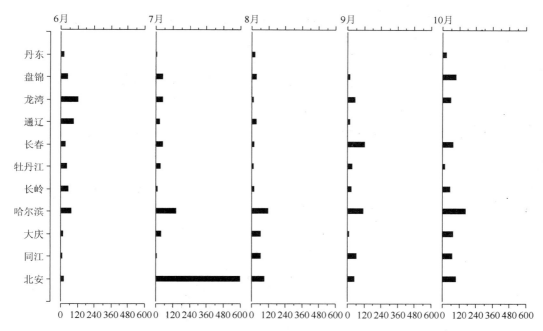

图 5-21　2013 年 6～10 月东北地区芦苇尖型植硅体浓度的变化趋势（10^4 粒/g）

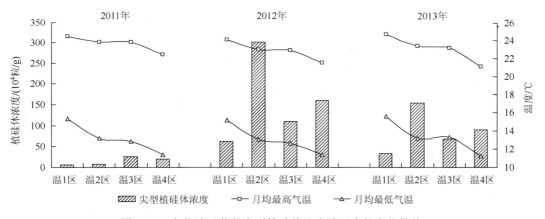

图 5-22　东北地区芦苇尖型植硅体浓度随温度的变化趋势

2011～2013 年芦苇尖型植硅体浓度在不同湿度条件下其浓度的变化趋势如图 5-23～图 5-25 所示，图中每个样点的芦苇尖型植硅体浓度是 6～10 月芦苇尖型植硅体浓度的平均值，月均最低及最高气温为该点 6～10 月的月均最低及最高气温的平均值。从图 5-23～图 5-25 可看出，在不同湿度条件下，芦苇尖型植硅体浓度随温度的变化趋势是不一致的，东部湿润区 2011～2013 年芦苇尖型植硅体浓度随温度降低呈现先升高后降低的变化趋势；中部半湿润区及西部半干旱区 2011～2013 年芦苇尖型植硅体浓度均呈现随温度的降低而增多的变化趋势。因此我们认为东北地区芦苇尖型植硅体浓度受温度因子影响的基础上仍然受到湿度因子的影响，使其在不同湿度区随温度的变化方向出现不一致的情况。同时第四章第三节中，模拟增温实验是设置在长岭地区，其同样处于西部半干旱区，模拟增温的结果表明：从 CK[a] 组、T[a]₁ 组、T[a]₂ 组到 T[a]₃ 组，随温度降低，芦苇尖型植硅体呈递增趋势，这与本结果中西部半干旱区芦苇尖型植硅体数量随温度的变化趋势是一致的，这也说明了在相同湿度条件下，芦苇尖型植硅体数量主要受到温度因子的影响。但结合上述分析整体来看，温度虽然是东北地区芦苇尖型植硅体数量变化的主控因素，但其空间分异仍然受到湿度的影响。

同时从图 5-19～图 5-21 可得知，芦苇尖型植硅体浓度在芦苇生长后期即 9 月、10 月明显偏多（尤其是在 2012 年、2013 年），同时越往北部的样点 9 月、10 月芦苇尖型植硅体浓度越大，这说明相对较低的温度更有利于芦苇尖型植硅体的形成。据图 5-26（图中芦苇尖型植硅体浓度、月均最高及最低气温为东北地区 12 个样点的均值），2011～2013 年的 6～10 月，月均最高及最低气温呈现先升高后降低的变化趋势，7 月月均最高及最低气温最高，8 月稍有降低，但其值仍然高于 6 月；9 月、10 月月均最高及最低气温开始降低，尤其是 10 月月均最高及最低气温降低得较为明显。2011 年芦苇尖型植硅体浓度在温度最高的 7 月其值并不是最大的，其浓度在 9 月、10 月较多；2012 年及 2013 年的 6～10 月，芦苇尖型植硅体浓度在 7 月最多，而后有所减少，但在 10 月其浓度又明显

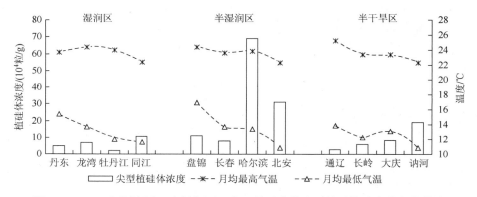

图 5-23　2011 年湿润区、半湿润区及半干旱区芦苇尖型植硅体浓度的变化趋势

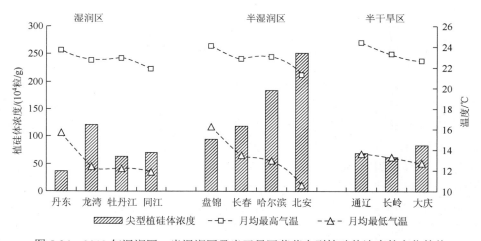

图 5-24　2012 年湿润区、半湿润区及半干旱区芦苇尖型植硅体浓度的变化趋势

增多，因此整体看来，芦苇尖型植硅体浓度在芦苇生长后期即 9 月、10 月较多。有学者认为毛状细胞等细胞组织中的植硅体的充填和短细胞中硅质的充填在充填时间和充填程度上可能有所不同，一般认为这几类细胞的植硅体的生成时间比短细胞植硅体略晚一些（王永吉和吕厚远，1992），因此在毛状细胞中硅化形成的尖型植硅体可能在植物生长初期形成的较少，导致其浓度相对较低。

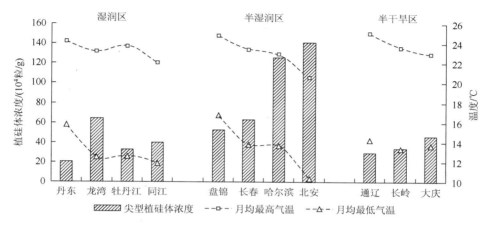

图 5-25 2013 年湿润区、半湿润区及半干旱区芦苇尖型植硅体浓度的变化趋势

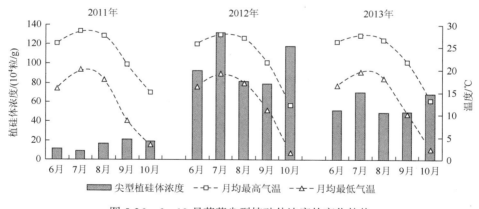

图 5-26 6～10 月芦苇尖型植硅体浓度的变化趋势

四、芦苇扇型（机动细胞）植硅体数量对时空分异的响应

2011～2013 年芦苇扇型植硅体浓度因样点温度的不同而呈波状变化（图 5-27～图 5-29）。据图 5-27，总体来说，在东北地区范围内，随着温度的变化，2011 年芦苇扇型植硅体浓度的变化趋势与芦苇鞍型植硅体浓度的变化趋势大体相反，牡丹江以北的样点芦苇扇型植硅体浓度相对较多，而牡丹江以南的样点芦苇扇型植硅体浓度相对较少，即温度较高的样点芦苇扇型植硅体的浓度相对较小，而温度较低的样点芦苇扇型植硅体的浓度相对较大。据图 5-28 和图 5-29，我们发现 2012 年和 2013

年芦苇扇型植硅体浓度的变化趋势与 2011 年的变化趋势并不一致，此时，芦苇扇型植硅体浓度在 6～10 月不同样点间的差异不是很明显，但整体看来，牡丹江以南的样点芦苇扇型植硅体浓度相对较多，而牡丹江以北的样点芦苇扇型植硅体浓度相对较少，即温度较高的样点芦苇扇型植硅体的浓度相对较大，而温度较低的样点芦苇扇型植硅体的浓度相对较小，尤其是在 6 月和 10 月芦苇扇型植硅体的空间分异更为明显。

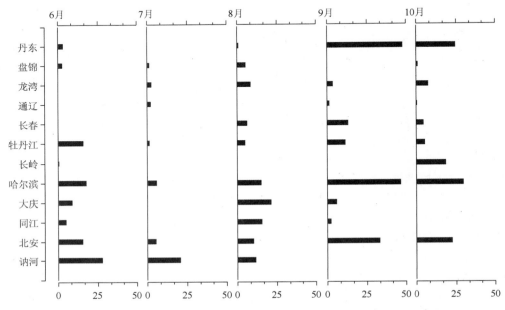

图 5-27　2011 年 6～10 月东北地区芦苇扇型植硅体浓度的变化趋势（10^4 粒/g）

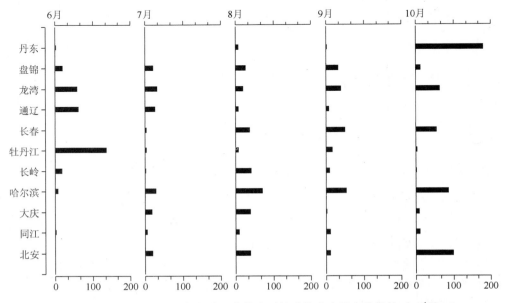

图 5-28　2012 年 6～10 月东北地区芦苇扇型植硅体浓度的变化趋势（10^4 粒/g）

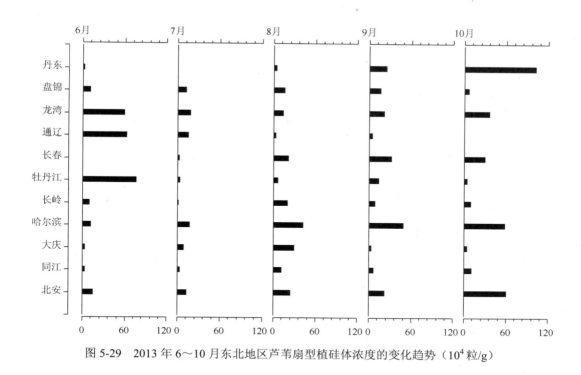

图 5-29　2013 年 6～10 月东北地区芦苇扇型植硅体浓度的变化趋势（10^4 粒/g）

图 5-30（图中芦苇扇型植硅体浓度、月均最低及最高气温为每条剖面线上 3 个样点 6～10 月的均值）显示，从温 4 区到温 1 区，月均最高及最低气温是逐渐升高的。2011～2013 年芦苇扇型植硅体浓度呈现温 1 区 > 温 2 区 > 温 3 区 > 温 4 区的变化趋势，整体看来，从温带到暖温带芦苇扇型植硅体浓度大体上随温度的升高而增多，即芦苇扇型植硅体浓度因温度升高而增多。

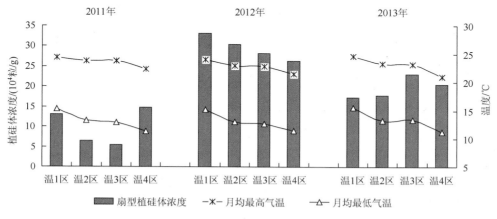

图 5-30　东北地区芦苇扇型植硅体浓度随温度的变化趋势

因此综上整体可得知，2011～2013 年芦苇扇型植硅体浓度随温度的升高而呈递增趋势。这与前人认为表土中扇型植硅体是示暖型植硅体的结论是一致的（王永吉和吕厚远，

1992）。扇型植硅体是在机动细胞内硅化形成的，机动细胞是草本及其他单子叶植物表皮细胞的重要组成部分，有较大的液泡，个体较大区别于其他表皮细胞。有研究表明机动细胞在蒸腾作用加剧或干旱压力的条件下优先硅化（Sangster and Parry，1968）。而研究发现温度升高植物的蒸腾作用增强（马略耕，2011），则机动细胞在蒸腾作用较强的条件下优先硅化，从而使此时形成的芦苇扇型植硅体增多。

从图 5-31～图 5-33（芦苇扇型植硅体浓度、月均最低及最高气温是 6～10 月该样点芦苇扇型植硅体浓度、月均最低及最高气温的平均值）可看出，2011 年，东部湿润区芦苇扇型植硅体浓度随温度的升高而增多，而中部半湿润区和西部半干旱区芦苇扇型植硅体浓度随温度的升高而减少；2012 年和 2013 年，中部半湿润区芦苇扇型植硅体浓度随温度的升高而减少，而东部湿润区和西部半干旱区芦苇扇型植硅体浓度均呈现随温度的升高而增多的变化趋势。因此东北地区芦苇扇型植硅体浓度随温度的变化规律因湿度的不同有明显的变化，即东北地区芦苇扇型植硅体浓度的变化受温度因子主控的基础上仍然受到该地区湿度变化的影响。

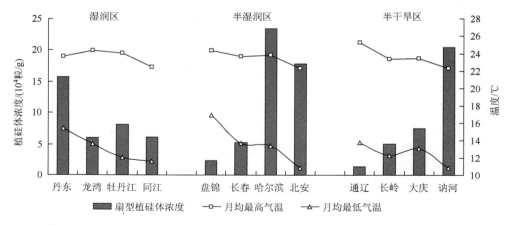

图 5-31　2011 年湿润区、半湿润区及半干旱区芦苇扇型植硅体浓度的变化趋势

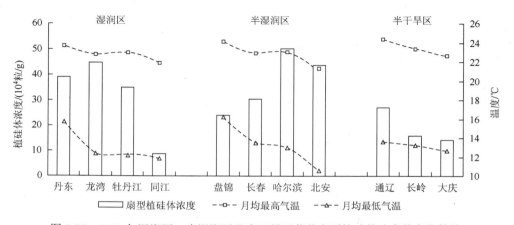

图 5-32　2012 年湿润区、半湿润区及半干旱区芦苇扇型植硅体浓度的变化趋势

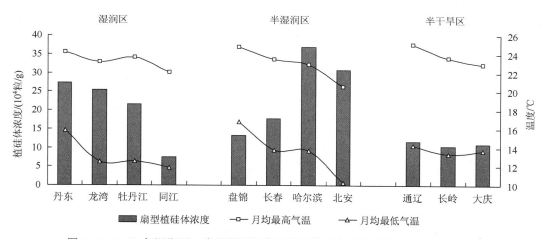

图 5-33　2013 年湿润区、半湿润区及半干旱区芦苇扇型植硅体浓度的变化趋势

同时从图 5-27～图 5-29 可得知，2011～2013 年大部分样点芦苇扇型植硅体浓度的峰值均出现在 8 月、9 月，谷值出现在 7 月；芦苇扇型植硅体浓度在生长后期即 9 月、10 月明显偏多，同时越往北部，9 月、10 月芦苇扇型植硅体浓度越大。图 5-34 表示的芦苇扇型植硅体浓度在 6～10 月的变化趋势，图中芦苇扇型植硅体浓度、月均最高及最低气温为东北地区 12 个样点的均值，从中可知，2011～2013 年的 6～10 月，月均最高及最低气温呈现先升高后降低的变化趋势，7 月月均最高及最低气温最高，8 月稍有降低，但其值仍然较高；9～10 月月均最高及最低气温开始降低，尤其是 10 月月均最高及最低气温降幅较大。芦苇扇型植硅体浓度在 6～10 月呈先下降后上升的变化趋势，在温度较高的 7 月、8 月其浓度也并不是最多的，而 9 月、10 月芦苇扇型植硅体浓度明显大于 7 月、8 月，因此，2011～2013 年的 6～10 月，芦苇扇型植硅体浓度在温度较低的 9 月、10 月明显偏多，分析其原因可能是机动细胞等细胞组织中植硅体的填充与短细胞中硅质的填充在填充时间上存在差异，一般认为机动细胞的植硅体生成时间比短细胞植硅体略晚一些，短细胞在植物生长的早期就逐渐开始积累硅（王永吉和吕厚远，1992）。细胞解剖学的证据也表明竹亚科 *Sasa veitchii*（Carrière）Rehder 叶的植硅体硅化并不是匀速的，其形成与细胞类型相联系，叶肉组织中的纺锤细胞在叶片成熟后大量硅化，而含叶绿体的薄壁细胞硅化很少，表皮细胞中短细胞优先硅化，其他表皮细胞硅化数量随着叶片老化逐渐增多，生长年份不同的细胞硅化程度具有一定的差异（Motomura et al.，2002）。而芦苇扇型植硅体是在机动细胞中形成，其形成时间较晚，所以芦苇扇型植硅体浓度在植物的成熟期较高，也说明了扇型植硅体大量形成时的环境温度较鞍型低，这与前人的研究结果是一致的。

东北地区芦苇扇型植硅体百分含量的分析结果（表 5-10～表 5-12）表明：2011 年在 12 个样点中只有 3 个样点芦苇扇型植硅体的百分含量大于 10.00%，其余样点芦苇扇型植硅体百分含量均小于 10.00%。2012 年及 2013 年也只有少量样点在个别月含量大于 10.00%。这与前人认为在我国东北地区表土中扇型植硅体含量极少，一般不到 10.00% 的结论是相符的（王永吉和吕厚远，1992）。

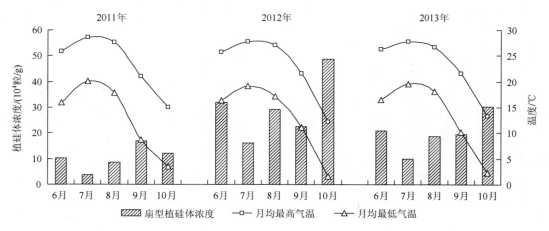

图 5-34　6～10 月芦苇扇型植硅体浓度的变化趋势

表 5-10　2011 年东北地区 6～10 月芦苇扇型植硅体百分含量的变化　　　（单位：%）

样点	6 月	7 月	8 月	9 月	10 月
丹东	1.63	0.23	1.69	22.89	10.49
盘锦	4.51	0.86	3.79	1.56	2.05
龙湾	—	2.46	8.59	2.89	7.80
通辽	—	2.45	0.00	0.92	1.38
长春	0.68	0.23	7.26	10.47	18.52
长岭	6.51	3.05	8.15	13.57	9.59
牡丹江	1.95	0.00	0.00	—	10.91
哈尔滨	15.22	8.67	17.28	31.81	13.21
大庆	7.88	1.40	21.72	8.77	0.40
同江	2.56	0.20	10.36	6.00	—
北安	12.04	3.70	26.73	25.72	26.90
讷河	18.68	6.75	4.87	—	—

注："—"代表数据缺失

表 5-11　2012 年东北地区 6～10 月芦苇扇型植硅体百分含量的变化　　　（单位：%）

样点	6 月	7 月	8 月	9 月	10 月
丹东	0.00	0.00	2.85	0.61	29.67
盘锦	2.12	5.94	7.10	10.69	2.78
龙湾	4.02	3.96	4.39	2.20	8.64
通辽	7.27	0.45	0.64	3.04	—
长春	0.00	2.07	14.39	5.60	12.93
长岭	13.70	1.27	4.27	5.18	2.16

续表

样点	6月	7月	8月	9月	10月
牡丹江	4.96	0.96	19.96	1.69	1.17
哈尔滨	1.26	3.96	12.23	8.94	16.90
大庆	0.00	5.21	10.19	3.50	0.66
同江	0.45	4.56	2.14	2.40	18.00
北安	—	0.87	8.43	3.66	3.90
讷河	—	—	—	—	—

注："—"代表数据缺失

表 5-12　2013 年东北地区 6～10 月芦苇扇型植硅体百分含量的变化　（单位：%）

样点	6月	7月	8月	9月	10月
丹东	0.81	0.13	2.34	11.82	20.12
盘锦	3.31	3.42	5.56	6.12	2.46
龙湾	—	3.24	6.52	2.64	8.25
通辽	—	1.52	0.33	2.05	1.41
长春	0.31	1.23	10.81	8.06	15.71
牡丹江	3.52	0.58	10.01	1.73	6.03
长岭	10.13	2.26	6.23	9.44	5.91
哈尔滨	8.21	6.31	14.85	20.46	15.12
大庆	3.94	3.32	16.02	6.13	0.53
同江	1.52	2.46	6.33	4.23	18.07
北安	—	2.42	17.61	14.72	15.43
讷河	—	—	—	—	—

注："—"代表数据缺失

五、芦苇硅化气孔（保卫细胞）数量对时空分异的响应

气孔是陆生植物与外界环境进行气体交换和水分蒸腾的重要门户，在植物生命活动中起着重要作用，是影响光合作用和蒸腾作用的一个重要因素，生存环境的变化常常导致叶表面气孔数目的变化，进而影响植物生理活动的强弱。

在 6～10 月，芦苇硅化气孔的浓度在不同生长期的差异较大（图 5-35），其浓度为 $(341\sim2252)\times10^4$ 粒/g，其中 7 月芦苇硅化气孔浓度较大，而后有所减少。同时从图 5-35 可看出芦苇硅化气孔的浓度在不同样点有明显波动，但变化曲线的峰谷数量和位置并不完全一致。6 月硅化气孔浓度从低纬度到高纬度一直呈递减趋势。7 月、8 月两个月芦苇硅化气孔浓度变化曲线的峰和谷基本对应。9 月、10 月两个月芦苇硅化气孔浓度变化曲线的峰和谷也基本对应，该变化曲线显示长岭以北的几个样点芦苇硅化气孔的浓度相对较少。图 5-36（图中芦苇硅化气孔浓度、月均最低及最高气温为东北地区 12 个样点的平均值）显示，6～10 月月均最高及最低气温整体呈现先升高后下降的变化趋势，7 月月均最高及最低气温最高。芦苇硅化气孔的浓度在 6 月、7 月呈递增趋势，在温度

最高的 7 月达到最大值，而后递减，但 8～10 月的芦苇硅化气孔的浓度相差不大。有研究发现植物叶片的气孔密度在植物发育的早期即未接近成熟期时最大,而后有所减少（尹秀玲等，2006）。7 月也是植物生长的旺盛期，芦苇光合作用、蒸腾作用等植物生理活动旺盛，气孔的活动增强（李新峥等，2005），从而使其浓度较大。8～10 月芦苇硅化气孔浓度相对减少这可能与芦苇接近成熟有关。

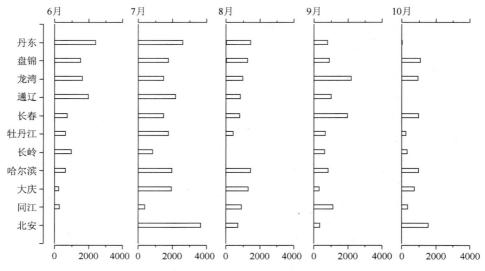

图 5-35　6～10 月东北地区芦苇硅化气孔浓度的变化趋势（10⁴ 粒/g）

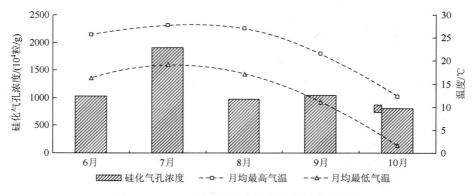

图 5-36　6～10 月芦苇硅化气孔浓度的变化趋势

　　图 5-37 表示的是东北地区芦苇硅化气孔浓度变化量的变化趋势，从中我们发现长春以南的各个样点芦苇硅化气孔的浓度相对较大，长春以北的样点（除北安样点）芦苇硅化气孔的浓度相对较小，即温度较高的样点芦苇硅化气孔的浓度相对较大，而温度较低的样点芦苇硅化气孔的浓度相对较小。据图 5-38（图中芦苇硅化气孔浓度、月均最低及最高气温为从南到北四条剖面线上 3 个样点 6～10 月的均值），从温 4 区到温 1 区其月均最高及最低气温是逐渐升高的。芦苇硅化气孔浓度随温度的变化大体上也呈现随温度升

高而增多的趋势，其中温 1 区芦苇硅化气孔的浓度明显偏大，而其他 3 个温度区的芦苇硅化气孔浓度相差不大。

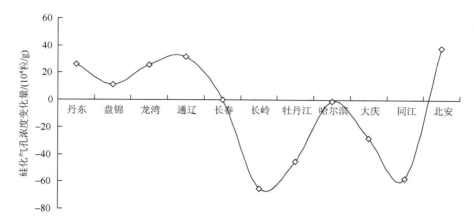

图 5-37　东北地区芦苇硅化气孔浓度变化量的变化趋势

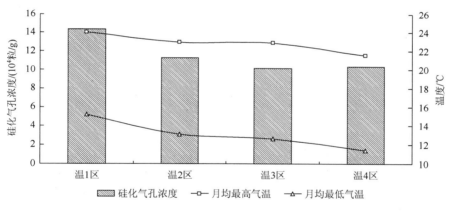

图 5-38　东北地区芦苇硅化气孔浓度随温度的变化趋势

　　结合上述分析可知，芦苇硅化气孔的多少与温度的变化存在一定关联，其随温度大体上呈现增多的趋势，即温度较高的样点芦苇硅化气孔的浓度相对较大，而在温度较低的样点芦苇硅化气孔的浓度相对较少。有研究发现沿温度梯度，所研究物种的气孔密度显示出与温度的正相关性（左闻韵等，2005）。同时有人研究发现在温度较高的情况下，植物的蒸腾作用较强，气孔数目可能较多，有利于水分和矿质元素的运输（石福孙等，2009）。因此温度可能影响了气孔的发生、分化和发育，较高的温度促进气孔的发育，使纬度较低的样点因温度较高形成较多的硅化气孔。基于此，我们认为，在适宜范围内，温度升高有利于芦苇气孔发育，超过或低于适宜范围都会使芦苇硅化气孔浓度降低。

　　图 5-39 表示的是在不同湿度条件下芦苇硅化气孔浓度的变化趋势，图中每个样点的芦苇硅化气孔浓度、月均最低及最高气温为该样点 6～10 月的均值。从图 5-39 可得知，

在不同湿度梯度影响下，芦苇硅化气孔浓度随温度的变化规律并不一致，其中东部湿润区半干旱区芦苇硅化气孔浓度随温度升高呈递增趋势；中部半湿润区芦苇硅化气孔浓度随温度升高呈递减趋势；西部半干旱区芦苇硅化气孔浓度随温度升高呈先减少后增多的变化趋势。这说明在不同湿度条件下，东北地区芦苇硅化气孔浓度受到温度和湿度因素的双重影响，随温度的升高，芦苇硅化气孔浓度的变化方向因湿度因素的影响而有所差异。同时第四章第三节中模拟增温的实验样地也设置在吉林省长岭县境内，其同样处于东北地区的半干旱区，在模拟增温实验处理下芦苇硅化气孔数量随温度升高（T_1^a 组与 CK^a 组相比）而增加，但超过其发育的阈值芦苇硅化气孔的数量随温度升高（T_3^a 组与 CK^a 组相比）而减小，这与本书的结果（西部半干旱区芦苇硅化气孔数量随温度升高呈先减少后增多的变化趋势）是不一致的，这表明在相同的湿度条件下，芦苇硅化气孔数量随温度的变化趋势也并不一致，结合上述分析，我们认为东北地区芦苇气孔的影响因素较为复杂，并不单一受温度因子的影响，以后应注意多种环境因素对植物气孔的影响。

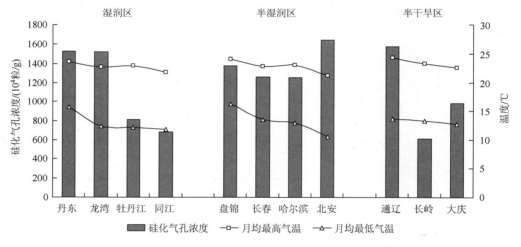

图 5-39　湿润区、半湿润区及半干旱区芦苇硅化气孔浓度的变化趋势

第四节　芦苇植硅体大小对时空分异的响应

上述研究表明芦苇植硅体浓度对温度的响应敏感，其在温度影响下存在明显的时空分异，那么芦苇植硅体大小是否也存在时空分异，它的受控因素又有哪些？按照从南到北的四条纬向方向的剖面线即温 1 区（位于暖温度，包括丹东—盘锦—通辽）、温 2 区（位于温带，包括龙湾—长春—长岭）、温 3 区（位于温带，包括牡丹江—哈尔滨—大庆）、温 4 区（位于温带，包括同江—北安—讷河）对芦苇植硅体大小随温度的时空变化进行分析。

为更好地理解芦苇植硅体大小的时空分异规律，我们选择了短细胞植硅体、毛状细胞植硅体及硅化气孔，分别对其进行研究。由于鞍型植硅体的含量超过半数（集中在 50%～90%），是芦苇的特征植硅体，帽型植硅体的含量在所有植硅体类型中所占比例较高，因此本书以鞍型植硅体、帽型植硅体作为短细胞植硅体的代表；毛状细胞植硅体对环境的变化较为敏感，故以尖型植硅体作为毛状细胞植硅体的代表；气孔是水汽进出植物的通道，其大小可直接影响植物的蒸腾作用和光合作用等植物生理活动，在植物的生长过程中起着十分重要的作用，而硅化气孔是植物气孔在植物保卫细胞内沉积形成的，其变化可反映植物气孔的变化，因此以硅化气孔作为保卫细胞植硅体的代表。

一、芦苇鞍型（短细胞）植硅体大小对时空分异的响应

方差分析结果显示芦苇鞍型植硅体的鞍宽（$P=0.040$）、长（$P=0.001$）和宽（$P=0.000$）在温 1 区到温 4 区之间表现出显著差异，这表明芦苇鞍型植硅体大小从温 1 区到温 4 区随温度变化而有明显差异。据图 5-40 可知，6 月芦苇鞍型植硅体总体呈现温 3 区或温 2 区＞温 4 区＞温 1 区的变化趋势；7 月呈现温 3 区＞温 4 区或温 1 区＞温 2 区的变化趋势；8～10 月芦苇鞍型植硅体随温度的变化趋势大体一致，即芦苇鞍型植硅体大小呈现温 2 区＞温 3 区或温 4 区＞温 1 区的变化趋势。这可能是由于 6 月温 1 区（属于暖温带）温度相对较高，热量充分，植物生长旺盛，植物表皮细胞快速分裂，所以可能导致单个植物表皮细胞较小，进而引起植物植硅体发育较小，而温 2 区、温 3 区、温 4 区（属于温带）温度相对较低，植物表皮细胞活性较小，植物表皮细胞分裂较慢，从而导致单个植物表皮细胞较大，植物植硅体较大。但总体看来，芦苇鞍型植硅体大小呈现温带＞暖温带的变化趋势。芦苇鞍型植硅体宽/长或鞍宽/鞍长的值基本为 0.65～0.80，其形态随温度变化较为稳定，这说明芦苇鞍型植硅体的形态是受遗传因素的控制，也再次验证了植硅体作为古气候代用指标的有效性。图 5-41（图中芦苇鞍型植硅体各参数的大小、月均最低及最高气温为该样点 6～10 月的平均值）表明，从温 4 区到温 1 区其月均最高及最低气温是逐渐升高的。芦苇鞍型植硅体从暖温带到温带随温度降低呈增大趋势，其在温 2 区明显增大。第四章第三节中芦苇鞍型植硅体在不同模拟增温实验处理下其大小的变化规律显示：对照组芦苇鞍型植硅体大小均大于增温组，这与本结果大体是一致的。因此整体看来，无论是自然状态还是模拟增温实验下，芦苇鞍型植硅体大小与温度之间并非是简单的线性关系，而可能是一种复杂的函数关系。

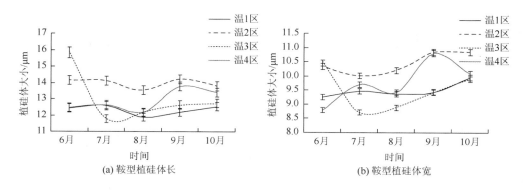

(a) 鞍型植硅体长　　　　　　　　　　(b) 鞍型植硅体宽

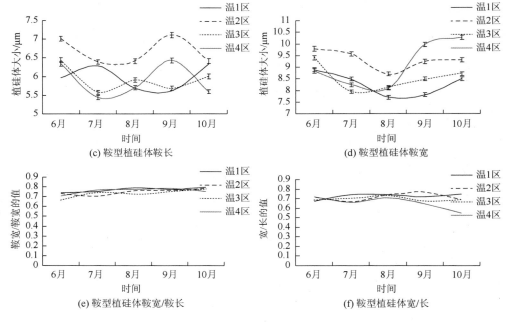

图 5-40　6～10 月东北地区芦苇鞍型植硅体大小的变化趋势

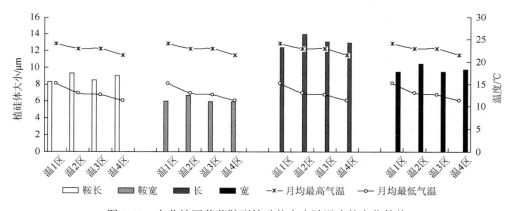

图 5-41　东北地区芦苇鞍型植硅体大小随温度的变化趋势

二、芦苇帽型（短细胞）植硅体大小对时空分异的响应

　　方差分析结果表明芦苇帽型植硅体的高（$P=0.006$）在温 1 区到温 4 区之间表现出极显著差异，即芦苇帽型植硅体大小因温度变化而有显著差异。由图 5-42 可看出，6 月芦苇帽型植硅体总体呈现温 2 区＞温 4 区＞温 3 区＞温 1 区的变化趋势；7～10 月芦苇帽型植硅体随温度的变化趋势大体一致，即芦苇帽型植硅体大小整体呈现温 2 区＞温 3 区或温 4 区＞温 1 区的变化趋势。这可能是由于 6 月温 1 区（属于暖温带）温度相对较高，热量充分，植物生长旺盛，植物表皮细胞快速分裂，所以可能导致单个植物表皮细胞较小，进而引起植物植硅体较小，而温 2 区、温 3 区、温 4 区（属于温带）

温度相对较低，植物表皮细胞活性较小，植物表皮细胞分裂较慢，从而导致单个植物表皮细胞较大，植物植硅体变大。但总体看来，芦苇帽型植硅体大小从温带到暖温带随温度升高呈减小趋势。同时从图中也可发现芦苇帽型植硅体高/下底的值基本为0.45～0.60，这表明芦苇帽型植硅体形态随温度变化较为稳定，其主要受遗传因素的控制，也再次验证了植硅体作为古气候代用指标的有效意义。图 5-43（图中芦苇帽型植硅体各参数的大小、月最低及最高气温为该样点 6～10 月的平均值）也揭示，从温 4区到温 1 区其月均最高及最低气温是逐渐升高的。芦苇帽型植硅体呈现暖温带小于温带的变化趋势，其在温 2 区明显较大。因此总体看来，芦苇帽型植硅体的大小与温度之间的变化并非是线性的。

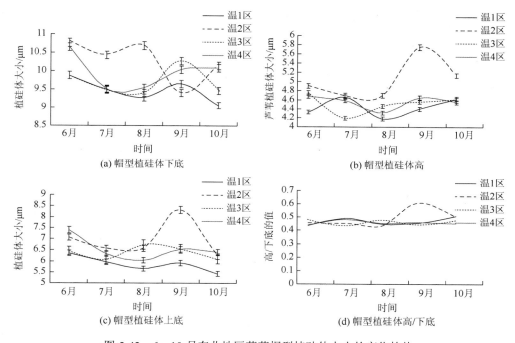

图 5-42　6～10 月东北地区芦苇帽型植硅体大小的变化趋势

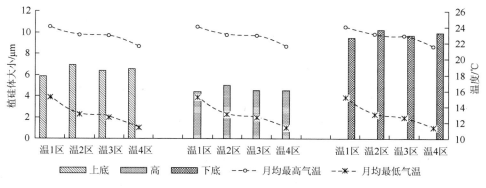

图 5-43　东北地区芦苇帽型植硅体大小随温度的变化趋势

三、芦苇尖型（毛状细胞）植硅体大小对时空分异的响应

方差分析结果显示芦苇尖型植硅体的长（$P=0.001$）和宽（$P=0.000$）在温 1 区到温 4 区之间表现出极显著差异，这说明芦苇尖型植硅体大小随温度变化而有显著差异。由图 5-44 可看出，6 月芦苇尖型植硅体总体呈现温 2 区＞温 3 区或温 4 区＞温 1 区的变化趋势；7 月尖型植硅体呈现温 2 区＞温 3 区＞温 4 区＞温 1 区的变化趋势；8～10月芦苇尖型植硅体随温度的变化趋势大体一致，即芦苇尖型植硅体整体呈现温 4 区＞温 2 区或温 3 区＞温 1 区的变化趋势。这可能是由于 6 月温 1 区（属于暖温带）温度相对较高，热量充分，植物生长旺盛，植物表皮细胞快速分裂，所以可能导致单个植物表皮细胞较小，进而引起植物植硅体较小，而温 2 区、温 3 区、温 4 区（属于温带）温度相对较低，植物表皮细胞活性较小，植物表皮细胞分裂较慢，从而导致单个植物表皮细胞较大，植物植硅体较大。但总体看来，芦苇尖型植硅体大小呈现温带大于暖温带的变化趋势。图 5-45（图中芦苇尖型植硅体各参数的大小、月均最低及最高气温为该样点 6～10 月的平均值）表明，从温 4 区到温 1 区其月均最高及最低气温是逐渐升高的。芦苇尖型植硅体则呈现从暖温带到温带变小的趋势。这与第四章第三节中芦苇尖型植硅体大小在不同模拟增温实验处理下的变化规律大体一致，其大小从对照组到增温组是呈减小趋势的。综合上述分析整体看来，芦苇尖型植硅体大小随温度的变化并非是线性的。

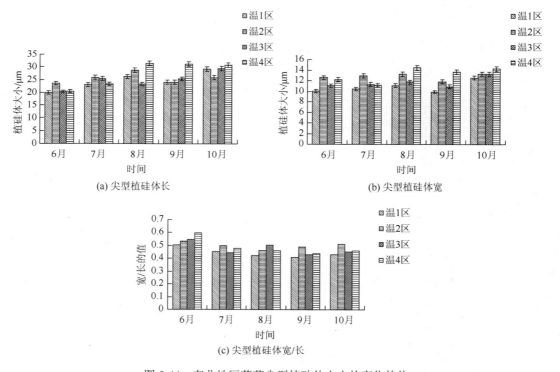

图 5-44 东北地区芦苇尖型植硅体大小的变化趋势

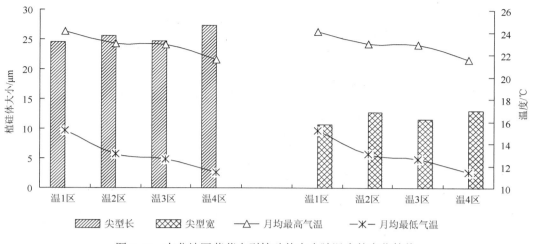

图 5-45　东北地区芦苇尖型植硅体大小随温度的变化趋势

四、芦苇硅化气孔（保卫细胞）大小对时空分异的响应

气孔是植物表皮的特殊结构，是植物与环境进行 CO_2 与水汽交换的重要通道，其孔径大小直接影响着植物的蒸腾作用和光合作用的速率。同时植物叶片气孔大小因环境信息（光照、温度及水分状况差异等）的变化而变化。

对芦苇硅化气孔的大小作方差分析，发现芦苇硅化气孔的长（$P=0.001$）和宽（$P=0.000$）在温 1 区到温 4 区之间表现出极显著差异，这说明芦苇硅化气孔大小因温度变化而有显著差异。图 5-46 显示，6 月、9 月及 10 月芦苇硅化气孔随温度的变化趋势大体一致，即整体上呈现温 2 区＞温 3 区或温 4 区＞温 1 区；7 月、8 月芦苇硅化气孔随温度的变化趋势是相似的，芦苇硅化气孔随温度呈现温 2 区＞温 3 区＞温 1 区或温 4 区。这可能是由于 6 月温 1 区（属于暖温带）温度相对较高，热量充分，植物生长旺盛，植物表皮细胞快速分裂，所以可能导致单个植物表皮细胞较小，进而引起植物植硅体较小，而温 2 区、温 3 区、温 4 区（属于温带）温度相对较低，植物表皮细胞活性较小，植物表皮细胞分裂较慢，从而导致单个植物表皮细胞较大，植物植硅体较大。其中 9 月、10 月芦苇硅化气孔的大小呈现与 6 月相似的变化趋势可能是由于 9 月、10 月植物进入生长后期，并逐渐停止生长或枯萎，植物表皮细胞活性较小，导致单个植物表皮细胞较小，从而使硅化气孔较小，呈现与 6 月相似的变化趋势。但总体看来，芦苇硅化气孔从暖温带到温带呈现变小趋势。同时从图中也可发现芦苇硅化气孔宽/长的值基本为 0.45～0.65，其形态随温度变化较为稳定，这表明芦苇硅化气孔的形态受遗传因素的控制。图 5-47（图中芦苇硅化气孔的大小、月均最低及最高气温为该样点 6～10 月的平均值）表明，从温 4 区到温 1 区其月均最高及最低气温是逐渐升高的。芦苇硅化气孔呈现暖温带小于温带的变化趋势。第四章第三节中芦苇硅化气孔在不同模拟增温实验处理下的变化规律显示：芦苇硅化气孔呈现增温组大于对照组的变化趋势，这与本结果是相反的。但整体看来，芦苇硅化气孔的大小与温度之间呈现复杂的函数关系。

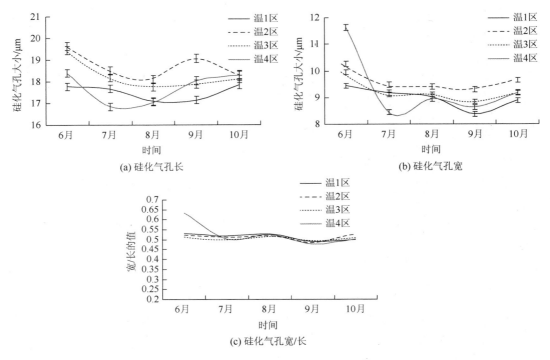

(a) 硅化气孔长　　　　　　　　　(b) 硅化气孔宽

(c) 硅化气孔宽/长

图 5-46　6～10 月芦苇硅化气孔大小的变化趋势

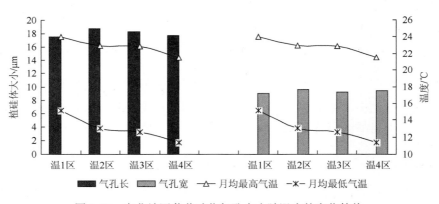

图 5-47　东北地区芦苇硅化气孔大小随温度的变化趋势

小　结

　　2011～2013 年的 6～10 月，东北地区 12 个样点的芦苇植硅体类型相同，其浓度和大小表现出有规律的变化，说明芦苇植硅体对于生长环境温度的变化很敏感，随着温度的变化而变化，据此可以利用芦苇植硅体形态组合的不同变化，推测环境温度的变化趋势。

　　东北地区芦苇植硅体浓度、鞍型、尖型、扇型及硅化气孔浓度因样点温度的不同而有明显差异，但其对温度的响应规律并不相同。芦苇植硅体浓度随温度升高而呈递增趋势，这揭示植物在全球气候变暖背景下，芦苇产量对温度变化的响应机制，为探讨草地生态系统对全球变暖的响应研究提供了基础理论数据；芦苇鞍型植硅体浓度也因温度升高而增多；芦苇尖型植硅体浓度随温度的变化趋势呈现与鞍型植硅体相反的规律，即随温度的升高，芦苇尖型植硅体浓度减少；芦苇扇型植硅体浓度随温度的变化在 2011～2013 年呈现相反的趋势，2011 年芦苇扇型植硅体浓度随温度的升高而减少，而 2012 年和 2013 年芦苇扇型植硅体浓度随温度的升高而增多，因此我们需要更长时间的连续观测才能够准确探讨温度对芦苇植硅体的影响；芦苇硅化气孔的多少与温度的变化也存在一定关联，芦苇硅化气孔浓度随温度的升高而呈递增趋势。

同时东北地区西部半干旱区芦苇植硅体数量与在吉林省长岭县境内设置的不同模拟增温实验处理下芦苇植硅体数量随温度的变化趋势一致，这说明在相同湿度条件下，东北地区芦苇植硅体数量主要受到温度因子的影响。

在不同湿度条件下，中部半湿润区芦苇植硅体浓度随温度的变化与东部湿润区及西部半干旱区芦苇植硅体浓度随温度的变化趋势不一致，这表明东北地区芦苇植硅体数量空间分异的影响因素是较为复杂的，虽其随温度呈现一致的变化趋势，但其仍然受到湿度等其他因素的影响。

东北地区芦苇短细胞植硅体即鞍型植硅体和帽型植硅体从暖温带到温带随温度降低均呈增大趋势，并且芦苇鞍型植硅体随温度的变化趋势与不同模拟增温实验处理下芦苇鞍型植硅体大小随温度的变化趋势是一致的。而芦苇尖型植硅体则呈现从暖温带到温带变小的趋势。这与在 OTC 增温实验处理下芦苇尖型植硅体大小的变化规律也是相似的。同时，芦苇硅化气孔也呈现暖温带小于温带的变化趋势，与不同模拟增温实验处理下芦苇硅化气孔随温度的变化趋势则是相反的。因此无论是自然状态还是模拟增温实验下，芦苇植硅体大小与温度之间并非是简单的线性关系，而可能是一种复杂的函数关系。

参 考 文 献

白琰，龙瑞军，刘玉冰. 2006. 红砂的净光合速率与蒸腾速率的日变化特征. 甘肃农业大学学报，41（2）：56～58.

鲍玉海，杨吉华，李红云，等. 2005. 不同灌木树种蒸腾速率时空变异特征及其影响因子的研究. 水土保持学报，19（3）：184～187.

卞勇，潘晓琳. 1995. 植物吐水现象的观察. 数学园地，5：38.

陈晖，刘敏，侯立军，等. 2009. 崇明东滩海三棱藨草生物硅分布及季节变化. 中国环境科学，29（1）：73～77.

陈效逑，周萌，郑婷，等. 2008. 呼伦贝尔草原羊草（Leymus chinensis）光合速率的季节变化——以鄂温克旗牧业气象试验站为例. 生态学报，28（5）：2003～2012.

陈兆波，张翼，王沛，等. 2007. 香紫苏开花期蒸腾和光合作用日变化特征及其影响因子研究. 西北植物学报，27（6）：1202～1208.

除多，普布次仁，德吉央宗，等. 2013. 西藏典型草地地上生物量季节变化特征. 草业科学，230（7）：1071～1081.

董智，马宇飞，李红丽，等. 2009. 4 个紫花苜蓿品种分枝期光合速率、蒸腾速率日变化及其影响因子分析. 中国草地学报，31（3）：67～71.

豆胜，马成仓，陈登科. 2008. 4 种常见双子叶植物蒸腾作用与叶温关系的研究. 天津师范大学学报（自然科学版），28（2）：11～13.

付为国，李萍萍，卞新民，等. 2006. 镇江北固山湿地芦苇光合日变化的研究. 西北植物学报，26（3）：496～501.

高井康雄. 1988. 植物营养与技术. 敖光明等译. 北京：农业出版社.

高彦萍，冯莹，马志军，等. 2007. 水分胁迫下不同抗旱类型大豆叶片气孔特性变化研究. 干旱地区农业研究，25（2）：77～79.

格日乐，张力，乌仁陶德，等. 2006. 库布齐沙漠几种固沙植物蒸腾速率的季节变化特征. 水土保持研究，13（5）：33～35.

宫璇，张如莲，曹红星，等. 2011. 4 个椰子品种光合、蒸腾作用日变化特征及影响因素. 热带作物学报，32（2）：221～224.

韩兴华. 2007. 4 种针叶树光合蒸腾特性的研究. 呼和浩特：内蒙古农业大学硕士学位论文.

黄德华，尹承军，陈佐忠. 1993. 羊草草原和大针茅草原地上和地下部分生物量的分配. 植物学通报，S1：29.

介冬梅，刘红梅，葛勇，等. 2011. 长白山泥炭湿地主要植物植硅体形态特征研究. 第四纪研究，31（1）：163～170.

李萍萍，陈歆，付为国，等. 2005. 北固山湿地芦苇光合作用及其与环境的关系. 江苏大学学报（自然科学版），26（4）：336～339.

李新峥，刘振威，孙丽. 2005. 南瓜净光合速率及其生理生态因子时间变化特征. 安徽农业科学，33（6）：1028～1029.

梁永超，张永春，马同生. 1993. 植物的硅素营养. 土壤学进展，21（3）：7～14.

林金科. 1999. 茶树光合作用的年变化. 福建农业大学学报，28（1）：38～42.

刘海东，杨永利，韩烈保，等. 2006. 天津滨海区草坪草净光合与蒸腾速率日变化特征. 草地学报，14（4）：373～378.

吕建林，陈如凯，张木清，等. 1998. 甘蔗净光合速率、叶绿素和比叶重的季节变化及关系. 福建农业大学学报，27（3）：285～290.

马略耕. 2011. 松嫩草地芦苇光合特性对全球气候变化响应的研究. 长春：东北师范大学硕士学位论文.

茫来，宝音陶格涛，布仁其其格，等. 2010. 黄花苜蓿光合蒸腾日变化特征及其与环境因子的关系. 草地学报，18（2）：195～198.

饶立华，覃莲祥，朱玉贤，等. 1986. 硅对杂交水稻形态结构和生理的效应. 植物生理学通讯，（3）：20～24.

石福孙，吴宁，吴彦，等. 2009. 模拟增温对川西北高寒草甸两种典型植物生长和光合特征的影响. 应用与环境生物学报，15（6）：750～755.

唐旭，郑毅，张朝春. 2005. 植物的硅吸收及其对病虫害的防御作用. 云南农业大学学报，20（4）：495～499.

王红霞，张志华，玄立春. 2003. 果树光合作用研究进展. 河北农业大学学报，26：49～52.

王继和，金冠，毛里斯. 2000. 新红星苹果光合特性的研究. 西北植物学报，20（5）：802～811.

王立. 2006. 松嫩草地优势禾草生理生态的适应特性及其对模拟气候变化的响应. 长春：东北师范大学博士学位论文.

王永吉，吕厚远. 1992. 植物硅酸体研究及应用. 北京：海洋出版社.

肖千明，马兴全，娄春荣，等. 1999. 玉米硅的阶段营养与土壤有效硅关系研究. 土壤通报，30（4）：185～188.

肖玮，孙国荣，阎秀峰，等. 1995. 松嫩盐碱草地星星草种群地上生物量的季节动态. 哈尔滨师范大学自然科学学报，11（1）：81～83.

阎秀峰，孙国荣，肖玮. 1996. 星星草光合蒸腾特性的季节变化. Bulletin of Botanical Research，16（3）：340～345.

易现峰，贾桂英，师生波，等. 2000. 高寒草甸矮嵩草种群光合作用及群落生长季节变化. 中国草地，（1）：12～15.

尹秀玲，王金霞，段志青，等. 2006. 小麦气孔密度及日变化规律研究. 中国农学通报，22（5）：237～242.

张国盛，王林和，董智，等. 1998. 毛乌素沙地几种植物蒸腾速率的季节变化特征. 内蒙古林学院学报（自然科学版），20（1）：7～12.

张贺. 2011. 芸香生理生化指标的季节性变化与抗寒性的关系. 哈尔滨：哈尔滨师范大学硕士学位论文.

张友民，杨允菲，王立军. 2006. 三江平原沼泽湿地芦苇种群生产与分配的季节动态. 中国草地学报，28（4）：1～5.

赵鸿，杨启国，邓振镛，等. 2007. 半干旱雨养区小麦光合作用、蒸腾作用及水分利用效率特征. 干旱地区农业研究，25（1）：125～130.

周青，潘国庆，施作家，等. 2001. 不同时期施用硅肥对水稻群体质量及产量的影响. 耕作与保护，3：25～27.

庄瑶，孙一香，王中生，等. 2010. 芦苇生态型研究进展. 生态学报，30（8）：2173～2181.

左闻韵，贺金生，韩梅，等. 2005. 植物气孔对大气 CO_2 浓度和温度升高的反应——基于在 CO_2 浓度和温度梯度中生长的 10 种植物的观测. 生态学报，25（3）：565～574.

Epstein E. 1994. The anomaly of silicon in plant biology. Proceedings of the National Academy of Science of USA，91（1）：11～17.

Handreck K A，Jones L H P. 1968. Studies of silica in the oat plant. Plant and Soil，29（3）：449～459.

Jones L H P，Milne A A，Wadham S M. 1963. Studies of silica in the oat plant. Plant and Soil，18（3）：358～371.

Keeling C D，Chin J F S，Whorf T P. 1996. Increased activity of northern vegetation inferred from atmospheric CO_2 measurements. Nature，382：146～149.

Lanning F C，Eleuterius L N. 1987. Silica and ash in native plants of the central and southeastern regions of the United States. Annals of Botany，60（4）：361～375.

Marsehner H. 1995. Mineral Nutrition of Higher Plant. San Diego：Academic Press.

Motomura H，Mita A，Suzuki M. 2002. Silica accumulation in long-lived leaves of *Sasa veitchii*（Carrière）Rehder（Poaceae：Bambusoideae）. Annals of Botany，90（1）：149～152.

Parry D W，Smithson F. 1964. Types of opaline silica deposition in the leaves of British grasses. Annals of Botany，28（1）：169～185.

Sangster A G，Parry D W. 1968. Some factors in relation to bulliform cell silicification in the grass leaf. Annals of Botany，33（2）：315～323.

Seebold K W，Kucharek T A，Datonffl E，et al. 2001. The influence of silicon on components of resistance to blastin susceptible，partially resistant and resistant cultivas of rice. Phytopatholpgy，91（1）：63～69.

Song Z L，Liu H Y，Li B L，et al. 2013. The production of phytolith-occluded carbon in China's forests: implications to biogeochemical carbon sequestration. Global Change Biology，19（9）：2907～2915.

Song Z L，Wang H L，Strong P J，et al. 2012. Plant impact on the coupled terrestrial biogeochemical cycles of silicon and carbon: implications for biogeochemical carbon sequestration. Earth-Science Reviews，115（4）：319～331.

Takahashi E，Ma J F，Miyake Y. 1990. The Possibility of silicon as an essential element for higher plants. Comments on Agricultural and Food Chemistry，2（2）：99～122.

Takahashi E，Miyake Y. 1976. Distribution of silica accumulator plants in the plan kingdom：（1）Monocotyledons. Journal of the Science of Soil and Manure，47：296～300.

第六章 芦苇植硅体变化的气候因素分析

第五章分析表明光合作用和蒸腾作用对芦苇植硅体的数量变化具有重要影响，同时也发现芦苇植硅体数量在温度因子主控的基础上仍然受到湿度的影响，其是一个特定区域内各种自然环境因素的综合产物，但到底哪一种因素主控芦苇植硅体数量的变化还不甚清楚。以下就气候因素对芦苇植硅体数量的影响进行进一步分析，并尝试利用正交试验的方法将气候、地形因素中的主要影响因素区分出来，确定影响芦苇植硅体数量时空分异的主控因素。

第一节 气候因素对植物光合作用的影响

植物的光合作用经常因外界环境条件和内部因素的影响而发生变化，如光照强度、温度、降水、CO_2浓度、叶绿素含量等。而植物的光合作用是植物体对温度和降水反应较为敏感的生理现象之一，并且直接影响植物的生长发育，因此本章着重论述温度和水分条件对植物光合作用的影响。

一、温度对植物光合作用的影响

温度作为重要环境因子之一，影响着植物生长、发育和功能，同时由于光合作用的暗反应是由酶催化的化学反应，其反应速率受温度影响，因此温度也是影响光合速率的重要因素。依据 IPCC-TAR 的预测结果和其他资料，1990～2100 年全球平均温度将上升1.70～4.90℃，植物的光合作用最适温度将会升高 5.00～10.00℃。而光合作用有温度三基点，即光合作用的最低、最适和最高温度。温度的三基点因植物种类不同而有很大差异（表 6-1）。耐寒植物的光合作用冷限与细胞结冰温度相近；而起源于热带的喜温植物，如玉米、高粱、番茄、黄瓜、橡胶树等在温度低于 10.00℃时，光合作用即受到明显抑制。温度对于植物光合作用的影响存在以下两种情况：①环境温度高于植物光合作用的最适温度时，将导致植物的光合速率降低。其原因可能是与 O_2 相比，温度升高时 CO_2 的溶解度减少，并且 Rubisco 对 CO_2 的亲和性降低。②外界环境温度低于植物最适的光合温度时，温度升高与 CO_2 浓度升高对植物光合速率的影响存在一定的协同作用，即植物的光合速率随温度升高而增大，这可能是因为光合作用属酶促反应，温度的上升增加了植物叶片的光合速率（王为民等，2000）。

Tissue 等（1995）发现火炬松（*Pinus taeda*）的光合作用与温度的增长存在正相关关系。而 Staehr 和 Sand（2006）认为温度升高有利于植物叶片内光合酶活性的提高，从而促进植物光合作用的进行，使温度与光合作用呈正相关关系。侯彦林等（2005）的研究也发现低温胁迫处理后小麦幼苗叶片净光合速率（P_n）降低，这可能是由于小麦叶片气孔导度的降低，限制了CO_2向叶绿体的输送，使叶片内CO_2浓度降低，进而引起光合原料供应不足所致。而祁秋艳等（2012）对崇明东滩湿地植物芦苇快速生长期光合特征对模拟增温的响应研究发现，增温使芦苇的净光合速率（P_n）降低了11.90%。因此植物的光合作用对温度的响应也因增温时间长短而异，众多研究表明，短期（如1个生长季）温度升高往往使光合速率增加（Hurry et al.，1994）。石福孙等（2009）的研究也表明适度的增温能使植物的净光合速率、最大光合速率等主要光合特性指标增加，进而促进植物的生理活动。但随着处理时间的延长，植物的光合生理过程对升温的响应存在一定的年际差异，杨淑慧等（2012）采用开顶式气室法（open-top chamber，OTC）模拟升温，分别于升温1a和升温2a后，测定崇明东滩湿地围垦区代表植物——芦苇快速生长期叶片的光响应进程，结果表明：与对照样地相比，升温1a后，芦苇最大净光合速率显著增加，表现出正效应，而升温2a后结果相反，这表明长时间升温条件下芦苇的光合作用受到抑制。同时有研究表明在CO_2浓度和光强度相同的情况下，温度对光合作用的影响较大。在光合作用正常进行的温度范围内（10~35℃），光强度和CO_2充足时，光合速率随温度升高而增大。因此在光强度较高时，对光合作用影响最大的一个因素就是温度，应尽量提高环境温度，以提高植物的光合效率（冀瑞萍，2000），因此，植物光合作用对温度的响应因增温时间长短而有所不同。

表6-1　不同植物光合作用的温度三基点的变化　　　　（单位：℃）

植物种类	最低温度	最适温度	最高温度
草本植物：热带 C_4 植物	5.00~7.00	35.00~45.00	50.00~60.00
C_3 农作物	−2.00~0.00	20.00~30.00	40.00~50.00
阳生植物（温带）	−2.00~0.00	20.00~30.00	40.00~50.00
阴生植物	−2.00~0.00	10.00~20.00	约40.00
CAM植物（夜间固定 CO_2）	−2.00~0.00	5.00~15.00	25.00~30.00
木本植物：春天开花植物和高山植物	−7.00~2.00	10.00~20.00	30.00~40.00
热带和亚热带常绿阔叶乔木	0.00~5.00	25.00~30.00	45.00~50.00
干旱地区硬叶乔木和灌木	−5.00~1.00	15.00~35.00	42.00~55.00
温带冬季落叶乔木	−3.00~1.00	15.00~25.00	40.00~45.00
常绿针叶乔木	−5.00~3.00	10.00~25.00	35.00~42.00

对高温胁迫下植物光合色素含量的变化研究发现，在5d高温（40℃）胁迫下，多数水稻材料的叶绿素含量均表现出下降的趋势，但一种杂交水稻母本的叶绿素含量没有表现出下降的趋势，这可能与栽培稻的长期驯化有关（郭培国和李荣华，1998）。马略耕（2011）利用红外线辐射器模拟温度升高对东北地区松嫩草原芦苇叶绿素含量的影响研究发现，温度升高使叶绿素a和叶绿素b以及类胡萝卜素的含量得以增加，从而促进芦苇光合作用的进行，使芦苇光合速率增大。

一般而言，适当增温能延长植物的生长周期，提高光合作用效率，促进土壤养分的吸收，进而引起植物产量的增加。石冰等（2010）应用开顶式生长室（OTCs）模拟增温试验，研究了上海市崇明岛东滩湿地围垦区芦苇的生长、繁殖和生物量分配对温度升高的响应，结果表明：温度升高使芦苇地上部分各层（0～60cm、60～120cm、120～180cm、>180cm）的生物量均比对照组显著增加，随温度升高从下到上生物量增加的程度越来越大，这可能是在于从地面到冠层，芦苇绿叶的数量越来越多，接受光的照射量也越来越多，光合作用逐渐增强，光合产量也相应增加。杨永辉等研究了增温对生长在三种不同理化性质的土壤（酸性棕壤、灰壤土和黏泥炭土）上的优势植物生长的影响，结果指出温度升高增加了这三种土壤生境下植物的生物量。Lambers 等（1998）的研究也发现低纬度区域芦苇植株高度的生长速率明显快于高纬度区域。

同时，相关研究结果发现温度升高对植物的影响存在负效应。高素华等（1995）通过 CO_2 浓度对旱地作物生长发育、产量影响的人工模拟试验及田间试验得到以下结果：CO_2 浓度升高加快了作物发育历程，有利于干物质的积累，籽粒产量增加；温度升高使旱地作物发育历程缩短，温度升高在一定范围内对籽粒产量是正效应，升温幅度超过 2℃时，即 CO_2 浓度倍增，春小麦的籽粒产量仍呈下降趋势。增温的负作用主要是由于水分消耗而引起干旱，植物在受到水分胁迫的同时更容易感染病虫害，从而造成严重减产的后果或限制森林生长与更新。相对于植物生长在南界或山地下限，植物由于温度增加而得不到充分的低温来刺激休眠，从而使基本发育周期不能完成；高温促进了干旱化，使得果实或种子败育。并且，由于全球变暖造成的暖冬将促进冬旱的危害。

二、水分对植物光合作用的影响

水是植物生长发育的一个重要生态环境因子，是植物的一个重要的"先天"环境条件，植物的一切生命活动，只有在一定的细胞水分含量的状况下才能进行，否则植物的正常生命活动将会受阻，甚至停止。因此水分是植物生命活动的主要基础条件。而光合作用作为植物物质生产和产量形成的重要生理过程，水分是影响植物光合作用的重要环境因子。水是光合作用的原料之一，没有水，光合作用无法进行。但是，用于光合作用的水只占蒸腾失水的 1%，因此，缺水影响光合作用主要是间接原因。水分对光合作用影响的途径主要有以下几个方面：一是直接影响光合器官的结构和活性，如叶绿体的超微结构、叶绿素含量等（宋凤斌等，1994）；二是降低光合酶含量及活性（董永华等，1995）；三是影响其他与光合作用有关的生理生化过程，如气孔导度降低（董永华等，1995），光合产物运输受阻等。

在严重水分胁迫下，植物光合作用受到抑制或完全抑制。何明等（2005）认为在含水量较高的条件下，植物叶片光合作用较强，当遇到水分胁迫时，植物光合速率就会开始明显下降。王志琴等（1996）对不同土壤水分状况下水稻光合速率与物质运转特点的研究发现水稻叶片光合速率随土水势的下降而减小。高素华等（2001）通过人工模拟试验，观测了羊草叶片对高 CO_2 浓度、干旱胁迫的响应状况，结果表明干旱胁迫使叶片水势、气孔阻力增大，蒸腾速率、光合作用速率下降。井春喜等（2003）在盆栽条件下比较了不同耐旱性品种在拔节后经不同程度水分胁迫后小麦叶片的多种生理参数，结果表明：在土壤相对含水量 75%、55%、40%和 30%这 4 个等级上，小麦净光合速率随土壤相对含水量的降低而下降。邓春暖等（2012）对水分胁迫条件下的芦苇叶片光合生理以及芦苇生长状态进行测量分析发现，干旱5d后，芦苇叶片光合速率小幅下降，干旱15d后，其光合速率明显下降，芦苇生长受到显著抑制。因此随着土壤水分胁迫程度的加剧，植物的光合速率均呈现减小趋势，不同耐旱品种的植物对水分胁迫的反应不同（Xu and Zhou，2005）。近年来对于水分胁迫条件下植物光合作用的光合速率下降的原因，许多学者也做了大量研究，许多研究表明水分胁迫条件下，同时存在光合作用的气孔限制和非气孔限制，前者指土壤水分胁迫使气孔导度下降，导致光合作用底物CO_2进入叶片受到阻碍而使光合速率下降；后者指植物光合器官的光合活性下降，即叶肉内部CO_2扩散能力与RuBP梭化酶活性下降，参与传递的电子和光合磷酸化受到抑制，叶绿素含量也降低，从而导致植物光合速率下降（高辉远和邹琦，1993；殷毓芬等，1995）。

叶绿素是与植物光合作用有关的最重要的色素，是光合作用的物质基础，叶片叶绿素含量的高低直接影响到叶片光合能力的大小，植物叶片保持较高的叶绿素含量，有利于其保持较高的生长速率，同时也是水分导致植株体衰老的重要指标。有研究表明，芦苇幼苗叶片的叶绿素a、叶绿素b的含量均随土壤含水量的减少而下降，这主要是水分亏缺使各种细胞器，特别是叶绿体和线粒体受到伤害所致（刘祖祺和张石城，1994）。邓春暖等（2012）对莫莫格湿地水分胁迫条件下的芦苇叶片光合生理特性的研究发现，随着水分胁迫时间的增加，芦苇叶片叶绿素含量在缓慢下降，在干旱25d后，叶片叶绿素含量开始明显减小。曹昀等（2008）对干旱胁迫下芦苇幼苗的研究表明不同强度的水分胁迫都使得叶绿素含量降低。同时许多研究表示，在轻度水分胁迫条件下，叶绿体光合色素已经受到了影响，主要影响到光合色素中叶绿素b含量的变化，而叶绿素a和类胡萝卜素受到的影响较小，中度胁迫则会影响类胡萝卜素和叶绿素a含量的变化（魏孝荣等，2004；詹妍妮等，2006）。

水分胁迫是影响植物生长发育的重要逆境因子，也是决定植被地理分布和限制作物产量的主要因素。水分胁迫将会缩短植物的生长周期，降低光合作用效率，减少光合产物的形成，进而引起植物产量的减少。曹昀等（2008）利用盆栽试验研究了芦苇幼苗在不同土壤含水量条件下的生物量动态发现，芦苇幼苗地上生物量随土壤含水量的减少而递减，这主要是在水分胁迫条件下，芦苇根系吸收不到足够的水分和养分，各器官的生长发育都受到限制，叶面积减小，同时也影响了叶数量和叶面积的增长，进而造成植物叶生物量的减少，从而有效防止水分在地上叶部的过多消耗来适应干旱环境条件下的生存。同时也有研究表明经过水分胁迫处理，芦苇生长速率将会随水分胁迫天数的增加而受到明显抑制，植物株高、茎粗和叶面积等呈逐渐减少的趋势，进而引起植物生物量的减少（Horton et al.，2001；李清明，2008）。高素华和郭建平（2003）的研究同样发现土壤湿度下降对羊草生长和生理过程为负效应，即土壤湿度降低时羊草的生物量呈减少的趋势。

但水淹同样不利于光合作用的进行，土壤水分过多，将会妨碍植物的根系活动，从而间接影响植物叶片的光合作用。研究表明，水淹将会导致植物光合色素含量的下降，进而引起植物净光合速率的下降（Maneham and Methy，2004）。一般认为，耐淹植物在水淹前期净光合速率会下降，但随着时间的延长，耐淹植物会产生一定的适应性，逐渐恢复正常水平或维持在较为稳定的状态（陈芳清等，2008）；而不耐淹植物的净光合速率则会一直呈现下降的趋势（衣英华等，2006）。许多学者对水淹引起植物净光合速率下降的原因进行了相关研究，总结引起植物净光合速率下降的原因主要有以下两点：其一，可能与水淹胁迫导致植物气孔的关闭有关，气孔关闭导致叶片对 CO_2 的吸收降低，植物对碳的获取受到限制，光合酶的底物减少，从而降低其净光合速率（Farquhar and Sharkey，1982）；其二，水淹胁迫导致植物净光合速率下降的原因还可能与非气孔因素有关，主要包括光呼吸酶活性、羧化酶活性等酶活性的降低以及叶绿素含量的下降等（Powles and Osmond，1978；吕军，1994）。李昌晓等（2005）在研究落羽杉幼苗光合特性时发现，落羽杉幼苗经过 30d 的水淹后，叶绿素的含量相比对照组降低了 36.47%，类胡萝卜素含量比对照组降低了 33.41%。但也有研究表明在水淹条件下，叶绿素 a/叶绿素 b 值会降低，小于正常生长情况下的比值（3∶1）（Ashraf，2005）；而叶绿素与类胡萝卜素的比值会升高，大于正常情况下的比值（李昌晓和钟章成，2006），这在一定程度上可以弥补因光合色素含量的减少而引起的光合作用降低。

第二节　气候因素对植物蒸腾作用的影响

蒸腾作用是植物水分代谢的一个重要过程，可以降低植物体温，增加植物对水分、无机离子等的吸收和运输，同时又能保证植物光合作用的顺利进行。植物的蒸腾作用过程受到外界环境和土壤含水量变化的影响。

一、温度对植物蒸腾作用的影响

温度是影响植物生长、生存的重要生态因子，也是影响植物光合作用和蒸腾作用的主要生态因子。自然状态下植物生长在不同大气温度环境中，大气温度在数量及其变化范围方面不同。气温直接作用、影响叶片，对叶片的各种生理过程的进行具有重要影响。温度对蒸腾速率的影响很大。温度过高或过低都会对植物的蒸腾作用产生影响。当大气温度升高时，叶温比气温高出 2~10℃，因而气孔下腔蒸汽压的增加大于空气蒸汽压的增加，使叶内外蒸汽压差增大，蒸腾速率增大；当气温过高时，叶片过度失水，气孔关闭，蒸腾减弱。马略耕（2011）利用红外线辐射器模拟温度升高对东北地区松嫩草原芦苇蒸腾速率的影响研究发现，温度升高使植物的蒸腾速率得以提高，这种改变在午后13∶00 以后更为明显。冷寒冰等（2011）对山茶叶片蒸腾速率对温度的响应研究发现，山茶的蒸腾速率与温度显著相关，温度升高，其蒸腾作用加强。栗茂腾等（2006）对香紫苏不同发育阶段的蒸腾作用与环境因子的相互关系进行了系统研究，结果表明，尽管香紫苏在不同发育期达到蒸腾速率峰值所需时间不同，但却具有随着叶片温度升高蒸腾速率同时升高的规律。同时也发现随着温度的逐渐下降，苗期的蒸腾速率下降速度最快，花期和蕾期的蒸腾作用则相对下降较慢，花期的蒸腾速率变化比较剧烈。

低温同样也影响着植物的生长发育、生理和光合特性。植物在长期适应低温胁迫过程中，逐步形成独特的生理生化特性，其生理和光合指标成为评价植物抗寒性的重要指标。杨盛昌等（2001）通过 5℃夜间低温处理温室栽培红海榄（*Rhizophora stylosa*）和银叶树（*Heri tiera littoralis*）幼苗发现，夜间低温明显降低红海榄和银叶树的蒸腾速率。刘菲菲等（2011）以 6 个北疆棉花主栽品种（品系）为试材，对其进行 5℃的低温处理，25℃为对照，研究其幼苗光合特性的变化。结果表明：低温处理后，棉花幼苗叶片的蒸腾速率比对照低，此外，结果还显示，低温处理对棉花幼苗叶片蒸腾速率的影响在品种间存在显著差异。因此，蒸腾速率可以作为鉴定棉花抗寒性能的指标。任旭琴和陈伯清（2007）对耐寒性不同的辣椒品种进行低温处理，结果表明，同一品种幼苗的蒸腾速率随处理温度的降低呈明显下降趋势。同时低温胁迫时间的长短对植物蒸腾作用的影响也不尽相同。杨猛等（2012）以 3 个玉米品种为试材，研究低温胁迫下光合指标的变化，结果表明，随着低温胁迫处理时间的延长和程度的加强，3 个品种表现出一致的规律，其蒸腾速率随时间的延长均一直呈下降趋势。邵怡若等（2013）以盐肤木（*Rhus chinensis*）、假连翘（*Duranta repens*）、老鸦嘴（*Thunbergia erecta*）和葛藤（*Pueraria lobata*）4 种幼苗为试验材料，研究了人工模拟下的低温胁迫环境（6℃）对幼苗叶片生理生化及光合特性的影响，结果表明：随低温胁迫时间的延长，4 种幼苗的蒸腾速率均显著下降，低温 72h 时盐肤木、假连翘、老鸦嘴和葛藤幼苗的蒸腾速率分别下降为对照的 16.60%、24.10%、13.20%和 9.00%，恢复 48h 时均显著回升。

二、水分对植物蒸腾作用的影响

水分是影响植物生理生态特性及生长发育过程的重要生态因子。大气湿度和土壤水分是影响蒸腾作用的首要因素，大气湿度越小，蒸腾越强；大气湿度越大，蒸腾越弱。如果大气湿度达到饱和状态，蒸腾作用几乎完全停止。田有亮和郭连生（1994）研究了半干旱地区油松、侧柏、樟子松和白桦的幼树的光合速率、蒸腾速率与土壤含水量的关系，结果表明，二者均随土壤含水量下降呈减小的趋势。高丽等（2009）采用 Li-6400 便携式光合系统对野外不同生境（沟底、坡面）和田间不同土壤水分条件下中国沙棘雌雄株的净光合速率和蒸腾速率及水分利用效率特征进行了观测，结果表明，中国沙棘雌雄株在水分条件较好的生境中均表现较强的生活力，净光合速率和蒸腾速率主要受光照强度和大气温度的影响，雄株表现出更高的光合、蒸腾、水分利用效率；在水分条件较差的生境中，雌雄株均通过降低蒸腾和提高水分利用效率来适应逆境。杨建伟等（2004）在适宜土壤水分（田间持水量的 70%）、中度干旱（田间持水量的 55%）和严重干旱（田间持水量的 40%）3 种土壤水分条件下研究 84K 杨树的蒸腾特性，结果表明：杨树的蒸腾速率与土壤含水量密切相关，其蒸腾速率大小整体表现为适宜土壤水分＞中度干旱＞严重干旱。林同保等（2008）以郑单 958 为材料，在防雨测坑模拟试验条件下，研究了不同土壤水分条件下夏玉米蒸发蒸腾特性，试验结果表明：夏玉米在不同土壤水分条件下，土壤蒸发与土壤水分含量有关，干旱条件下土壤蒸发日变化低于适宜土壤水分条件，充足水分条件下土壤蒸发量高于适宜水分处理。廖行等（2007）在黄土高原半干旱区，采用 Li-1600 稳态气孔仪和 Li-6200 便携式光合测定仪对不同土壤水分条件下盆栽核桃的生理指标进行了观测，研究土壤含水量对核桃蒸腾速率与光合速率的影响，结果表明，不同土壤含水量条件下核桃蒸腾速率的日变化具有显著的差异。当土壤体积含水量在5%以下时蒸腾速率日变化不明显；当体积含水量为10%和15%时，蒸腾速率随着土壤水分的增加而升高，而且具有明显的日变化。但也有研究表明如果大气湿度达到饱和状态，蒸腾作用几乎完全停止。例如，张华等（2006）对不同水势梯度下刺槐蒸腾耗水速率的变化规律进行了研究，发现刺槐的蒸腾速率随着土壤含水量的增加而增加，但当土壤含水量增加到一定程度后，蒸腾速率的增加趋于平缓；之后当土壤含水量继续增加时，蒸腾速率则开始下降。随着土壤含水量的不断增加，气孔阻力先减小，然后趋于稳定。

土壤水分不足，植物吸收水分会受到抑制，进而引起植物水分亏缺，迫使植物减少蒸腾以防止水分的继续亏缺（李倩和谭雪莲，2006）。例如，罗永忠和成自勇（2011）采用盆栽水分试验，研究了不同土壤水分条件下紫花苜蓿（*Medicago sativa*）蒸腾速率的变化规律，结果表明：苜蓿蒸腾速率随水分胁迫的加剧而降低。阿布力米提·买买提明等（2004）研究了6个核桃品种主要蒸腾性能指标对土壤水分胁迫的响应。土壤干旱胁迫，其生理过程均受到显著影响。随着水分胁迫加剧，其蒸腾速率表现为下降的趋势，同时不同品种蒸腾性能指标对水分胁迫的响应不同。高峻等（2007）通过对盆栽杏幼树设置不同土壤水分胁迫处理，探讨了土壤水分胁迫对杏幼树蒸腾生理特性的影响，发现土壤水分胁迫条件下，其蒸腾速率呈降低趋势。

但也有研究发现随土壤含水量的下降，植物的蒸腾速率呈递增趋势。如李玉欣等（2010）通过盆栽试验，研究了两种生态型冬小麦（石家庄8号和洛旱2号）在3种土壤水分条件下（田间持水量的60%～65%；田间持水量的70%～75%；田间持水量的80%～85%）蒸腾效率的变化及其生理机制，结果表明随着土壤水分的降低，植株蒸腾效率提高。

第三节　气候因素对植物植硅体的影响

影响植硅体形态的因素错综复杂，同一植物体的不同器官和不同部位所产生的植硅体形态各不相同，不同的植物种属可能产生相似的植硅体，同一植物体的不同生长阶段同一器官和部位所产生的植硅体类型也不尽一致。此外，植硅体形态还受生长环境的土质、水质以及埋藏过程中的溶蚀、热变质等的影响（张新荣等，2004）。其中影响植硅体形成的主要环境因子有温度、湿度、土壤pH、大气CO_2浓度及土壤营养状况。本节主要就温度、湿度因素对植硅体的影响进行相关论述。

一、温度对植硅体形成的影响

全球变化研究已成为当今世界引人瞩目的重大科学和社会问题。依据IPCC-TAR的预测结果和其他资料，Wigley和Raper（2001）认为，1990～2100年全球平均温度将上升1.70～4.90℃。张新时等（1997）对中国东北样带（NECT）的模拟研究发现，在模拟温度增加2.00℃条件下，样带内的植物绿色生物量将在30a内下降25%，在模拟CO_2浓度倍增、降水增量10%和温度增量2.00℃的综合作用下，将使得样带区域内的植物总绿色生物量在30a内增加约8%。肖向明等（1996）运用CENTURY模型对内蒙古锡林河流域羊草草原和大针茅草原在全球变化下的趋势预测也得到相似的结论。因此对于受环境影响显著的植硅体而言，其形态和大小随温度因子的变化应很明显。

研究发现，温度升高显著影响植硅体的形成和发育，其百分含量、大小等特征随温度变化而产生明显差异。不同植硅体类型对温度的响应并不一致，如慈竹机动细胞植硅体在高温强蒸发的夏季大量形成；长细胞形成的棒型和扁平齿型植硅体则在寒冷的冬季形成较多，含量迅速增加（李仁成，2010）。由此可见，植物植硅体的淀积时间、形态大小、组合特征等对温度的响应敏感，在不同温度条件下，其特征产生明显变化以适应植物的生长状况。

二、水分对植硅体形成的影响

植物的蒸腾作用是植物生长过程中最为重要的生理过程，其是指土壤中的水分通过蒸腾拉力由根系达到植物体内、通过植物气孔进入周围环境的蒸发作用。蒸腾作用不仅取决于植物蒸腾表面的性质，还取决于环境因素。植物的产量和品质形成受生态因子的影响，其水分不足经常是影响植物的光合作用、生长和生产力的限制因素，而且还对干旱生理的水势、代谢活动、酶活性等有一定的影响。因此研究湿度及降水条件对植物蒸腾作用的影响具有重要的意义。而植物蒸腾作用的强弱和植硅体的含量高低具有一致性，水分条件对植物植硅体的形成和大小具有重要影响。

植物植硅体的大小因空气湿度的不同，其长度和宽度均会出现变化（Guo et al.，2012）。有研究表明在不同湿度环境条件下，不同类型植物植硅体随湿的增加而增大（介冬梅等，2011；Liu et al.，2013）。而有学者对禾本科草本植物哑铃型植硅体的形态、大小与环境因子（湿度）的关系的研究发现，典型的湿生草本植物哑铃型植硅体的柄较短，而旱生的草本植物产生的哑铃型植物体柄部较长（Lu and Liu，2003）。这表明湿度增加对植硅体大小形成的影响并不都是促进作用。同时也有研究表明在不同湿度条件下，植物植硅体的数量也会有明显变化，机动细胞在蒸腾作用加剧或干旱压力的条件下优先硅化，含量增多（李仁成，2010）。因此，植硅体的形态、大小及组合等对湿度响应灵敏，利用植硅体的数量、形态及大小在一定程度上可推断植物生长环境的干湿状况。

第四节　气候因素对东北地区芦苇植硅体数量的影响

由上述分析可知，芦苇植硅体数量在温度因子主控的基础上仍然受到湿度因子的影响。为进一步辨识影响芦苇植硅体形成的主要因素，本节从气候（温度、降水）以及地形等方面对比它们对芦苇植硅体数量变化的影响。

一、芦苇植硅体数量随气候的变化趋势

按照东北地区 12 个样点年均温与年降水量的组合关系，将东北地区划分为以下几个区域（表 6-2）：年均温＞8.00℃、年降水量＞600.00mm 的区域为暖湿区，丹东、盘锦属于该区；年均温为 4.00～8.00℃、年降水量＞550.00mm 的区域为温湿区，长春、哈尔滨、

龙湾属于该区；年均温<4.00℃、年降水量>550.00mm 的区域为冷湿区，北安、同江、牡丹江属于该区；年均温为 4.00～8.00℃、年降水量<550.00mm 的区域为温干区，长岭、通辽、大庆属于该区域；年均温<4.00℃、年降水量<550.00mm 的区域为冷干区，讷河属于该区域。

表 6-2 东北地区 12 个样点的年均温与年降水量

温湿组合区	样点	降水量/mm	年均温/℃
暖湿区	丹东	1164.00	8.50
	盘锦	630.00	9.00
温湿区	长春	593.80	4.90
	龙湾	686.00	4.10
	哈尔滨	569.10	4.30
温干区	通辽	451.00	6.00
	长岭	470.60	4.90
	大庆	501.30	4.40
冷湿区	牡丹江	547.10	3.50
	北安	585.20	−0.30
	同江	551.00	1.70
冷干区	讷河	489.00	−0.30

注：数据来自于 1951～2005 年的气象基本资料总结的统计数据

综合考虑芦苇植硅体浓度（图 6-1～图 6-3）和各样点的气温和降水组合（表 6-2），发现从冷湿区、温干区、温湿区到暖湿区，2011～2013 年芦苇植硅体浓度和各类型植硅体浓度大体上呈递增趋势，而冷干区芦苇植硅体浓度和各类型植硅体浓度也较大，这可能是由于植物的抗逆性所致。综上结果表明，2011～2013 年芦苇植硅体浓度和各类型植硅体浓度在暖湿区和温湿区最大，冷湿区浓度次之，而温干区其浓度最小，冷干区芦苇植硅体浓度和各类型植硅体浓度也相对较大。

总体来看，东北地区芦苇植硅体浓度呈现南多北少、东多西少的趋势，这可能是由于温湿度条件的变化影响芦苇的光合作用和蒸腾作用，从而影响芦苇体内植硅体的形成，对其植硅体浓度产生一定影响。研究表明植物的蒸腾作用与大气温度和湿度关系密切，环境温湿度的改变将会影响到植物的生理活动和形态特征。在土壤水分较充足时，随光合有效辐射和温度的升高，气孔的张开度及蒸腾速率也随之增高，这是植物自身的生理特性起着主要的作用（徐惠风等，2003；Nicolás et al.，2005）。也有研究表明植物的蒸腾速率在温湿度较大及光照较强的环境下较高（赵友华，1996；冷寒冰等，2011）。同时另有研究发现在干旱条件下，植物为了适应土壤干旱胁迫，通过加大气孔阻力减小气孔的张开度，达到减少叶片的蒸腾，使蒸腾速率降低，以维持生理过程的正常进行（高素华等，2001；井春喜等，2003）。因此，在暖干区，植物为了适应干旱环境，其蒸腾速率较低。而植物蒸腾作用较弱，植物吸收的硅在植物体内沉积的相对较少，从而限制植物植硅体的形成，使植硅体浓度较小。而在冷干区芦苇植硅体浓度也较大，这可能是由于该区芦苇的生长环境较为恶劣，芦苇对逆境胁迫的抗逆性所致。有研究显示芦苇能适应多种生境条件，并演化为对干旱、盐渍或低温等陆生胁迫环境有较强抗性，对寒冷和干旱有较强的适应性和抵抗力，而植物在生长过程中，逐渐通过自身的调节来适应环境，同时植物体内的硅在植物受到环境因素的影响和胁迫下，能抵抗这些胁迫，对植物起到一定的保护作用（杜晓光等，1994；Alonso and Koornneef，2000）。因此，芦苇植物通过吸收大量的硅，来增强植物自身的抗逆性，维持自身的正常生长和发育，所以冷干区芦苇植硅体浓度较大，这是芦苇植物调节自身的生理活动，使自身的同化和异化作用与环境相适应的结果。

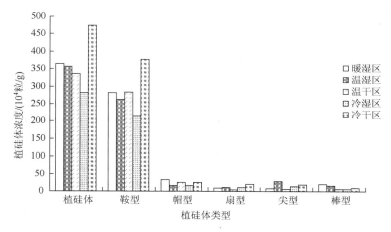

图 6-1　2011 年芦苇各类型植硅体浓度的变化趋势

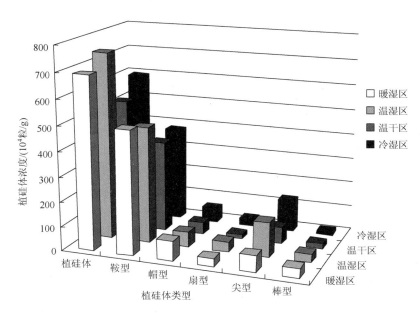

图 6-2　2012 年芦苇各类型植硅体浓度的变化趋势

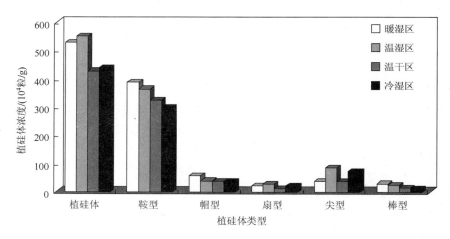

图 6-3　2013 年芦苇各类型植硅体浓度的变化趋势

二、芦苇植硅体数量变化的主要气候因素分析

为了探讨温度、降水及生境等因素对芦苇主要植硅体浓度的影响程度，我们采用了正交试验的方法对 2012 年芦苇成熟期（9 月）叶片植硅体浓度进行分析。根据研究需要，选择三个因素的混合正交试验设计（表 6-3），同时考虑三个因素的相互作用，其中一个因素为温度，包括高、中、低三个水平（考虑到讷河样点在 2012 年以及 2013 年遭到破坏，样品缺失，本正交试验将剔除温 4 区的样点，只采用其余三个温度梯度）。另一个因素为降水，包括多、中、少三个水平。第三个因素为生境，包括陆生和水生两个水平。

表 6-3　因素水平表

水平	试验因素		
	生境	温度	降水
1	陆生	高	多
2	水生	中	中
3		低	少

据表 6-4，得知影响芦苇植硅体浓度的因素主次顺序为温度×降水、温度、温度×生境、降水、降水×生境、生境，其中温度对芦苇植硅体总浓度的影响最大，为主要因素，温度×降水对其影响次之，而生境对其影响最小。由此我们认为芦苇植硅体浓度受温度×降水影响更为明显。

同样，根据表 6-4，发现影响芦苇鞍型植硅体浓度的因素主次顺序为温度、降水、温度×生境、温度×降水、降水×生境、生境。其中芦苇鞍型植硅体浓度在温度影响下变化最大，降水对其影响次之，在生境条件影响下其变化最小。因此，对于芦苇鞍型植硅体浓度而言，温度因素是其主要影响因素。

同样据表 6-4 可得知，影响芦苇尖型植硅体浓度的因素主次顺序为降水×生境、温度×降水、降水、温度×生境、温度、生境。降水×生境因素是芦苇尖型植硅体浓度的主要影响因素，温度×降水因素对其影响次之，生境因素对其影响最小。由此我们可得出芦苇尖型植硅体浓度在降水×生境条件下其变化最大。

表 6-4　芦苇植硅体浓度、鞍型及尖型浓度的正交试验分析结果　　　（单位：10^4 粒/g）

试验序号		因素								植硅体浓度	鞍型	尖型
		生境	温度	温度×生境	降水	降水×生境	温度×降水					
1		1	1	1	1	1	1	1	1	388.00	361.00	9.00
2		1	1	2	2	2	2	2	2	314.00	162.00	43.00
3		1	1	3	3	3	3	3	3	365.00	200.00	47.00
4		1	2	1	1	2	2	3	3	1885.00	1387.00	120.00
5		1	2	2	2	3	3	1	1	907.00	484.00	240.00
6		1	2	3	3	1	1	2	2	598.00	509.00	31.00
7		1	3	1	2	1	3	2	3	605.00	348.00	114.00
8		1	3	2	3	2	1	3	1	95.00	45.00	22.00
9		1	3	3	1	3	2	1	2	324.00	176.00	69.00
10		2	1	1	3	3	2	2	1	2053.00	477.00	184.00
11		2	1	2	1	1	3	3	2	923.00	503.00	11.00
12		2	1	3	2	2	1	1	3	340.00	288.00	11.00
13		2	2	1	2	3	1	3	2	601.00	377.00	107.00
14		2	2	2	3	1	2	1	1	475.00	324.00	70.00
15		2	2	3	1	2	3	2	2	763.00	650.00	21.00
16		2	3	1	3	2	3	1	2	352.00	150.00	72.00
17		2	3	2	1	3	1	2	3	291.00	221.00	44.00
18		2	3	3	2	1	2	3	1	431.00	188.00	127.00
植硅体浓度	M1	685	731	981	762	570	386					
	M2	779	872	501	533	625	914					
	M3		350	470	656	757	653					
	极差	94	522	511	229	187	528					
	主次顺序	温度×降水	温度	温度×生境	降水	降水×生境	生境					
鞍型	M1	459	332	517	550	372	300					
	M2	397	622	290	308	447	452					
	M3		188	335	284	323	389					
	极差	62	434	227	266	124	152					
	主次顺序	温度	降水	温度×生境	温度×降水	降水×生境	生境					
尖型	M1	87	51	101	46	60	37					
	M2	81	98	72	107	48	102					
	M3		75	51	71	115	84					
	极差	6	47	50	61	67	65					
	主次顺序	降水×生境	温度×降水	降水	温度×生境	温度	生境					

根据芦苇扇型植硅体浓度的极差大小（表 6-5），得知影响芦苇扇型植硅体浓度的因素主次顺序为温度×降水、降水、温度×生境、降水×生境、生境、温度。温度×降水因素是芦苇扇型植硅体浓度的主要影响因素，降水对其影响次之，而其在温度条件影响下变化最小。根据极差分析的结果，我们认为对于芦苇扇型植硅体而言，其浓度在温度×降水条件下变化最大。

从表 6-5 也可看出影响芦苇帽型植硅体浓度的因素主次顺序为温度、温度×降水、温度×生境、降水、生境、降水×生境，其中温度因素是芦苇帽型植硅体浓度的主要影响因素，温度×降水对其影响次之，降水×生境对其影响最小。因此，我们认为温度因素是影响芦苇帽型植硅体浓度的主要因素。

芦苇硅化气孔浓度的正交试验分析结果（表 6-5）表明影响芦苇硅化气孔浓度的因素主次顺序为温度×降水、温度×生境、温度、生境、降水、降水×生境。温度×降水是芦苇硅化气孔浓度的主要影响因素，温度×生境对其影响次之，而降水×生境因素对其影响最小。根据极差分析结果，对芦苇硅化气孔而言，温度×降水是影响其浓度的主要影响因素。

因此通过以上分析，上述因素对芦苇植硅体浓度均有影响，但从极差分析结果来看，温度因素是影响芦苇鞍型植硅体浓度和帽型植硅体浓度的主要因素；降水×生境因素是芦苇尖型植硅体浓度的主要影响因素；温度×降水是芦苇植硅体、扇型植硅体及硅化气孔浓度的主要影响因素。

表 6-5　芦苇帽型、扇型及硅化气孔浓度的正交试验分析结果　　（单位：10^4 粒/g）

| 试验序号 | 因素 | | | | | | | | 扇型 | 帽型 | 硅化气孔 |
	生境	温度	温度×生境	降水	降水×生境	温度×降水					
1	1	1	1	1	1	1	1	1	3.00	3.00	900.00
2	1	1	2	2	2	2	2	2	34.00	22.00	994.00
3	1	1	3	3	3	3	3	3	9.00	76.00	1101.00
4	1	2	1	1	2	2	3	3	41.00	286.00	2262.00
5	1	2	2	3	3	1	1	1	51.00	51.00	2041.00
6	1	2	3	3	1	1	2	2	10.00	36.00	694.00
7	1	3	1	2	1	3	2	2	54.00	52.00	933.00
8	1	3	2	3	2	1	3	1	3.00	11.00	373.00
9	1	3	3	1	3	2	1	2	17.00	57.00	726.00
10	2	1	1	3	3	2	2	1	51.00	1034.00	690.00
11	2	1	2	1	1	3	1	2	5.00	95.00	1603.00
12	2	1	3	2	2	1	1	1	11.00	15.00	434.00
13	2	2	1	2	3	1	3	1	18.00	79.00	801.00
14	2	2	2	3	1	2	1	1	13.00	39.00	898.00
15	2	2	3	1	2	3	2	1	2.00	64.00	749.00
16	2	3	1	3	2	3	1	1	11.00	67.00	1584.00
17	2	3	2	1	3	1	2	2	1.00	22.00	495.00
18	2	3	3	2	1	2	3	1	45.00	27.00	618.00

续表

试验序号		因素						扇型	帽型	硅化气孔
		生境	温度	温度×生境	降水	降水×生境	温度×降水			
扇型	M1	28	19	30	12	22	8			
	M2	20	23	18	36	17	34			
	M3		22	16	16	25	22			
	极差	8	4	14	24	8	26			
	主次顺序	温度×降水	降水	温度×生境	降水×生境	生境	温度			
帽型	M1	74	258	254	138	92	28			
	M2	218	93	90	41	78	244			
	M3		39	46	211	220	118			
	极差	144	219	208	170	142	216			
	主次顺序	温度	温度×降水	温度×生境	降水	生境	降水×生境			
硅化气孔	M1	1253	954	1195	1123	941	616			
	M2	984	1241	1067	970	1066	1031			
	M3		788	720	890	976	1335			
	极差	269	453	475	233	125	719			
	主次顺序	温度×降水	温度×生境	温度	生境	降水	降水×生境			

第五节 气候因素对东北地区芦苇植硅体大小的影响

由于芦苇植硅体大小受到温度、湿度等因子的影响，因此以下进一步分析了气候、地形对芦苇植硅体大小的影响程度，并最终筛选出芦苇植硅体大小的主控因素。

一、芦苇植硅体大小随气候的变化趋势

根据上述对东北地区进行的分区结果，对芦苇植硅体大小进行分析如图 6-4 所示，从中可发现，芦苇植硅体大小在不同温湿度组合间差异明显，总体来看其在冷湿区最大，暖湿区、暖干区次之，温湿区最小。经方差分析结果（表 6-6）显示，芦苇植硅体大小在不同温湿度组合间均达到极显著差异水平。

一般认为，植物短细胞、毛基细胞等植硅体的形成主要受基因控制，而机动细胞、硅化气孔受到与蒸腾作用相关的环境因子的影响显著。同时有研究表明植物叶片中的植硅体氧同位素值受温度、降水共同作用（Shahack et al.，1996）。因此，我们推测植物植硅体的形成与植物的蒸腾作用及环境的温度、降水因素关系密切。有研究表明在土壤水分较充足时，随着光合有效辐射和温度的升高，气孔的张开度及蒸腾速率也随之增高，这是植物自身的生理特性起主要作用（徐惠风等，2003；Nicolás et al.，2005）。同时在干旱条件下，植物为了适应土壤干旱胁迫，通过加大气孔阻力减小气孔的开张度，减少

叶片的蒸腾，以维持生理过程的进行（高素华等，2001；井春喜等，2003）。因此，在暖干区植物为了适应干旱环境，其蒸腾速率较低。而在暖湿区、温湿区、冷湿区蒸腾速率较大，其中在暖湿区，由于温度较高，湿度较大，生长环境较为适宜，其光合作用及蒸腾作用最强。蒸腾作用增强，植物体内硅的沉积增多，促进了植硅体的形成，使植硅体变大。但是实验结果却显示冷湿区芦苇植硅体最大，这可能是由于：在冷湿区和暖湿区，两者都处于湿润区，湿度差异不是两区芦苇植硅体大小差异的主要影响因素，而两区最大的差异就是温度的差异。有学者认为在湿度较大的区域，植物叶表皮细胞比较大，有向外倾斜弯曲的细胞壁，尤其是在低光照（温度较低）条件下（Soami et al.，2008）。同时植物在较高的温度下生长会有较薄的叶片，而叶片厚度的变化主要是由细胞大小的改变和细胞分裂所致（Driscoll et al.，2006），由此推测随温度升高，植物叶片表皮细胞变小。因此，在植物生长的适宜湿度范围内，较低的温度可能形成较大的表皮细胞。与暖湿区相比，冷湿区表皮细胞可能较大，细胞的大小在一定程度上决定了植硅体的大小，进而引起冷湿区植硅体较暖湿区大。而暖干区大于温湿区，这可能是由于植物的抗逆性所致。同时从图 6-4 也可看出，芦苇植硅体的大小并不是由单一因子决定的，是受到温湿度因子的综合影响。

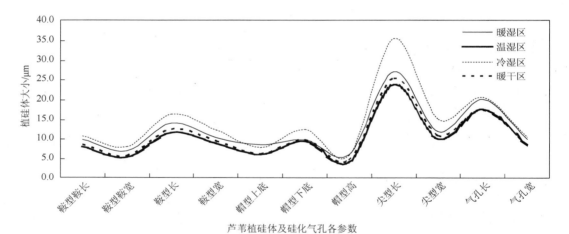

图 6-4　东北地区芦苇植硅体大小的变化趋势

表 6-6　芦苇植硅体各参数的差异显著性系数

类型	参数	差异显著系数
鞍型	鞍长	0.000
	鞍宽	0.000
	长	0.000
	宽	0.000
帽型	上底	0.000
	下底	0.000
	高	0.000

续表

类型	参数	差异显著系数
尖型	长	0.000
	宽	0.000
硅化气孔	长	0.000
	宽	0.000

二、芦苇植硅体大小变化的主要气候因素分析

第五章第四节的研究表明芦苇植硅体大小受到温度、湿度等多种因素的影响，但到底哪一种因素主控芦苇植硅体大小的变化还不甚清楚。因此为探讨气候及地形因素对芦苇植硅体及硅化气孔的影响大小，我们同样选择了正交试验的方法，并沿用第五章第四节的正交试验表对 2012 年 9 月芦苇成熟期的叶片植硅体大小进行了探讨分析，最终得出影响芦苇植硅体大小的主控因素。

从芦苇鞍型植硅体大小的正交试验和方差分析结果（表 6-7～表 6-9）可以看出，芦苇鞍型植硅体的鞍长和鞍宽受温度、降水及降水×生境的变化影响较大；鞍型植硅体的长和宽受降水变化的影响较大。正交试验分析和方差分析结果也表明芦苇鞍型植硅体的宽/长、鞍宽/鞍长在各环境因子发生变化时其变化不大，较为稳定。

表 6-7 芦苇鞍型植硅体鞍长和鞍宽大小的正交试验分析结果

试验序号	因素								鞍型		
	生境	温度	温度×生境	降水	降水×生境	温度×降水			鞍长/μm	鞍宽/μm	鞍宽/鞍长
1	1	1	1	1	1	1	1	1	7.92	6.02	0.76
2	1	1	2	2	2	2	2	2	7.13	5.10	0.72
3	1	1	3	3	3	3	3	3	8.38	5.70	0.68
4	1	2	1	1	2	2	3	3	10.09	7.17	0.71
5	1	2	2	2	3	3	1	1	9.84	6.60	0.67
6	1	2	3	3	1	1	2	2	10.15	7.02	0.69
7	1	3	1	2	1	3	2	3	7.35	4.79	0.65
8	1	3	2	3	2	1	3	1	7.78	5.26	0.68
9	1	3	3	1	3	2	1	2	10.34	7.26	0.70
10	2	1	1	3	3	2	2	1	8.75	6.65	0.76
11	2	1	2	1	1	3	3	2	7.85	5.23	0.67
12	2	1	3	2	2	1	1	3	7.95	5.92	0.74
13	2	2	1	2	3	1	3	2	10.78	6.80	0.63
14	2	2	2	3	1	2	1	3	8.10	6.36	0.79
15	2	2	3	1	2	3	2	1	10.9	8.48	0.78
16	2	3	1	3	2	2	1	2	7.79	5.35	0.69

试验序号		因素								鞍型		
		生境	温度	温度×生境	降水	降水×生境	温度×降水			鞍长/μm	鞍宽/μm	鞍宽/鞍长
17		2	3	2	1	3	1	2	3	10.88	8.10	0.74
18		2	3	3	2	1	2	3	1	6.96	4.69	0.67
鞍长	M1	8.776	7.997	8.779	9.663	8.055	9.243					
	M2	8.884	9.976	8.597	8.334	8.607	8.562					
	M3		8.517	9.113	8.492	9.828	8.685					
	极差	0.108	1.979	0.517	1.329	1.773	0.681					
	主次顺序	温度	降水×生境	降水	温度×降水	温度×生境	生境					
鞍宽	M1	6.102	5.770	6.129	7.043	5.685	6.519					
	M2	6.397	7.071	6.108	5.649	6.213	6.205					
	M3		5.908	6.512	6.057	6.851	6.025					
	极差	0.295	1.301	0.403	1.394	1.166	0.494					
	主次顺序	降水	温度	降水×生境	温度×降水	温度×生境	生境					
鞍宽/鞍长	M1	0.70	0.72	0.70	0.73	0.71	0.71					
	M2	0.72	0.71	0.71	0.68	0.72	0.73					
	M3		0.69	0.71	0.72	0.70	0.69					
	极差	0.02	0.03	0.01	0.05	0.02	0.04					
	主次顺序	降水	温度×降水	温度	降水×生境	生境	温度×生境					

表 6-8　芦苇鞍型植硅体各参数的方差分析表

因素	鞍长/μm	鞍宽/μm	长/μm	宽/μm	鞍宽/鞍长	宽/长
生境	0.677	0.367	0.596	0.448	0.384	0.379
温度	0.002	0.024	0.018	0.251	0.564	0.106
温度×生境	0.301	0.513	0.416	0.232	0.919	0.176
降水	0.009	0.024	0.004	0.014	0.346	0.250
降水×生境	0.003	0.054	0.020	0.244	0.750	0.079
温度×降水	0.136	0.451	0.300	0.416	0.550	0.242

表 6-9　芦苇鞍型植硅体各长和宽大小的正交试验分析结果

试验序号		因素								鞍型		
		生境	温度	温度×生境	降水	降水×生境	温度×降水			长/μm	宽/μm	宽/长
1		1	1	1	1	1	1	1	1	12.71	9.85	0.77
2		1	1	2	2	2	2	2	2	11.66	9.13	0.78
3		1	1	3	3	3	3	3	3	12.18	9.32	0.77

试验序号		因素								鞍型		
		生境	温度	温度×生境	降水	降水×生境	温度×降水			长/μm	宽/μm	宽/长
4		1	2	1	1	2	2	3	3	15.26	11.43	0.75
5		1	2	2	2	3	3	1	1	13.01	8.05	0.62
6		1	2	3	3	1	1	2	2	14.39	11.26	0.78
7		1	3	1	2	1	3	2	3	9.99	7.55	0.76
8		1	3	2	3	2	1	3	1	12.08	9.10	0.75
9		1	3	3	1	3	2	1	1	15.89	11.69	0.75
10		2	1	1	3	3	2	2	1	12.78	10.48	0.82
11		2	1	2	1	1	3	3	2	11.78	8.92	0.76
12		2	1	3	2	2	1	1	3	12.46	10.15	0.81
13		2	2	1	2	3	1	3	2	13.88	8.89	0.64
14		2	2	2	3	1	2	1	3	12.99	10.32	0.79
15		2	2	3	1	2	3	2	1	16.94	13.53	0.80
16		2	3	1	3	2	3	1	2	12.49	9.08	0.73
17		2	3	2	1	3	1	2	3	16.43	12.00	0.73
18		2	3	3	2	1	2	3	1	9.67	7.67	0.79
	M1	13.019	12.262	12.852	14.835	11.922	13.658					
	M2	13.269	14.412	12.992	11.778	13.482	13.042					
长	M3		12.758	13.588	12.818	14.028	12.732					
	极差	0.250	2.150	0.737	3.057	2.107	0.927					
	主次顺序	降水	温度	降水×生境	温度×降水	温度×生境	生境					
	M1	9.706	9.642	9.547	11.237	9.262	10.208					
	M2	10.116	10.575	9.582	8.568	10.403	10.120					
宽	M3		9.515	10.603	9.927	10.067	9.403					
	极差	0.410	1.060	1.057	2.668	1.142	0.805					
	主次顺序	降水	降水×生境	温度	温度×生境	温度×降水	生境					
	M1	0.75	0.79	0.75	0.76	0.78	0.75					
	M2	0.76	0.73	0.74	0.73	0.77	0.78					
宽/长	M3		0.75	0.78	0.77	0.72	0.74					
	极差	0.01	0.06	0.04	0.04	0.06	0.04					
	主次顺序	降水×生境	温度	降水	温度×生境	温度×降水	生境					

　　根据芦苇帽型植硅体大小的正交试验分析和方差分析结果（表 6-10、表 6-11）可知，芦苇帽型植硅体的上底在温度、降水及降水×生境影响下其变化较大；芦苇帽型植硅体的下底在降水改变时其变化更为明显；芦苇帽型植硅体的高在温度及降水×生境条件下改变较为明显。同时从表 6-11 和表 6-12 中也发现芦苇帽型植硅体的高/上底在降水、降水×生境及温度×生境条件下其改变更为显著；芦苇帽型植硅体的高/下底在各环境因子

影响下其形态较为稳定。

因此，整体看来，对芦苇短细胞植硅体（鞍型和帽型植硅体）而言，其大小在温度、降水及降水×生境条件改变时其变化较大。同时芦苇短细胞植硅体（鞍型和帽型植硅体）的形状（除帽型高/上底外）在各环境因子影响下较为稳定。

表 6-10　芦苇帽型植硅体大小的正交试验分析结果

试验序号	因素								帽型		
	生境	温度	温度×生境	降水	降水×生境	温度×降水			上底/μm	下底/μm	高/μm
1	1	1	1	1	1	1	1	1	5.86	9.72	4.77
2	1	1	2	2	2	2	2	2	5.39	9.44	4.07
3	1	1	3	3	3	3	3	3	6.48	9.78	4.40
4	1	2	1	1	2	2	3	3	6.93	11.12	5.37
5	1	2	2	2	3	3	1	1	10.91	6.03	6.85
6	1	2	3	3	1	1	2	2	7.11	11.09	5.04
7	1	3	1	2	1	3	2	3	6.16	9.03	3.68
8	1	3	2	3	2	1	3	1	5.79	9.47	4.58
9	1	3	3	1	3	2	1	2	7.70	12.35	5.45
10	2	1	1	3	3	2	2	1	6.59	9.95	4.77
11	2	1	2	1	1	3	3	2	5.68	9.74	4.87
12	2	1	3	2	2	1	1	3	5.88	10.13	4.07
13	2	2	1	2	3	1	3	2	12.92	7.97	7.85
14	2	2	2	3	1	2	1	3	5.84	9.95	4.84
15	2	2	3	1	2	3	2	1	7.85	13.28	6.00
16	2	3	1	3	2	3	1	2	5.59	9.42	4.50
17	2	3	2	1	3	1	2	3	7.75	12.26	5.74
18	2	3	3	2	1	2	3	1	5.45	8.34	3.65
上底 M1	6.926	5.98	7.342	6.962	6.017	7.552					
上底 M2	7.061	8.593	6.893	7.785	6.238	6.317					
上底 M3		6.407	6.745	6.233	8.725	7.112					
上底 极差	0.135	2.613	0.597	1.552	2.708	1.235					
上底 主次顺序	降水×生境	温度	降水	温度×降水	温度×生境	生境					
下底 M1	9.781	9.793	9.536	11.412	9.645	10.107					
下底 M2	10.116	9.907	9.482	8.49	10.477	10.192					
下底 M3		10.145	10.828	9.943	9.723	9.547					
下底 极差	0.335	0.352	1.346	2.922	0.832	0.645					
下底 主次顺序	降水	温度×生境	降水×生境	温度×降水	温度	生境					
高 M1	4.912	4.492	5.157	5.367	4.475	5.342					
高 M2	5.143	5.992	5.158	5.028	4.765	4.692					
高 M3		4.600	4.768	4.688	5.843	5.050					
高 极差	0.231	1.500	0.390	0.679	1.368	0.650					
高 主次顺序	温度	降水×生境	降水	温度×降水	温度×生境	生境					

表 6-11 芦苇帽型植硅体各参数的方差分析表

因素	上底/μm	下底/μm	高/μm	高/上底	高/下底
生境	0.718	0.620	0.367	0.131	0.883
温度	0.002	0.902	0.004	0.168	0.064
温度×生境	0.421	0.230	0.365	0.026	0.238
降水	0.034	0.027	0.143	0.001	0.141
降水×生境	0.001	0.538	0.007	0.009	0.069
温度×降水	0.076	0.686	0.161	0.504	0.390

表 6-12 芦苇帽型植硅体参数比值大小的正交试验分析结果

试验序号	因素								帽型	
	生境	温度	温度×生境	降水	降水×生境	温度×降水			高/上底	高/下底
1	1	1	1	1	1	1	1	1	0.81	0.49
2	1	1	2	2	2	2	2	2	0.76	0.43
3	1	1	3	3	3	3	3	3	0.68	0.45
4	1	2	1	1	2	2	3	3	0.77	0.48
5	1	2	2	2	3	3	1	1	0.63	1.14
6	1	2	3	3	1	1	2	2	0.71	0.45
7	1	3	1	2	1	3	2	3	0.60	0.41
8	1	3	2	3	2	1	3	1	0.79	0.48
9	1	3	3	1	3	2	1	2	0.71	0.44
10	2	1	1	3	3	2	2	1	0.72	0.48
11	2	1	2	1	1	3	3	2	0.86	0.50
12	2	1	3	2	2	1	1	3	0.69	0.40
13	2	2	1	2	3	1	3	2	0.61	0.98
14	2	2	2	3	1	2	1	3	0.83	0.48
15	2	2	3	1	2	3	2	1	0.76	0.45
16	2	3	1	3	2	3	1	2	0.81	0.48
17	2	3	2	1	3	1	2	3	0.74	0.47
18	2	3	3	2	1	2	3	1	0.67	0.44
高/上底	M1	0.72	0.75	0.72	0.78	0.75	0.73			
	M2	0.74	0.72	0.77	0.66	0.76	0.74			
	M3		0.72	0.70	0.76	0.68	0.72			
	极差	0.02	0.03	0.07	0.12	0.08	0.02			
	主次顺序	降水	降水×生境	温度×生境	温度	温度×降水	生境			
高/下底	M1	0.53	0.46	0.55	0.47	0.46	0.55			
	M2	0.52	0.66	0.58	0.63	0.45	0.46			
	M3		0.45	0.44	0.47	0.66	0.57			
	极差	0.01	0.21	0.14	0.16	0.21	0.11			
	主次顺序	温度	降水×生境	降水	温度×生境	温度×降水	生境			

表 6-13 和表 6-14 是芦苇尖型植硅体大小的正交试验分析结果，从中可看出芦苇尖型植硅体的长和宽在降水变化时变化较大；芦苇尖型植硅体宽/长在温度、降水及降水×生境影响下其改变更为显著。因此整体看来芦苇毛状细胞植硅体即尖型植硅体对降水的响应更为敏感。

从试验分析结果（表 6-7～表 6-14）可发现：在温度、降水、生境及其交互作用影响下，温度、降水及降水×生境是影响芦苇植硅体大小的主要因素，但降水对芦苇植硅体大小的影响更为显著。有学者对东北地区（三江平原沼泽湿地、松嫩平原、鸭绿江口滨海湿地自然保护区）营养器官比较解剖学研究指出，虽然三个地区存在温度差异，但芦苇叶片维管束直径对降水量变化更为敏感，也即随着降水量的增加，维管束直径呈增大趋势，而叶片维管束直径的变化源于叶片细胞形态的改变，进而推测芦苇叶片细胞对降水量反应敏感（洪德艳等，2008）。对东北地区羊草草原羊草群落产量的气候因子影响研究结果中发现，水分是羊草群落产量的主要限制因子（郭继勋和祝廷成，1994）。因此，本书认为降水量也可能是芦苇产量的主要影响因子，因此水分增加可能加强芦苇的同化作用，使芦苇吸收更多的硅，进而促进植硅体的发育。并且在湿地环境中湿地植物的高度、生物量及其分配与其对水位反应的差异性有一定联系（王海洋等，1999；栾金花等，2006），因此，东北地区芦苇植硅体可能对水分变化更为敏感。此外，从分析结果中也发现鞍型和帽型植硅体（短细胞植硅体）的形状在各环境因子变化下较为稳定，而尖型植硅体（毛状细胞植硅体）的形状在各环境因子变化时变化较大。相关研究也认为，植硅体的产量明显受到植物在其生长过程中所需水分的影响，至少在普通小麦、二粒小麦和大麦等植物中，一些敏感形状植硅体的产量明显受到水分状况的影响，但不同类型植硅体对水分状况差异的响应并不相同，其中短细胞植硅体主要受遗传因素的影响，而硅化气孔和一些毛状细胞植硅体对环境变化较为敏感（Madella et al.，2009），本书的研究结果与此是不谋而合的。

表 6-13　芦苇尖型植硅体大小的正交试验分析结果

试验序号	因素								尖型		
	生境	温度	温度×生境	降水	降水×生境	温度×降水			长/μm	宽/μm	宽/长
1	1	1	1	1	1	1	1	1	30.99	11.71	0.38
2	1	1	2	2	2	2	2	2	19.44	9.08	0.76
3	1	1	3	3	3	3	3	3	21.79	8.89	0.68
4	1	2	1	1	2	2	1	2	34.52	13.97	0.77
5	1	2	2	2	3	3	1	1	11.02	8.50	0.63
6	1	2	3	3	1	1	2	2	26.72	12.94	0.71
7	1	3	1	2	1	3	2	3	18.95	7.95	0.60
8	1	3	2	3	2	1	1	2	22.42	9.46	0.79
9	1	3	3	1	3	2	2	2	34.66	15.34	0.71
10	2	1	1	3	3	2	2	1	35.26	14.87	0.72

试验序号	因素								尖型		
	生境	温度	温度×生境	降水	降水×生境	温度×降水			长/μm	宽/μm	宽/长
11	2	1	2	1	1	3	3	2	39.41	13.00	0.86
12	2	1	3	2	2	1	1	3	35.52	13.65	0.69
13	2	2	1	2	3	1	3	2	9.86	8.46	0.61
14	2	2	2	3	1	2	1	3	24.03	11.41	0.83
15	2	2	3	1	2	3	2	1	36.21	15.23	0.76
16	2	3	1	3	2	3	1	2	24.03	10.19	0.81
17	2	3	2	1	3	1	2	3	35.86	15.16	0.74
18	2	3	3	2	1	2	3	1	19.36	7.97	0.67
长 M1	24.501	30.402	25.602	35.275	26.577	26.895					
长 M2	28.838	23.727	25.363	19.025	28.690	27.878					
长 M3		25.88	29.043	25.708	24.742	25.235					
长 极差	4.337	6.675	3.680	16.250	3.948	2.643					
长 主次顺序	降水	温度	生境	降水×生境	温度×生境	温度×降水					
宽 M1	10.871	11.867	11.192	14.068	10.830	11.897					
宽 M2	12.216	11.752	11.102	9.268	11.930	12.107					
宽 M3		11.012	12.337	11.293	11.870	10.627					
宽 极差	1.345	0.855	1.235	4.800	1.100	1.480					
宽 主次顺序	降水	温度×降水	生境	温度×生境	降水×生境	温度					
宽/长 M1	0.47	0.40	0.48	0.40	0.42	0.49					
宽/长 M2	0.46	0.57	0.48	0.55	0.42	0.44					
宽/长 M3		0.42	0.42	0.44	0.55	0.46					
宽/长 极差	0.01	0.17	0.06	0.15	0.13	0.05					
宽/长 主次顺序	温度	降水	降水×生境	温度×生境	温度×降水	生境					

表 6-14 芦苇尖型植硅体各参数的方差分析结果

因素	长/μm	宽/μm	宽/长
生境	0.195	0.263	0.851
温度	0.252	0.792	0.013
温度×生境	0.560	0.612	0.335
降水	0.012	0.031	0.024
降水×生境	0.585	0.669	0.025
温度×降水	0.773	0.532	0.463

气孔是植物表皮的特殊结构，是植物与环境进行 CO_2 与水汽交换的重要通道，其孔径大小直接影响着植物的蒸腾作用和光合作用的速率。同时植物叶片气孔大小因环境信息（光照、温度及水分状况差异等）的变化而变化，但哪种环境因子对气孔影响更显著，目前学术界尚无统一认识。

芦苇硅化气孔大小的正交试验分析结果和方差分析结果（表 6-15、表 6-16）显示，芦苇硅化气孔的长受各环境因子的影响较大，对各环境因子均响应敏感；芦苇硅化气孔的宽受降水及降水×生境的影响较明显，在其变化时芦苇硅化气孔大小变化较大；芦苇硅化气孔宽/长在生境和降水影响下差异更为显著。因此，总体看来，芦苇硅化气孔的大小及形状对降水的响应更为敏感。目前相关学者对不同区域植硅体气孔的影响因素的研究发现植物气孔对温度和湿度的响应均敏感（Pandey et al.，2007；Habtamu et al.，2013）。而也有学者认为在一定条件下，温度对植物气孔并未产生显著影响（Christina et al.，2010）。因此，我们认为研究区域的差异可能导致"环境短板效应"的存在，进而造成影响植物气孔大小的主要环境因素存在差异。而本书实验所用芦苇采自东北地区湿地，湿地植物对土壤水分的丰歉高度敏感。有学者对节水灌溉条件下寒区（黑龙江省绥化市庆安县境内的黑龙江省中心试验站）水稻不同生育阶段气孔阻力变化及其影响因素的分析发现，水稻的气孔大小对水分供给的变化最为敏感，而温度和光照对其影响则相对较小（彭世彰等，2007）。因此本书实验所用样品芦苇气孔对水分的变化可能也同样敏感，因而芦苇硅化气孔在水分条件发生变化时，其大小及形状在不同水分条件下产生了显著差异。

表 6-15　芦苇硅化气孔大小的正交试验分析结果

试验序号	因素								硅化气孔		
	生境	温度	温度×生境	降水	降水×生境	温度×降水			长/μm	宽/μm	宽/长
1	1	1	1	1	1	1	1	1	18.32	8.85	0.48
2	1	1	2	2	2	2	2	2	16.17	8.02	0.50
3	1	1	3	3	3	3	3	3	16.89	8.24	0.49
4	1	2	1	1	2	2	3	3	20.25	10.24	0.51
5	1	2	2	2	3	3	1	1	19.02	9.44	0.50
6	1	2	3	3	1	1	2	2	17.94	8.21	0.46
7	1	3	1	2	1	3	2	1	16.49	8.01	0.49
8	1	3	2	3	2	1	3	1	16.90	7.96	0.47
9	1	3	3	1	3	2	1	2	20.25	10.55	0.52
10	2	1	1	3	3	2	2	1	17.73	8.36	0.47
11	2	1	2	1	1	3	3	2	19.11	9.54	0.50
12	2	1	3	2	2	1	1	3	20.32	9.89	0.49
13	2	2	1	3	3	1	3	2	23.22	10.73	0.46
14	2	2	2	3	1	2	1	3	17.60	7.96	0.45

续表

试验序号	因素								硅化气孔		
	生境	温度	温度×生境	降水	降水×生境	温度×降水			长/μm	宽/μm	宽/长
15	2	2	3	1	2	3	2	1	20.04	9.64	0.48
16	2	3	1	3	2	3	1	2	17.02	7.77	0.46
17	2	3	2	1	3	1	2	3	21.31	10.84	0.51
18	2	3	3	2	1	2	3	1	'16.40	7.47	0.46
长 M1	18.026	18.090	18.838	19.880	17.643	19.668					
M2	19.194	19.678	18.352	18.603	18.450	18.067					
M3		18.062	18.640	17.347	19.737	18.095					
极差	1.168	1.616	0.486	2.533	2.094	1.601					
主次顺序	降水	降水×生境	温度	温度×降水	生境	温度×生境					
宽 M1	8.836	8.817	8.993	9.943	8.340	9.413					
M2	9.133	9.370	8.960	8.927	8.920	8.767					
M3		8.767	9.000	8.083	9.693	8.773					
极差	0.297	0.603	0.040	1.860	1.353	0.646					
主次顺序	降水	降水×生境	温度×降水	温度	生境	温度×生境					
宽/长 M1	0.49	0.49	0.48	0.50	0.47	0.48					
M2	0.48	0.48	0.49	0.48	0.49	0.49					
M3		0.49	0.48	0.47	0.49	0.49					
极差	0.01	0.01	0.01	0.03	0.02	0.01					
主次顺序	降水	降水×生境	温度	温度×降水	温度×生境	生境					

表 6-16 芦苇硅化气孔各参数的方差分析表

因素	长/μm	宽/μm	宽/长
生境	0.042	0.342	0.041
温度	0.043	0.245	0.333
温度×生境	0.693	0.993	0.448
降水	0.011	0.006	0.012
降水×生境	0.025	0.024	0.115
温度×降水	0.044	0.191	0.526

为了进一步探讨影响芦苇植硅体的主要气候因素，我们对芦苇植硅体的大小进行了主成分分析（表6-17），结果表明主成分分析选出了两个主因子，累计贡献率达到100%，

超过了 85%，达到了统计意义。在第 1 因子中，除鞍型鞍长和鞍型宽的相关系数较小且处于第 1 因子轴的反方向外，其他植硅体参数基本位于因子轴的正方向极大值，同时结合以上分析得知温湿度对芦苇植硅体的形成有重要影响，但其中降水因子更有利于植硅体的形成，因此可将第 1 因子作为降水因子。在第 2 因子中，鞍型鞍长和鞍型长位于因子轴的正方向极大值，而尖型长和尖型宽位于因子轴的反方向极大值，因此可将第 2 因子作为温度因子。

表 6-17　主成分分析因子得分和累计贡献率

植硅体参数	主成分因子	
	1	2
鞍型鞍长	−0.377	0.926
鞍型鞍宽	0.908	0.419
鞍型长	0.412	0.911
鞍型宽	−0.221	−0.975
帽型上底	0.987	0.163
帽型下底	0.903	−0.430
帽型高	0.997	−0.078
尖型长	0.710	−0.705
尖型宽	0.767	−0.641
硅化气孔长	0.981	0.196
硅化气孔宽	0.798	0.603
累计贡献率/%	60.518	100.000

从以上分析得知芦苇植硅体的大小对降水条件的响应更为敏感，因此为进一步分析芦苇植硅体大小随降水因子的变化趋势，以下我们对此进行了研究。

图 6-5 中芦苇植硅体大小为从东到西每条剖面线上 4 个样点的均值，从中可发现芦苇植硅体的大小因样点降水条件的不同而有明显差异，其大小随水分的增多呈现变大的趋势。研究表明水分对植物的生长至关重要，根吸收水和叶蒸腾水之间保持平衡是保证植物正常生活所必需的。因此水分的多少对植物生理活动的顺利进行具有重要影响。前人研究表明，水分增加，植物的净光合速率增大（Huber et al.，1984；刘祖贵等，2005）。另有研究表明水分减少，植物叶片叶绿素 a、叶绿素 b 的含量降低；植物气孔导度下降；植物叶片的叶面积减小，光合作用的场所变小，进而引起植物的光合速率下降（Horton et al.，2001）。同时，在水分减少的条件下，植物为了防止叶片因水分减少而失水萎蔫，其蒸腾速率开始下降（高彦萍等，2007）。反之，我们认为，随水分增加，植物的光合作用增强，进而促进植物吸收的硅增多，而蒸腾作用增强，植物体内沉积的硅量增多。叶片形态解剖结构对阴湿环境响应方面的研究也认为在阴湿环境中植物叶面积大而薄，表皮细胞大且含有叶绿素，表皮细胞及细胞间隙较大（Soami et al.，2008）。因此，降水较多

的区域，植物表皮细胞及细胞间隙较大，同时降水量增多的时候，植物表皮细胞及细胞间隙沉积的硅量也增多，从而使降水量丰富的地区形成的植硅体较大。这与随着降水量的增大，植硅体的颗粒越大的结论相一致（王永吉和吕厚远，1992）。

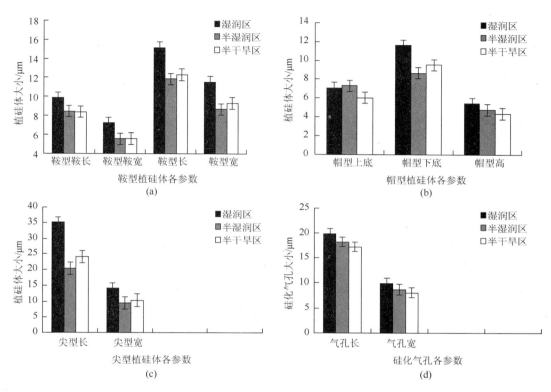

图 6-5　东北地区芦苇植硅体大小随降水条件的变化趋势

小　结

依据芦苇植硅体数量和各样点温度及降水条件的变化，芦苇植硅体浓度在暖湿区和温湿区最大，冷湿区其浓度次之，而温干区其浓度最小，冷干区芦苇植硅体总浓度和各类型植硅体浓度也相对较大。即东北地区芦苇植硅体浓度呈现南多北少，东多西少的趋势。芦苇植硅体大小在不同温湿区间也有明显不同，其在冷湿区最大，暖湿区、暖干区次之，温湿区最小。

经过正交试验分析，温度是影响芦苇鞍型植硅体浓度和帽型植硅体浓度的主要因素；降水×生境是芦苇尖型植硅体浓度的主要影响因素；温度×降水是芦苇植硅体、扇型植硅体及硅化气孔浓度的主要影响因素。

在温度、降水、生境及其交互作用影响下，温度、降水及降水×生境是影响芦苇植硅体大小的主要因素，但降水对芦苇植硅体大小的影响更为显著；芦苇植硅体的形状对温度、降水及降水×生境的变化有不同的响应，鞍型和帽型植硅体（短细胞植硅体）的形状在上述实验条件下均未发生显著变化，而尖型植硅体（毛状细胞植硅体）的形状则变化较大；芦苇硅化气孔的大小及形状对水分状况的响应更为敏感，其中芦苇硅化气孔的大小受降水及降水×生境条件的改变影响显著，而其形状受降水及生境条件的影响较大。

参 考 文 献

阿布力米提·买买提明，张俊佩，裴东. 2004. 不同类型核桃的光合和蒸腾性能对土壤水分胁迫响应的研究. 河北农业大学学报，27（4）：26～30.

曹昀，王国祥，张聃. 2008. 干旱对芦苇幼苗生长和叶绿素荧光的影响. 干旱区地理，31（6）：862～869.

陈芳清，郭成圆，王传华，等. 2008. 水淹对秋华柳幼苗生理生态特征的影响. 应用生态学报，19（6）：1229～1233.

陈建，张光灿，张淑勇，等. 2008. 辽东楤木光合和蒸腾作用对光照和土壤水分的响应过程. 应用生态学报，19（6）：1185～1190.

邓春暖，章光新，潘响亮. 2012. 干旱胁迫对莫莫格湿地芦苇叶片光合生理生态的影响机理研究. 湿地科学，10（2）：136～141.

董永华，史吉平，韩建民. 1995. 干旱对玉米幼苗 PEP 所化酶活性的影响. 玉米科学，3（2）：54～57.

杜晓光，郑慧莹，刘存德. 1994. 松嫩平原主要盐碱植物群落生物生态学机制的初步探讨. 植物生态学报，18（1）：41～49.

高辉远，邹琦. 1993. 大豆光合作用日变化过程中气孔限制和非气孔限制的研究.西北植物学报，13（2）：96～102.

高峻，吴斌，孟平，等. 2007. 水分胁迫对金太阳杏幼树蒸腾、光合特性的影响. 河北农业大学学报，30（3）：36～40.

高丽，杨劼，刘瑞香，等. 2009. 不同土壤水分条件下中国沙棘雌雄株光合作用、蒸腾作用及水分利用效率特征. 生态学报，29（11）：6025～6034.

高素华，郭建平. 2003. CO₂浓度和土壤湿度对羊草光合特性影响机理的初探. 草业科学，21（5）：23～27.

高素华，郭建平，王春乙. 1995. 气候变化对旱地作物生产的影响. 应用气象学报，6（增刊）：83～88.

高素华，郭建平，周广胜. 2001. 羊草叶片对高 CO₂浓度和干旱胁迫的响应. 草地学报，9（3）：202～206.

高彦萍，冯莹，马志军，等. 2007. 水分胁迫下不同抗旱类型大豆叶片气孔特性变化研究.干旱地区农业研究，25（2）：77～79.

郭继勋，祝廷成. 1994. 气候因子对东北羊草草原羊草群落产量影响的分析. 植物学报，36（10）：790～796.

郭培国，李荣华. 1998. 提高环境 CO₂浓度和环境温度对植物光合作用的影响. 广州师院学报（自然科学版），20（5）：51～55.

何明，翟明普，曹帮华，等. 2005. 持续干旱下刺槐无性系光合作用与蒸腾作用的日变化. 山东林业科技，（1）：6～8.

洪德艳，张丽娟，王立军. 2008. 东北地区芦苇营养器官比较解剖学研究. 吉林农业大学学报，30（2）：161～165，175.

侯彦林，郭伟，朱永官. 2005. 非生物胁迫下硅素营养对植物的作用及其机理. 土壤通报，36（3）：426～429.

冀瑞萍. 2000. 光强、温度、CO₂对光合作用的影响. 晋中师范高等专科学校学报，17（3）：36～37.

蒋高明，韩兴国，林光辉. 1997. 大气 CO₂浓度升高对植物的直接影响——国外十余年来模拟试验研究之主要手段及基本结论. 植物生态学报，21（6）：489～502.

介冬梅，葛勇，郭继勋，等. 2010. 中国松嫩草原羊草植硅体对全球变暖和氮沉降模拟的响应研究. 环境科学，31（8）：1708～1715.

介冬梅，刘红梅，葛勇，等. 2011. 长白山泥炭湿地主要植物植硅体形态特征研究. 第四纪研究，31（1）：163～167.

井春喜，张怀刚，师生波，等. 2003. 土壤水分胁迫对不同耐旱性春小麦品种叶片色素含量的影响. 西北植物学报，23（5）：811～814.

冷寒冰，秦俊，胡永红. 2011. 春秋季不同环境下山茶的光合特性研究. 中南林业科技大学学报，31（12）：29～33.

李昌晓，钟章成. 2006. 池杉幼苗对不同土壤水分水平的光合生理响应. 林业科学研究，19（1）：54～60.

李昌晓，钟章成，刘芸. 2005. 模拟三峡库区消落带土壤水分变化对落羽杉幼苗光合特性的影响. 生态学报，8（8）：1953～1959.

李倩，谭雪莲. 2006. 旱地植物蒸腾作用研究进展. 甘肃农业科技，（10）：18～20.

李清明. 2008. 温室黄瓜（Cucumis sativus L.）对干旱胁迫与 CO₂浓度升高的响应与适应机理研究. 杨凌：西北农林科技大学博士学位论文.

李泉，徐德克，吕厚远. 2005. 竹亚科植硅体形态学研究及其生态学意义. 第四纪研究，25（6）：777～784.

李仁成. 2010. 竹叶及其植硅体类脂物的分类学意义及其季节性变化. 武汉：中国地质大学博士学位论文.

李玉欣, 师长海, 乔匀周, 等. 2010. 冬小麦蒸腾效率对土壤水分响应的生理机制探讨. 华北农学报, 25（1）：121～125.

栗茂腾, 刘建民, 余龙江, 等. 2006. 香紫苏在不同发育阶段的蒸腾作用与环境因子之间关系的研究. 农业环境科学学报, 25（增刊）：290～294.

廖建雄, 王根轩. 2002. 干旱、CO_2 和温度升高对春小麦光合、蒸发蒸腾及水分利用效率的影响. 应用生态学报, 13（5）：547～550.

廖行, 王百田, 武晶, 等. 2007. 不同水分条件下核桃蒸腾速率与光合速率的研究. 水土保持研究, 14（4）：30～34.

林同保, 孟战赢, 曲奕威. 2008. 不同土壤水分条件下夏玉米蒸发蒸腾特征研究. 干旱地区农业研究, 26（5）：22～26.

刘菲菲, 魏亦农, 李志博, 等. 2011. 低温胁迫对棉花幼苗叶片光合特性的影响. 石河子大学学报（自然科学版）, 29（1）：11～14.

刘祖贵, 陈金平, 段爱旺, 等. 2005. 水分胁迫和气象因子对冬小麦生理特性的影响. 灌溉排水学报, 24（1）：33～37.

刘祖祺, 张石城. 1994. 植物抗性生理学. 北京：中国农业出版社.

吕军. 1994. 渍水对冬小麦生长的危害及其生理效应. 植物生理学通报, 20（3）：221.

栾金花, 吕宪国, 邹元春, 等. 2006. 三江平原湿地漂筏苔草的株高和茎粗对水分梯度的生态响应. 吉林农业大学学报, 28（3）：256～260.

罗永忠, 成自勇. 2011. 水分胁迫对紫花苜蓿叶水势、蒸腾速率和气孔导度的影响. 草地学报, 19（2）：215～221.

马略耕. 2011. 松嫩草地芦苇光合特性对全球气候变化响应的研究. 长春：东北师范大学硕士毕业论文.

彭世彰, 张瑞美, 茆智, 等. 2007. 节水灌溉条件下寒区水稻气孔阻力变化及其影响因素研究. 水利学报, 48（2）：191～197.

祁秋艳, 杨淑慧, 仲启铖, 等. 2012. 崇明东滩芦苇光合特征对模拟增温的响应. 华东师范大学学报（自然科学版）,（6）：29～38.

任旭琴, 陈伯清. 2007. 低温下辣椒幼苗光合特性的初步研究. 江苏农业科学,（6）：243～244.

邵怡若, 许建新, 薛立, 等. 2013. 低温胁迫时间对 4 种幼苗生理生化及光合特性的影响. 生态学报, 33（14）：4237～4247.

石冰, 马金妍, 王开运, 等. 2010. 崇明东滩围垦芦苇生长、繁殖和生物量分配对大气温度升高的响应. 长江流域资源与环境, 19（4）：383～388.

石福孙, 吴宁, 吴彦, 等. 2009. 模拟增温对川西北高寒草甸两种典型植物生长和光合特征的影响. 应用与环境生物学报, 15（6）：750～755.

宋凤斌, 徐世昌, 戴俊英. 1994. 水分胁迫对玉米光合作用的影响. 玉米科学, 2（3）：66～70.

田有亮, 郭连生. 1994. 4 种针叶幼树的光合速率、蒸腾速率与土壤含水量的关系及其抗旱性的研究. 应用生态学报, 5（1）：32～36.

王海洋, 陈家宽, 周进. 1999. 水位梯度对湿地植物生长、繁殖生物量分配的影响. 植物生态学报, 23（3）：269～274.

王万里, 林芝萍, 章秀英. 1988. 植物角质蒸腾的几个方面. 植物生理学报, 14（2）：123～129.

王为民, 王晨, 李春俭, 等. 2000. 大气二氧化碳浓度升高对植物生长的影响. 西北植物学报, 20（4）：676～683.

王永吉, 吕厚远. 1992. 植物硅酸体研究及应用. 北京：海洋出版社.

王志琴, 杨建昌, 朱庆森. 1996. 土壤水分对水稻光合速率与物质运转的影响. 中国水稻科学, 10（4）：235～240.

魏孝荣, 郝明德, 邱莉萍, 等. 2004. 干旱条件下锌肥对玉米生长和光合色素的影响. 西北农林科技大学学报（自然科学版）, 32（9）：111～114.

肖向明, 王义凤, 陈佐忠. 1996. 内蒙古锡林河流域典型草原初级生产力和土壤有机质的动态及其对气候变化的反应. 植物学报, 38（1）：45～52.

徐惠风, 徐克章, 刘兴土, 等. 2003. 向日葵花期叶片蒸腾特性时空变化及其与环境因子的相关性研究. 中国油料作物学报, 25（2）：30～47.

杨建伟, 韩蕊莲, 刘淑明, 等. 2004. 不同土壤水分下杨树的蒸腾变化及抗旱适应性研究. 西北林学院学报, 19（3）：7～10.

杨猛, 魏玲, 胡萌, 等. 2012. 低温胁迫对玉米幼苗光合特性的影响. 东北农业大学学报, 43（1）：66～70.

杨盛昌, 林鹏, 中须贺常雄. 2001. 5℃夜间低温对红树幼苗光合速率和蒸腾速率的影响. 植物研究, 21（4）：587～591.

杨淑慧, 祁秋艳, 仲启铖, 等. 2012. 崇明东滩围垦湿地芦苇光合作用对模拟升温的响应初探. 长江流域资源与环境, 21（5）：604～610.

衣英华，樊大勇，谢宗强，等. 2006. 模拟淹水对枫杨和栓皮栎气体交换、叶绿素荧光和水势的影响. 植物生态学报，30（6）：960～968.

殷毓芬，张存良，姚风霞，等. 1995. 冬小麦不同品种叶片光合速率与气孔导度等性状之间关系的研究. 作物学报，21（5）：561～567.

詹妍妮，郁松林，陈培琴. 2006. 果树水分胁迫反应研究进展.中国农学通报，22（4）：239～243.

张华，王百田，郑培龙. 2006. 黄土半干旱区不同土壤水分条件下刺槐蒸腾速率的研究. 水土保持学报，20（2）：122～125.

张新荣，胡克，王东坡，等. 2004. 植硅体研究及其应用的讨论. 世界地质，23（2）：112～117.

张新时，高琼，杨奠安，等. 1997. 中国东北样带的梯度分析及其预测. 植物学报（英文版），39（9）：785～799.

赵友华. 1996. 不同光环境下大头茶幼苗蒸腾强度和生物量的变化. 福建农业大学学报，25（1）：109～113.

Alonso B C，Koornneef M. 2000. Naturally occurring variation in Arabidopsis: an underexploited resource for plant genetics. Trends in plant science，5（1）：22～29.

Ashraf M. 2005. Gas exchange characteristics and water relations in two cultivars of *Hibiscus esculentus* under waterlogging. Biologia Plantarum，49（3）：459～462.

Christina E，Reynolds H，Anita L，et al. 2010. Interactions between temperature, drought and stomatal opening in legumes. Environmental and Experimental Botany，68（1）：37～44.

Driscoll S P，Prins A，Olmos E，et al. 2006. Specification of adaxial and abaxial stomata, epidermal structure and photosynthesis to CO_2 enrichment in maize leaves. Journal of Experimental Botany，57（2）：381～390.

Farquhar G D，Sharkey T D. 1982. Stomatal conductance and photosynthesis. Annual Review of Plant Physiology，33（1）：317～345.

Guo M E，Jie D M，Liu H M，et al. 2012. Phytolith analysis of selected wetland plants from Changbai Mountain region and implications for palaeoenvironment. Quaternary International，250：119～128.

Habtamu G，Katrine H K，Fanourakis D，et al. 2013. Smaller stomata require less severe leaf drying to close: A case study in *Rosa hydrida*. Journal of Plant Physiology，170：1309～1316.

Horton J L，Kolb T E，Hart S C. 2001. Physiological response to groundwater depth varies among species and with river flow regulation. Ecological Applications，11（4）：1046～1059.

Huber S C，Rogers H M，Mowry F L. 1984. Effect of water stress on carbon partitioning in soybean plants grown in the field at different CO_2 levels. Plant physiology，76（1）：244～249.

Hurry V W，Malmberg G，Gardestrom，et al. 1994. Effects of a short-term shift to low temperature and of long-term cold hardening on photosynthesis and ribulose-1, 5-bisphosphate carboxylase/oxygenase and sucrose phosphate synthase activity in leaves of winter rye (*Secale cereale* L.). Plant Physiology，106（3）：983～990.

Lambers H，Chapin Ⅲ F S，Pons T L，et al. 1998. Plant Physiological Ecology. New York：Springer.

Lawton J R. 1980. Observations on the structure of epidermal cells, particularly the cork and silica cells, from flowering stem internode of *Lolium temulentum* L.（Germinae）. Botanical Journal of the Linnean Society，80（2）：161～177.

Liu L D，Jie D M，Liu H Y，et al. 2013. Response of phytoliths in Phragmites communis to humidity in NE China. Quaternary International，304：193～199.

Lu H Y，Liu K B. 2003. Morphological variations of lobate phytoliths from grasses in China and the southeastern USA. Diversity and Distributions，9：73～87.

Madella M，Jones M K，Echlin P. 2009. Plant water availability and analytical microscopy of phytoliths: implications for ancient irrigation in arid zones. Quaternary International，193（1-2）：32～40.

Maneham P A，Methy M. 2004. Submergenee-induced damage of Photosynthetic apparatus in *Phragmites australi*s. Environment and Experimenial Botany，51：227～235.

Nicolás E，Torrecillas A，Ortuńo M F，et al. 2005. Evaluation of transpiration in adult apricot trees from sap flow measurements. Agricultural Water Management，72（2）：131～145.

Pandey R，Chacko P M，Choudhary M L，et al. 2007. Higher than optimum temperature under CO_2 enrichment influences stomata anatomical characters in rose（*Rosa hybrida*）. Scientia Horticulturae，113（1）：74～81.

Powles S B，Osmond C B. 1978. Inhibition of the capacity and efficiency of photosynthesis in bean leaflets illumimatedina CO_2 free atmosphere at low oxygen：a possible role for photorespiration. Australian Journal of Plant Physiology，5：619～629.

Shahack G R，Shemesh A，Yakir D，et al. 1996. Oxygen isotopic composition of opaline phytoliths：potential for terrestrial climatic reconstruction. Geochimica et Cosmochimica Acta，60（20）：3949～3953.

Soami F C D，Angela M S，Renato P，et al. 2008. Effect of the culture environment on stomatal features，epidermal cells and water loss of micropropagated *Annona glabra* L. plants. Scientia Horticulturae，117（4）：341～344.

Staehr P A，Sand J K. 2006. Seasonal changes in temperature and nutrient control of photosynthesis，respiration and growth of natural phytoplankton communities. Freshwater Biology，51（2）：249～262.

Tissue D T，Griffin K L，Thomas R B，et al. 1995. Effects of low and elevated CO_2 on C_3 and C_4 annuals：II Photosynthesis and leaf biochemistry. Oecologia，101：21～28.

Wigley T M L，Raper S C B. 2001. Interpretation of high projections for global-mean warming. Science，293（5529）：451～454.

Xu Z Z，Zhou G S. 2005. Effect of water stress and high nocturnal temperature on photosynthesis and nitrogen level of a perennial grass *Leymus chinensis*. Plant Soil，269（1-2）：131～139.

第七章 芦苇植硅体变化的土壤–植物系统 pH 与有机质分析

土壤 pH 是反映土壤酸碱程度的一个重要指标,土壤的 pH 将会影响土壤矿物质的分解速度和土壤有机质的转化,而土壤有机质是指土壤中的各种含碳有机化合物,包括动植物残体、微生物体以及这些生物残体不同分解阶段的产物和有机化合物。有机质虽然在土壤中占的比重不大,但其对成土过程及土壤物理化学生物性质具有重大影响,是土壤肥力产生的基础。

第一节 土壤 pH 对芦苇植硅体的影响

土壤 pH 将会影响土壤矿物质的分解速度和土壤有机质的转化,影响土壤溶液中化合物的溶解和沉淀,影响土壤的离子交换作用,也影响植物养分的有效性等方面。下面将对不同样点及不同生长期的土壤 pH 与土壤有效硅含量之间的关系进行进一步分析。

由于本书实验从东到西是按照湿度梯度进行样点布设的,对于土壤 pH 与芦苇植硅体浓度之间的关系在空间尺度上的变化按照从东到西分区进行分析,即分析东部、中部、西部土壤 pH 与芦苇植硅体浓度之间的关系。对土壤 pH 与芦苇植硅体浓度之间进行相关分析,结果见表 7-1。由表 7-1 可知,东部地区土壤 pH 与芦苇植硅体浓度呈显著正相关关系,中部地区相关性不明显,而西部地区土壤 pH 与芦苇植硅体浓度的关系则为显著负相关关系。东部和西部的显著性水平都小于 0.05,表现为显著相关关系。东部地区降水量丰富,土壤淋溶程度大,土壤呈酸性或中性,而土壤 pH 越大则淋溶作用越弱,硅越不容易被淋失,在土壤中硅的积累就相对增多,则植物吸收的硅量有可能增多,导致芦苇植硅体浓度增大,因此土壤 pH 与芦苇植硅体浓度间呈现正相关关系。而位于西部地区的长岭、通辽、大庆等样点由于地处内陆地区,降水量较少,土壤呈现碱性,而只有当具备一定的酸度时硅才会从岩石中分离出来,也就是说土壤 pH 越大,岩石中的硅越不容易分离,土壤中硅的积累量较少,可以被植物吸收的硅量也相对减少,进而导致植硅体浓度减小,因此西部地区土壤 pH 与芦苇植硅体浓度间的关系则为显著负相关关系。酸碱度的大小对于岩石风化和土壤元素的迁移有着很重要的影响,岩石中的硅必须通过风化作用形成土壤中的可溶性硅素才能被植物吸收,同时土壤中可溶性的硅又必须被土壤吸持住才不会被淋失,否则有效性就会降低。由此看来,土壤 pH 对芦苇植硅体浓度影响并不都是正向的,只有土壤 pH 在适宜的范围内芦苇植硅体浓度才比较高,超过或低于这一范围都会导致芦苇植硅体浓度降低。有研究指出,土壤 pH 在 6~8 的范围内，随着 pH 的增加有效硅含量增加，而当土壤 pH＞8 时，有效硅含量随着 pH 升高呈现降低的趋势（李家书等，1997），这与本书的结果相一致。综上所述，在干燥碱性土壤分布区，土壤 pH 与芦苇植硅体浓度呈负相关关系，在湿润酸性中性土壤分布区，土壤 pH 与芦苇植硅体浓度则为正相关关系。

表 7-1　土壤 pH 与芦苇植硅体浓度的相关系数表

项目	东北地区			生长季				
	东部	中部	西部	6 月	7 月	8 月	9 月	10 月
相关系数	0.505*	0.033	−0.619*	−0.442	−0.471	−0.303	−0.550	−0.290

* 在 0.05 水平上达到显著差异

由表 7-1 可知，不同月份的土壤 pH 与芦苇植硅体浓度的相关性并不好，由相关系数可知 6～9 月芦苇植硅体浓度与 pH 呈微弱的负相关关系，而 10 月则呈现正相关关系。各个月份的相关系数大致相近，相关程度在不同月份上的时间分异体现得不明显。

整体看来，土壤 pH 与芦苇植硅体浓度之间的关系在湿润的淋溶地区为正相关关系，在半湿润半干旱的非淋溶地区为负相关关系。只有土壤 pH 在适宜的范围内芦苇植硅体浓度才比较高，超过或低于这一范围都会导致芦苇植硅体浓度降低。

第二节　土壤有机质对芦苇植硅体的影响

土壤有机质对土壤环境的形成具有重要影响，我们对土壤有机质与芦苇植硅体浓度之间的关系也进行了探讨，对不同样点和不同生长期土壤有机质与芦苇植硅体浓度之间的相关分析结果见表 7-2。

表 7-2　土壤有机质与芦苇植硅体浓度相关系数表

项目	东北地区			生长季				
	东部	中部	西部	6 月	7 月	8 月	9 月	10 月
相关系数	−0.160	0.672*	0.799**	0.036	0.683*	0.407	0.201	0.332

* 在 0.05 水平上达到显著差异

** 在 0.01 水平上达到极显著差异

由表 7-2 可知，东部湿润区土壤有机质与芦苇植硅体浓度呈负相关关系，但其相关性不显著，而中部和西部地区土壤有机质与芦苇植硅体浓度呈正相关关系，且达到显著性检验水平，可能是由于自然地理环境的复杂性。其中从东部到西部，土壤有机质与芦苇植硅体浓度之间的相关性逐渐增强，由此可得知土壤湿度较低的样点，土壤有机质越丰富，芦苇植硅体浓度也就越大，也说明了土壤越肥沃，植物的生长就更为旺盛，对硅的需求量也就越大。同时东部地区为湿润区，芦苇植硅体浓度与土壤有机质呈负相关关系，而西部的半干旱区却呈正相关关系，可见土壤有机质与芦苇植硅体浓度的关系可能存在两重性（马同生，1997；代革联等，2004）：一方面土壤有机质的存在使土壤黏粒含量增加，吸附性能较好，保护了土壤硅素使其不被淋失，土壤中硅含量积累，使植硅体浓度增多；另一方面有机质在微生物的分解作用会产生一些有机酸类，酸度的增大会加大土壤的淋溶作用，使土壤内硅含量下降，可被植物吸收的硅量也因此减少，导致植硅体浓度减少。因此芦苇植硅体浓度与土壤有机质的关系比较复杂，东部湿润区微生物分解作用较为旺盛，产生的有机酸较多，故与芦苇植硅体浓度呈负相关关系，而西部干旱区淋溶作用不强，有机质分解不够彻底，土壤黏粒大，从岩石风化出的硅固持在土壤中不会被淋失，并且蒙脱类矿物升高，使得土壤硅含量增高，芦苇植硅体浓度增大。

整体看来，土壤有机质与芦苇植硅体浓度并不呈现简单的线性相关关系，而可能为复杂的函数关系：从生长季角度来看，6月、10月土壤有机质与芦苇植硅体浓度呈正相关关系，7~9月呈负相关关系；从区域角度来看，东部地区土壤有机质与芦苇植硅体浓度呈负相关关系，中部和西部呈正相关关系。

小　结

（1）土壤pH与芦苇植硅体浓度之间的关系在湿润的淋溶地区为正相关关系，在半湿润半干旱的非淋溶地区为负相关关系。只有土壤pH在适宜的范围内芦苇植硅体浓度才比较高，超过或低于这一范围都会导致芦苇植硅体浓度降低。

（2）从生长季角度来看，6月、10月土壤有机质与芦苇植硅体浓度呈正相关关系，7~9月呈负相关关系；从区域角度来看，东部地区土壤有机质与芦苇植硅体浓度呈负相关关系，中部和西部呈正相关关系。

参 考 文 献

代革联，端木合顺，王铮，等.2004.陕西省耕地土壤有效硅分布规律初探.水土保持学报，18（5）：51~53.

李家书，谢振翅，胡定，等.1997.湖北省土壤有效硅含量分布.热带亚热带土壤科学，6（3）：176~181.

马同生.1997.我国水稻土丰缺原因.土壤通报，28（4）：169~171

第八章　芦苇植硅体变化的土壤–植物系统有效硅循环分析

　　硅是地球上重要的矿质元素，在许多生物地球化学过程中起着重要作用，硅自身的生物地球化学循环过程也同样有着重要的生态、环境意义。硅，特别是溶解态的硅，会在土壤-植物系统中发生迁移、转化，并以各种形态的植硅体保存下来。所谓植硅体，就是指高等植物细胞中发育的硅质颗粒，其不包括海绵类、硅藻类、放射虫类及类似物种中的硅，属于陆地上生物硅的重要组成部分。传统上认为硅的循环主要受岩石风化、矿物溶解和水体沉积的影响。实际上，植硅体在硅的生物地球化学循环中起着重要作用。陆地植物吸收利用土壤中的硅后，成为陆地生物硅的重要储库，每年陆地植物以生物硅的形式固定 $1.68 \times 10^9 \sim 5.60 \times 10^9 t$ 的硅，而植硅体在生物硅中的含量高达90%。可见，研究硅的全球生物地球化学循环时必须考虑植硅体的重要作用。

　　近年来，国外学者在森林、草地等生态系统对植硅体的生物地球化学循环过程进行了研究，并以土壤硅循环和对气候变化的响应居多。国内关于植硅体的研究工作是 20 世纪 90 年代初才开始的，主要从地质学、古气候等角度对植硅体进行了较为系统的研究，如通过植硅体的形态鉴定和确定组合带，恢复古植被、讨论植物群落演替，推断第四纪古气候环境及其变迁，指导地层划分对比等。但基本没有考虑植硅体在硅的生物地球化学循环中的作用，关于土壤-植物系统中的硅对植硅体形成影响的研究更是少之又少。在硅的生物地球化学循环中，特别是在土壤-植物系统的硅循环中，硅在土壤和植物中分别以怎样的形式存在？硅在土壤和植物中以怎样的方式迁移？植硅体的形成与土壤中的硅有着怎样的关系？植硅体在硅循环中的作用又如何？这些都是硅循环和植硅体形成机理研究中的重要问题。

第一节　土壤中的硅元素

　　硅（Si）在地壳中的丰度为 28.80%，是继氧之后最为丰富的元素。作为几乎所有母质都含有的元素，硅在大多数土壤中是一种基本组成成分（Sommer et al.，2006）。

一、土壤中硅存在的形态

　　土壤中硅的存在形态分为有机硅和无机硅。土壤中有机硅的含量远少于无机硅的含量，土壤有机硅存在形式多样，如类脂态的硅酸衍生物（$R_1O\text{-}Si\text{-}R_2$）或以 Si-C 键联结形成的有机化合物等（Tessier et al.，1979；向万胜等，1993；Kurtz et al.，2002）。无机硅可分为晶态硅和可提取态（非晶态硅）硅两类（张兴梅等，1997；刘鸣达和张玉龙，

2001；刘鸣达等，2006）。其中晶态硅主要有两种类型：一类是硅与铝或其他元素结合形成的硅酸盐矿物，如沸石、云母、橄榄石等；另一类是单纯的二氧化硅，如结晶态的石英、鳞石英、方石英等（刘鸣达，2002）。可提取态硅包括水溶态硅、交换态硅、胶体态硅和无定形硅。水溶态硅是指可溶于土壤溶液中的硅，通常以单硅酸 [Si(OH)$_4$] 形式存在，其浓度在不同的土壤中变化范围较大。土壤溶液中硅浓度为 0.10～0.60mol/L，是土壤中磷含量的 2 倍左右。硅酸盐矿物和土壤中尚未发现游离态硅的存在，游离态硅多与其他元素结合在一起，通常形成氧化硅或硅酸盐；交换态硅是指吸附在土壤固相上的单硅酸，它与土壤水溶态硅之间保持着动态平衡，是活性硅的组成部分；胶体态硅是由单硅酸聚合而成的，单硅酸可聚合成为多硅酸，其分子增大到一定程度形成硅酸溶胶，当溶胶浓度过高或外界条件改变时，又会生成硅酸凝胶，胶体态硅较易溶解，也是活性硅的组成部分；无定形硅包括无定形二氧化硅和无定形铝硅酸盐两类，但以前者为主，无定形二氧化硅是由硅酸凝胶脱水而成；无定形铝硅酸盐是硅酸凝胶与氢氧化铝、氢氧化铁凝胶共同形成的混合凝胶，如水铝英石和铁矾土等，无定形硅可水化形成胶体态硅或溶解于土壤溶液中，为植物生长提供部分有效态硅素（刘鸣达，2002；刘鸣达等，2006；张革新，2008）。可提取态硅中的各形态硅之间存在着相互转化的动态平衡关系，如图 8-1 所示。

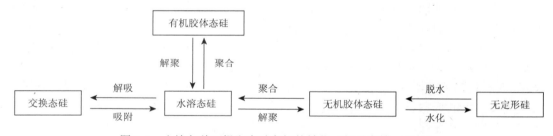

图 8-1　土壤各种可提取态硅之间的转化（赵送来等，2012）

二、硅在土壤中的含量及其影响因素

由于土壤类型、上覆植被、气候等环境状况的差异，导致不同生态类型土壤中硅的存储量存在明显不同（表 8-1）。硅在自然界中占地壳部分所含原子总数的 16.70%，土壤中二氧化硅含量更高，占总量的 50%～70%，是土壤的主要成分。尽管硅在土壤中的含量很高，但多以难溶形态存在，能够被植物吸收的部分很小，真正能被直接吸收利用的只是土壤溶液中的单硅酸及各种易于转化为单硅酸的盐类，即土壤有效硅，其含量一般为 50～250mg/kg（赵送来等，2012）。

土壤有效硅含量通常作为衡量土壤供硅能力的指标，土壤缺硅的主要原因与其他养分元素一样，首先，作物连年从土壤中带走大量有效硅。其次，大部分有效硅以非活性硅钙结合物存在，难以水解，不易供给作物吸收利用。硅以分子态存在于土壤之中，既不带电，也不解离，易于随水淋洗渗漏。另外，它受到成土母质、土壤黏粒、土壤 pH、土壤 Eh、有机质、土壤温度及土壤水分的影响（魏海燕等，2010）。不同成土母质上发育而形成的土壤，硅的含量有很大差别，一般而言，发育在花岗岩、石英斑岩和泥炭上的土壤较易缺硅，而发育在玄武岩以及新火山灰上的土壤供硅能力较强。土壤有效硅含量与土壤黏粒含量呈正相关（刘鸣达和张玉龙，2001），然而，贺立源和王忠良（1998）的研究表明，在 pH>6.50 的土壤中，黏粒含量对土壤有效硅含量的影响逐渐减弱，而粉粒和砂粒的影响增强。对于多数水稻土而言，在一定 pH 范围内，土壤有效硅含量与 pH 呈正相关关系，但在富含碳酸钙或碱性土壤中，情况则有所不同（马同生等，1994）。土壤在淹水条件下，Eh 降低，土壤中铁锰被还原，土壤有效硅含量有不同程度的增加（胡定金和王富华，1995）。土壤施用有机肥后，其中有机质释放出一定量的硅，同时有机质分解产生的有机酸和形成的还原条件，可以破坏铁-硅复合体，有助于硅的溶解（徐文富，1992）。另外，土壤温度在 20～40℃，土壤温度越高，土壤有效硅含量越高（刘永涛，1997）。

表 8-1　不同生态类型土壤硅库（ASi）对比

地点	植被	气候	土壤类型（USA）	母质	ASi 库 $w(SiO_2)/(kg/hm^2)$	备注
Reunin 岛（印度海）	热带雨林	热带	灰烬土	火山灰	363 800	富含植硅体的单一土层
Schelde 河口（比利时）	淡水沼泽植物	温带	泥炭土	沉积物	32 100	沉积物上层 30cm ASi 含量
美国大平原	混合草丛	温带	软土	沉积土，黄土	103 790	植硅体含量
	矮草丛	温带	软土	沉积土，黄土	67 410	植硅体含量
	高草丛	温带	软土	沉积土，黄土	32 742	植硅体含量
瑞典 Muddus 国家公园	北极湿地（亚）	北极（亚）	泥炭土	花岗岩，片麻岩，片岩	13 000	上层 50cm ASi 含量

资料来源：翟水晶等，2013

　　张兴梅等（1997）对东北地区主要旱地土壤供硅状况及土壤硅素形态变化进行了研究，样本的土壤类型为东北地区的棕壤、草甸土、褐土、白浆土和黑土。研究结果表明，东北地区主要旱地土壤有效硅含量为黑土、褐土较高，草甸土、棕壤居中，白浆土最少；有效硅平均含量分别为 605.10mg/kg、577.50mg/kg、357.00mg/kg、271.30mg/kg、149.20mg/kg。研究结果还表明，在一定水分条件下，施入土壤中的硅在 0～30d 主要以植物可利用的水溶态或硅胶形态存在，在 0～20d 土壤有效硅含量变化不大，20～30d 趋于减少。此外，土壤各种形态硅含量为无定形硅＞活性硅＞水溶性硅。有效硅含量与活性硅的相关关系达极显著水平，与无定形硅及水溶性硅无明显相关。张兴梅等（1996）的另一项研究则表明东北地区土壤有效硅含量与土壤理化性状的关系。研究发现，实验测定的几类土壤中，成土母质依次为黄土状沉积物（黑土类）、第四纪河湖沉积物（白浆土）、黄土沉积物（棕壤、褐土）、河流淤积物（草甸土）。各种土类虽有一定差别，但这些土类的次生黏土矿物都是以水化云母为主，所以，反映在土壤耕层全硅含量上都在 70% 左右，均无明显不同。然而，这几种土类由于成土条件的各异，成土过程各有特色。在黑土、褐土的形成过程中，SiO_2 受到的淋溶作用较弱，因此土壤有效硅含量相对较高。而白浆土、棕壤中的 SiO_2 受到的淋溶作用强，致使耕层土壤有效硅含量较低。草甸土类情况复杂，土壤有效硅含量主要与成土淤积物的来源有关。此外，土壤有效硅含量与土壤的 pH 及黏粒含量呈极显著和显著正相关关系。土壤黏粒对硅酸具有一定的吸附作用，在一定 pH 范围内，随着土壤 pH 升高，黏粒含量增多，吸附作用增强，吸附量增加，而吸附态硅酸易进入土壤溶液供作物吸收利用，从而使土壤有效硅含量相对较高。

三、东北地区土壤有效硅含量的时空分异

土壤中的有效硅是植物吸收硅的主要来源，东北地区土壤有效硅含量的变化规律表现在空间分异和时间分异两个方面。土壤有效硅的空间分异体现的是其含量随样点地理位置的变化，时间分异则体现的是其含量随芦苇生长季的变化。

（一）东北地区土壤有效硅含量的时间分异

图 8-2 表示的是东北地区土壤有效硅在芦苇不同生长阶段的含量变化趋势。从图中可以看出，绝大部分样点的土壤有效硅含量随芦苇生长季的变化不明显（$P=0.730$）。这与土壤溶液中的硅浓度能保持在恒定水平，甚至硅被植物吸收以后仍能保持浓度恒定的观点是一致的（唐旭等，2005）。这可能是由于土壤中的硅有多种存在形态，各形态硅之间保持着动态平衡关系，因此当植物从土壤中吸收了有效硅后，其他形态的硅予以补充，使得土壤中有效硅的含量变化不大。

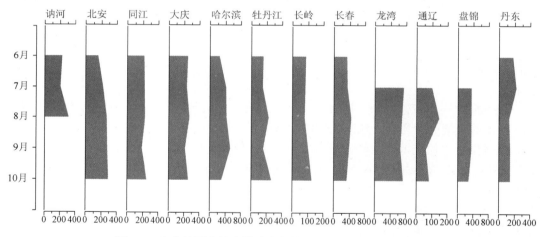

图 8-2　东北地区土壤有效硅含量的时间变化趋势（mg/kg）

（二）东北地区土壤有效硅含量的空间分异

东北地区土壤有效硅含量表现出明显的空间差异。从图 8-3 可以看出，在同一月份中，土壤有效硅含量的变化曲线因样点的不同而有明显波动，但各月之间的曲线变化大体相似，5 条变化曲线的峰、谷位置基本对应，波峰出现在哈尔滨样点、龙湾样点和盘锦样点，波谷出现在长岭样点和通辽样点。刘鸣达和张玉龙（2011）通过对土壤施用钢渣来观察土壤有效硅含量的变化，试验结果显示，各试验处理的土壤有效硅含量较试验前均有不同程度的降低。在钢渣粒度相同时，土壤有效硅含量降低的幅度随着钢渣施用量的增加而增大，这主要是由于灌水和施用钢渣使土壤 pH 升高，促进了铁铝氧化物沉

淀的生成,加强了对土壤中有效硅的吸附,因此土壤有效硅含量减少。Jones(1963)的研究结果也表明,随土壤 pH 的升高,铁铝氧化物对硅酸的吸附量增加。另外,土壤在含水量较多的情况下,硅的浓度相对较高,这可能是由于在排水不良的土壤中形成了还原环境,使得与硅结合的铁被还原溶解,因而释放出硅(何电源,1980),由此推测土壤含水量较低时土壤有效硅含量相对较小。在东北地区的研究区域中,长岭样点的土壤为盐碱土,经试验测得长岭样点土壤的 pH 为 9.50,土壤 pH 较高。通辽样点为暖温带半干旱气候,该样点的降水量与其他样点相比较少,土壤含水量也较少。因此,长岭样点和通辽样点的土壤有效硅含量较低。

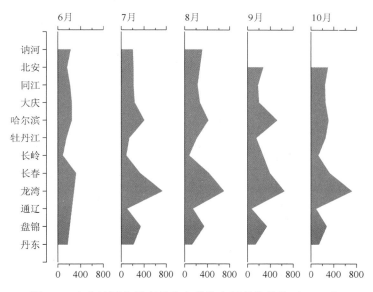

图 8-3 东北地区土壤有效硅含量的空间变化趋势(mg/kg)

第二节 植物中的硅元素

土壤中丰富的硅元素成为植物硅吸收的重要来源。植物从土壤中吸收硅后,硅在植物的整个生长发育过程中扮演着不可或缺的角色。

一、硅在植物体内的形态、分布与含量

在植物体内,硅存在的形式主要是水化无定形二氧化硅($SiO_2 \cdot nH_2O$),其次是可溶性的胶状硅酸和游离单硅酸(Lanning and Eleuterius,1989)。木质部汁液中的硅主要是单硅酸(Takahashi et al.,1990)。目前已有研究发现,水溶性硅的含量高低与植物的品质有关,甚至与植物对病害的抗性有联系,但其在植物中的含量很低,以水稻为例,其含量只占全硅含量的 0.50%~8.00%(水茂兴等,1999)。植物的不同部位,硅的存在形式也有所差异。根中离子态硅比重较高,如水稻,根中以离子态硅为主,占 0.30%~0.80%;叶片中以难溶性硅(硅胶)为主,高达 99.00%以上(田福平等,2007)。

硅在整个植物界的含量与分布是极不均匀的，种间差异很大，且在很大程度上受到环境条件的影响。一般禾本科草类干物质中硅的浓度为豆科及其他双子叶植物的 10～20 倍。根据植物地上部干重中 SiO_2 的百分数，可将植物划分为三种类型：第一种为莎草科植物，如木贼属的问荆，含量为 10.00%～15.00%；第二种为禾本科植物，如甘蔗和大多数谷类作物及一些双子叶植物，含量为 1.00%～3.00%；第三种为大部分双子叶植物，尤其是豆科植物，含量小于 0.50%（夏石头等，2001）。

硅在植物体内的分布也是很不均匀的，同一植物的不同部位，硅含量也有极大的差异，如禾本科植物含硅量地上部分大于根部，硅主要集中在叶表皮细胞和花序中。水稻的花序是硅含量最高的部分，其次是叶片、叶鞘、茎秆和根部，有资料表明，水稻各器官中硅（SiO_2）含量大小依次为谷壳（15.00%）、叶片（12.00%）、叶鞘（10.00%）、茎（5.00%）、根（2.00%）（梁永超，1993）；玉米中的硅主要分布在叶（占 43.00%）和根（占 39.00%）中（肖千明等，1999）；燕麦根中的硅只占全株硅含量的 2.00% 以下。葫芦科植物冬瓜中地上部的含硅量也远高于根部，各部位的硅含量分布情况为老叶＞成熟叶＞幼叶＞主茎＞侧枝＞果皮＞果实和根，其中果实和根的硅含量相近（邢雪荣和张蕾，1998）。通过对大多数植物研究结果可以将硅在地上部分和根部的分布分为三种类型：①植物硅的总含量比较低，植株的地上部分和根部硅的含量相当或者地下部分含硅量略高，如番茄、绿洋葱、油菜、小萝卜和中国甘蓝等；②植物根部的硅含量显著高于地上部分，如三叶草根系中的硅浓度是地上部分的 8 倍之多；③植物硅的总含量较高，植株的根部硅含量远远低于地上部分，如水稻和燕麦等禾本科植物。

硅在植物体内分布的不均匀，还表现在组织水平上。根部的硅存在于表皮细胞中；在茎和叶鞘中，硅主要存在于外表皮、维管束和薄壁组织的细胞壁中；在叶片中，硅不仅存在于表皮细胞内，同时还沉淀于细胞外（梁永超等，1993）。徐呈祥等（2006）利用 X 射线能谱分析发现，库拉索芦荟（*Aloe vera* L.）以根尖表皮细胞的硅相对含量最高，皮层细胞和中柱细胞的硅相对含量相当且均显著低于表皮细胞，叶片中也以表皮细胞的硅相对含量最高，其后依次是同化薄壁细胞、储水薄壁细胞和维管束细胞。

高等植物在不同的生育时期对硅的吸收量也不相同。朱小平等（1995）的结果表明水稻对硅的吸收主要在中后期，分蘖前期吸收很少。已有盆栽试验表明小麦在拔节期后为硅吸收的主要时期，但陈兴华和梁永超（1991）却认为小麦出苗至拔节期达到硅吸收的高峰期，张翠珍等（1998）对滨海盐化湖土上生长的小麦吸硅量的研究结果表明，硅吸收量依次为抽穗期＞成熟期＞拔节期＞返青期。

二、影响植物体内硅含量的因素

影响植物中硅的含量和吸收的因素很多，除了因植物种类不同而有较大的种间差异外，还会受到土壤条件差异的影响。成土母质、土壤黏粒、土壤 pH、土壤 Eh、有机质含量、土壤温度、土壤水分以及其他养分都会影响土壤中有效硅的含量，从而影响植物体内硅的含量（邢雪荣和张蕾，1998）。水稻、黑麦草、向日葵和木贼属植物吸收硅的数量都与土壤溶液中 SiO_2 的浓度成比例地增加。氧化铁和氧化铝吸附土壤中的 SiO_2，影响土壤溶液中 SiO_2 的浓度，从而降低植物中的 SiO_2 含量（何电源，1980）。土壤 pH 不同，植物中的含硅量也不一样。Ayres（1966）发现，土壤施用石灰后，会减少燕麦、黑麦草、红三叶、甘蔗和水稻对硅的吸收。Jones 和 Handreck（1965）将土壤的 pH 从 6.80 降到 5.60 时，燕麦中 SiO_2 的浓度从 1.68%提高到 2.77%。土壤含水量也影响植物对硅的吸收。有人发现，土壤水分从持水量的 50.00%增加到淹水状态时，水稻叶片的硅含量从 7.68%增加到 9.97%。同时发现含有机质多的土壤，SiO_2 增加的浓度最大。此外，Okuda 和 Takahashi（1965）的试验证明，植物吸收硅的数量及含硅量与蒸腾速率成比例。

三、硅在植物中的生理作用

在动物和单细胞生物（如硅藻）中，由于硅能参与众多的新陈代谢过程，因此，硅是不可缺少的必需元素（Werner and Roth，1983）。但关于硅影响高等植物代谢的研究不多，目前发现硅能通过与酚类物质结合来调节木质素的合成。也有研究发现，硅能促进甘蔗体内糖的转化（Alexander et al.，1971；季明德等，1998）。但在高等植物中，硅的有益作用也已经得到证实，目前人们发现，硅不仅能够促进植物的生长发育，还增强了植物对生物和非生物胁迫的抗性（管恩太等，2000；宫海军等，2004）。

硅是植物生长不可缺少的中量元素，发达国家已把硅肥的施用列为氮、磷、钾后的第四个肥料品种。硅能促进水稻根系生长，增加根系活力，改善通气组织和根部的氧化能力，提高其对水分和养分的吸收量（饶立华等，1986）。硅还有助于水稻株形挺拔，促进叶片伸长，改善水稻功能叶的姿态，使叶片与茎的夹角减小（马同生，1990），减少叶片间的相互遮阴，提高群体光合作用，提高稻株的光合效率（魏成熙等，1993；饶立华等，1986），延缓叶片衰老速度，促进碳水化合物的合成与运转（高尔明和赵全志，1998）。有研究发现，水稻施硅肥后，叶度角缩小 25.40°，冠层光合作用增加 10%以上。对双子叶植物黄瓜来说，硅还能使叶片增厚、维管束加粗、叶绿体增大，其中的片层结构和基粒增多，叶绿素含量增加，提高净光合率（Adatia and Besford，1986；饶立华等，1986）。增加花生叶片叶绿素含量，提高花生株高和分枝数，冬瓜主茎增粗，输导组织发达，叶片增厚，叶细胞变大，根系活力提高。同时，作物体内硅含量提高，不仅提高了作物的抗倒伏能力，而且作物导管刚性增强，可增强植物体内部通气性，这对水稻、芦苇等水生植物有重要意义，不但可促进植物根系生长，还可以预防根系的腐烂和早衰。

硅对高等植物的矿质营养有重要影响。土壤有效硅对水稻植株吸收磷、镁、锌和锰等元素有显著抑制作用，并抑制稻株对钠、氮、钾的吸收，但由于硅酸的吸收使植物干物质增加，故氮、钾吸收总量还是略有增加的（梁永超等，1993；汪传炳等，1999；Yea et al.，1999）。不过有些学者认为磷浓度低时硅能促进土壤磷的活化，提高植株对磷的利用率（刘树堂等，1997），原因是硅酸根离子能置换固定在土壤中的磷酸根离子，增加土壤中的有效磷，促进植物对磷的吸收。如已有报道（刘平等，1988；Deren，1997），植物含氮量随硅肥用量的增加而下降，含磷量则上升。Roy 应用分根技术证明，对于含硅量低的植物来说，硅可增加其对磷的吸收，而含硅量高的植物对磷的吸收则会受施硅的抑制，但磷自根部向顶部的运输会得到促进。此外，硅能提高植物体内氮、磷、钾元素的流动性，促使植物体内的养分平衡，从而提高植物的产量和品质。

硅能减轻锰、亚铁、钠、铝等金属离子的毒害作用。硅能减轻锰对大麦的毒害，硅影响锰在叶片中的微域分布，使锰在叶片中分布均匀，防止锰集中在局部地方造成褐斑（Marschner，1995）。另外，在加硅条件下，水稻根系氧化力提高，根际的亚铁（Fe^{2+}）和锰（Mn^{2+}）易被根系氧化成不溶形态并沉积在根系表面，这就减少了水稻对铁、锰的吸收，也就是减轻了铁、锰的毒害，在大麦中也发现了硅具有类似的现象（Horiguchi，1988）。硅在植物体内的作用类似木质素，它能使植物抵御外来的破坏性因素，这在其生长过程中起到了重要的作用（Marschner，1995；Ma et al.，1997；Datnoff et al.，2001）。作物吸收硅后，在作物体内形成硅化细胞，使茎、叶表层细胞壁加厚，角度层增加，从而提高防虫抗病能力。小麦施硅后，其对黑霉病和根腐病等的抗性提高。Wagner 第一个报道黄瓜施硅肥可延长白粉病原菌的潜伏期和降低其侵染水平。硅也提高了小麦、黄瓜、甜瓜、蒲公英、香蕉和甘蔗等植物的抗病虫能力（Richard and Smiley，1992；刘树堂等，1997；邢雪荣和张蕾，1998）。硅化细胞有调节气孔开闭及水分蒸腾的作用，保证养分有效供给，使作物所需营养始终处于充分均匀状态，不至于营养失调，因而硅具有抗旱、抗干热风及抗低温的作用（邵建华，2000；徐呈祥等，2004；田福平等，2007）。

缺硅的植株纤弱，在生长、发育、繁殖方面常有异常表现，对生物和非生物干扰更敏感（Ma，2004）。常规水稻和表现出不喜硅的突变种水稻相比，突变种水稻的长势和产量都比正常水稻差（Ma et al.，2007）。水稻发生缺硅的症状表现为：生长发育差，叶片上产生褐色褪绿斑，抽穗迟，空秕粒多，在谷粒上产生褐色小斑点等（季应明和陈斌，2003）。当土壤中 SiO_2 的含量低于 3.00%时，甘蔗生长速率明显变慢，再进一步缺硅时，叶片则出现明显的典型症状——叶雀斑病（陆景陵，1994）。此外，日本学者还发现，黄瓜、番茄等双子叶植物也需要一定量的硅，当缺硅时，生长点停滞、新叶畸形；严重时，叶片凋萎、枯黄、脱落；开花少、授粉差，呈现"花而不孕"。因此，植物的硅营养生理和硅肥的应用越来越受到重视。然而，迄今为止，人们对植物硅素营养的认识还远远落后于其他元素（如碳、氮、磷等），有关植物吸收和利用硅的内在机理以及硅在植物体内的生物化学作用等一系列问题还未明确，硅对植物抵御盐、重金属毒害和病虫害的作用机理尚无共识（Ma and Ymaji，2006）。

四、东北地区芦苇中有效硅含量的时空分异

芦苇中的有效硅是芦苇从土壤中吸收的有效硅，以游离单硅酸的形式存在，是芦苇体内硅的存在形式之一。东北地区的芦苇中有效硅含量的变化规律表现在空间分异和时间分异两个方面。芦苇中有效硅的空间分异体现的是其含量随样点地理位置的变化，时间分异则体现的是其含量随芦苇生长季的变化。

（一）东北地区芦苇中有效硅含量的时间分异

图 8-4 表示的是东北地区芦苇中有效硅含量随生长季的变化趋势。从图中可以看出，在同一样点中，芦苇中有效硅含量在不同生长阶段差异较明显（$P=0.001$），且含量在 8月、9 月时较高。杨建堂等（2000）的研究表明，水稻植株中的硅含量在水稻不同生长期有较大差异，稻株地上部分硅含量随生长阶段呈现出高—低—高—低的变化趋势。其

中，分蘖期是水稻含硅量最高的时期；分蘖期至拔节期，由于生长和分蘖大量孳生，干物质积累速率快，增重多，稀释效应使稻株内硅含量大幅度下降；拔节期至孕穗期，穗株节间伸长，内部不充实，干物质增加不多，但硅吸收速率和硅吸收量明显增加，使稻株内硅含量出现明显反弹；随后至开花期前稻株体内硅含量几乎维持在一定水平；开花期至成熟期，干物质递增了 2 倍，而硅吸收量仅递增了 1 倍，稀释效应又使体内硅含量再次降低。肖千明等（1999）对玉米的研究发现，玉米在不同生长期对硅的吸收量有明显差异：玉米对硅的吸收量在四叶期以前较低，仅为总量的 1.80%；进入拔节期后硅吸收速度增加，占吸收总量的 17.80%；从拔节期到抽雄初期是玉米吸收硅的高峰期，占吸收总量的 100%；而在抽雄初期以后，植株内硅含量反而减少。张翠珍等（1998）对滨海盐化湖土上生长的小麦吸硅量的研究结果表明，小麦不同生育期吸收利用硅素的能力不同：返青期至拔节期，小麦吸硅能力较低，吸硅量仅占小麦总吸硅量的 5.00%左右；在拔节期后，小麦对硅的吸收能力和需求量剧增，无论是阶段吸硅量还是日平均吸硅量都是拔节期至抽穗阶段最高，此阶段的吸硅量高达 951.40mg/盆，占总吸硅量的 88.85%，这一时期是小麦营养生长和生殖生长共进期，对养分的需要量和吸收速率都达到了高峰；而在生长后期，由于营养生长的减弱和根系的老化，小麦对硅的吸收能力明显降低，这一阶段吸硅量仅占总吸硅量的 6.00%。芦苇与水稻、玉米、小麦都属于禾本科植物，硅吸收可能具有相似的特点。因此，东北地区芦苇中有效硅含量的变化规律可能也与生长期有关。大部分样点的芦苇中有效硅含量在 8 月、9 月时普遍较高，该阶段为芦苇的抽穗期，可能芦苇在该生长阶段对硅的吸收量较大。

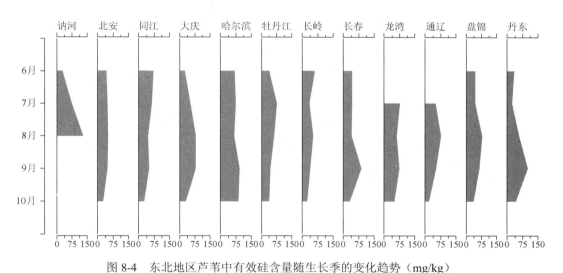

图 8-4　东北地区芦苇中有效硅含量随生长季的变化趋势（mg/kg）

（二）东北地区芦苇中有效硅含量的空间分异

　　东北地区芦苇中有效硅含量表现出明显的空间差异。从图 8-5 可以看出，在同一月份中，芦苇中有效硅含量的变化曲线因样点的不同而有明显波动，并且波峰的位置随着芦苇的生长季逐渐向较低纬度的样点迁移。在 6～10 月，偏北地区温度下降较快，偏北地区生长的芦苇较偏南地区的芦苇先进入生长后期，并逐渐停止生长至枯萎，芦苇对硅元素的需求量也随之减少。因此，芦苇中有效硅含量的峰值随着生长季逐渐向较低纬度迁移。

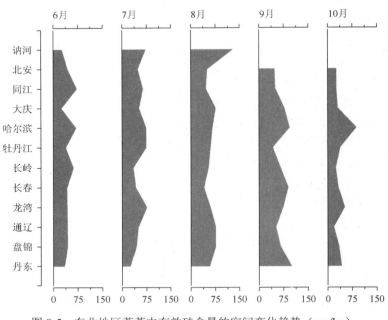

图 8-5　东北地区芦苇中有效硅含量的空间变化趋势（mg/kg）

第三节　硅在植物中的转运与积累

一、植物对硅的吸收

土壤中可溶性硅主要是单硅酸和聚硅酸，也包括吸附在铁氧化物、铝氧化物、锰氧化物以及在晶体和非晶体硅酸盐矿物上沉积的硅。由于铁铝氧化物对硅的吸附作用，造成土壤中单硅酸只有 0.10～0.60mol/L，远低于饱和溶液中的 2.00mol/L。单硅酸在 pH 低于 9 的土壤中不带电荷也不解离，是高等植物和硅藻吸收的主要形态。不同植物对硅的吸收能力各不相同，因此土壤溶液中单硅酸的浓度会影响植物对硅的吸收。

（一）植物的硅吸收模式

Jones 和 Handreck（1965）认为，燕麦等植物吸收硅是一种随蒸腾流进入的被动吸收过程。Yoshida 等（1962）指出，可以把水稻植株看作是一个"蒸发皿"，其中硅酸是通过根系吸收不断提供，硅则是在通气部位，尤其是在表皮细胞积累，水分由蒸腾而损失。Jones 和 Handreck（1965）将绛三叶草去尖后测定木质部汁液中的 SiO_2，也证明植物体内硅的累积是通过植株对蒸腾流内单硅酸的被动吸收来实现的。

后来，有人发现硅酸穿过根系进入蒸腾流的移动不能用水分的被动扩散和质流来解释，除了在湿度很低的条件下以外，硅酸进入大麦根系的速率比蒸腾损失的水分大 2～3

倍，蚕豆木质部汁液中硅浓度高于外部培养液，木质部渗出液电位比培养液低 50.00mV（梁永超等，1993）。Okuda 等（1962）则在水培试验中发现，当水稻植株木质部汁液中硅的浓度比培养液高时，将植株放入培养液中培养，在培养过程中培养液中硅的浓度迅速下降，培养 37h 以后，木质部汁液中硅浓度是外部的几百倍，而番茄经培养以后硅浓度变得与培养液浓度相似或培养液浓度略高，与前两者不同的是大麦并不能改变培养液中硅的浓度，将三种植物根切除之后，这些差异消失，地上部分都表现出被动吸硅现象，说明植物对硅的吸收存在着三种不同的模式。水稻、番茄、大麦的根对硅的吸收能力不同，水稻主动吸收硅，番茄拒绝吸收硅，而大麦被动吸收硅。另有研究认为，水稻、大麦、小麦和黑麦草等禾本科植物属于主动吸收硅型；燕麦、黄瓜、草莓和大豆等植物为被动吸收硅型；番茄和扁豆等对硅的吸收为拒硅型。不同种类植物对硅的吸收不同，富硅植物对硅的吸收远远超过对水的吸收，而非富硅植物对硅的吸收与对水的吸收相似，或者低于对水的吸收（Matoh et al.，1986）。与此相对应的是，水稻和其他富硅植物，对硅的吸收与根代谢密切相关，受蒸腾速度的影响不大。而大豆等非富硅型植物，对硅的吸收和由根表到木质部导管的自由运输被严格限制在高浓度硅的条件下。

Marschner（2001）认为硅在水稻根部径向运输中有一个共质体运输过程，而且根与木质部之间存在着一种硅主动运输机制，甚至在外部浓度很高时仍表现出主动吸收的现象。高尔明和赵全志（1998）证明 H_2S、2, 4-二硝基酸、NaF、NaCN、吲哚乙酸和 D-葡萄糖胺 6 种代谢抑制剂对水稻吸收硅有明显的抑制作用，水稻根对硅的吸收与有氧呼吸所产生的能量有关，是一种主动耗能过程。Okuda 和 Takahashi 早在 1962 年指出，硅的吸收与糖酵解有关，但与糖酵解的第一步无关（Okuda and Takahashi，1962）。此外，水稻吸收硅还与光照有关，一定范围内光照越强，吸收量越大，但与水稻的蒸腾量无关（叶春，1992）。梁永超等（1993）却认为水稻对硅的吸收并不依赖于糖。水稻具有主动吸收硅酸的能力，从各种代谢抑制剂对硅酸吸收的影响也说明水稻吸收硅酸的能力来自体内的代谢活性，而这种代谢活性仅限制于水稻根部，地上部分的硅酸吸收是伴随着蒸腾流的被动吸收，对某一特定的器官，如叶片叶龄是决定性因素（Marschner，2001）。目前，大部分硅生理研究的结果表明，植物对硅的吸收速率既受到体内代谢活性的影响，也受到蒸腾量的影响，可能是一种主动、被动同时存在的吸收方式，而主动成分和被动成分所占的比例与外界硅浓度和物种有很大关系（Henriet et al.，2006；Liang et al.，2006）。因此，不同植物物种具有不同的吸收方式，关于植物吸收硅的具体方式尚需在多种植物上进行更深入的研究，进一步弄清硅的被动与主动吸收机制。

（二）硅在植物中的吸收和转运机制

硅转运蛋白的基因家族最早是在硅藻中发现的，水稻基因组中没有找到与之同源的基因，将硅藻硅转运蛋白基因转入烟草中未能提高其硅的吸收量，说明高等植物中可能存在着与硅藻不同的硅转运蛋白系统（Ma et al.，2004；Ma and Yamaji，2006）。近年来，先后在水稻、大麦和玉米等禾本科植物中鉴定了多个硅转运蛋白基因，初步揭示了硅的吸收和转运机制。

有研究表明，水稻吸收矿质元素的主要部位是根毛，但吸收硅的部位却是侧根。硅以单硅酸分子形式由转运蛋白运载进入根部，是一个消耗能量的主动吸收过程（Ma et al.，2001）。OsLsi 1 是利用硅吸收缺陷型水稻（Lsi 1）克隆出的首个高等植物硅转运蛋白。此外，多个硅转运蛋白基因又相继在水稻、大麦和玉米中被鉴定。水稻和玉米中分别鉴定了 3 个硅转运蛋白（Lsi 1、Lsi 2 和 Lsi 6），大麦中鉴定了 2 个硅转运蛋白（Lsi 1 和 Lsi 2）。水稻的内、外皮层均存在凯氏带，可阻止溶质自由进入中柱，同时，也有一个特征性结构——通气组织。水稻 OsLsi 1 主要定位在根外皮层和内皮层凯氏带细胞外侧质膜，具有硅输入转运活性，OsLsi 2 主要定位在凯氏带细胞内侧质膜，具有硅输出转运活性（图 8-6）（Ma et al.，2007）。研究表明，水稻硅的吸收和转运过程包括四个步骤（图 8-6）：①由外皮层中的 OsLsi 1 将外部溶液中的硅转运到细胞中，OsLsi 2 将硅释放到通气组织质外体中；②由内皮层中的 OsLsi 1 将质外体溶液中的硅转运到内皮层细胞中，OsLsi 2 将硅输出转运到中柱中；③中柱中的硅以非聚合态单硅酸形式通过木质部导管随蒸腾流转运至地上部分；④在叶鞘和叶片靠近导管一侧木质部薄壁细胞中定位的 OsLsi 6 负责木质部硅的卸载和分配，并在蒸腾作用下失水聚合形成硅胶，沉积在地上部分不同组织器官的细胞壁和细胞间隙中，水稻中 90% 以上的硅以硅胶的形式存在。大麦和玉米根的组织结构与水稻不同，只有内皮层细胞存在凯氏带，尽管如此，二者的硅转运蛋白转运活性和机制与水稻相似（张玉秀等，2011）。

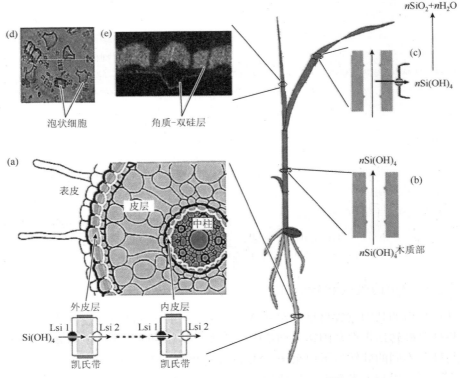

图 8-6 硅在水稻中的吸收、分布和积累（张玉秀等，2011）

水稻吸收和转运硅的形式均是单硅酸 [（a），（b）]；在地上部（c），蒸腾作用下失水聚合形成硅胶（$SiO_2 \cdot nH_2O$）；在泡状细胞（d）及角质层下沉积形成角质-双硅层（e）

高等植物对硅的吸收除了前面所述的以转运蛋白作为载体驱动并通过膜和细胞质通道将硅吸收进入细胞质外，Neumann 和 Figueiredo 发现了一种新的硅吸收机制，这种硅吸收机制类似于胞吞过程（endocytotic process），即质膜和液泡膜内陷形成体积较小但有明晰边界的囊泡，这些囊泡可以吸收浓缩的、高分子量的硅化合物（Neumann and Figueiredo，2002；徐呈祥等，2006）。

（三）东北地区土壤有效硅含量对芦苇硅吸收的影响

东北地区 6～10 月土壤有效硅含量对芦苇硅吸收的影响如图 8-7 所示。由于植硅体和游离单硅酸是芦苇中硅存在的主要形式，因此，本书在探讨土壤有效硅含量对芦苇硅吸收的影响时，以芦苇中有效硅含量与植硅体浓度之和来代表芦苇中硅的含量。但是，由于土壤有效硅含量、芦苇中有效硅含量和芦苇植硅体浓度三个指标的数量级和单位不同，无法用原始数据直接进行计算、比较、分析。因此，为保证结果的可靠性，将原始数据进行了 Z 标准化处理，以便进一步的分析探讨。从图 8-7 可以看出，7月和 9 月的变化曲线中，除个别样点外，芦苇中硅的含量与土壤有效硅含量的变化趋势基本一致。刘鸣达和张玉龙（2001）通过施用钢渣使水稻植株含硅量增加，研究发现，水稻植株中硅的含量与土壤有效硅含量之间成幂函数正相关。同时，Handreck 和 Jones（1968）将燕麦盆栽在三种含硅量不同的土壤中，土壤中的 SiO$_2$ 浓度分别为67.00ppm、54.00ppm 和 7.00ppm，播种后 170d 的干物质中 SiO$_2$ 的百分含量分别为3.49%、1.60%和 0.39%，说明燕麦吸收硅的数量与土壤溶液中 SiO$_2$ 的浓度成比例地增加。芦苇和水稻、燕麦均属于禾本科植物，它们可能具有相似的硅吸收特点。因此，本书中芦苇在 7 月和 9 月时的硅吸收可能受到土壤有效硅含量的影响，使得芦苇中硅的含量与土壤有效硅含量呈正相关变化，这与前人的研究结论基本相符。在 8 月的变化曲线中，除个别样点外，芦苇中硅的含量与土壤有效硅含量的变化趋势相反，前者变化曲线的谷、峰分别与后者变化曲线的峰、谷相对应。在低浓度条件下，水稻和小麦等植物对硅的吸收以主动吸收为主，而在高浓度下，水稻被动吸收的硅增多，而小麦则主要是被动吸收（Marschner，1995）。由此推测，8 月土壤有效硅的低值与芦苇中硅的高值对应的样点，可能是由于该样点的环境较干旱或为盐碱地，使芦苇生长产生抗逆性，植株对硅的需求量增大，植株从土壤中主动吸收硅元素，因而芦苇中的有效硅含量较高。而土壤有效硅的高值与芦苇中硅的低值对应的样点，可能是由于该样点土壤中有效硅浓度较高，植株对硅的需求量小，芦苇采取被动吸收硅的方式，从而芦苇中的有效硅含量较低。

二、植物中的硅积累

硅在植物中积累的模板、形式和过程具有多样性的特点，但发生部位主要还是在细胞壁、细胞间隙或导管内，且这些部位的组分（如碳水化合物、纤维素）及 pH 环境对积累过程可能有很大影响，胶粒的生长过程实际上是一个最大限度增加 Si-O-Si 的过程（王荔军等，2001）。在水稻叶片中硅分两层积累在表皮细胞中，一层在表皮细胞壁与角质层之间，另一层在表皮细胞壁内与纤维分子相结合，形成"角质-双硅层"结构 [图 8-6（e）]；

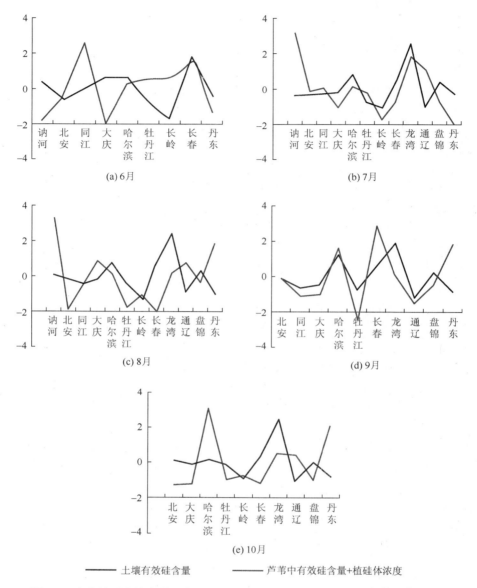

图 8-7　东北地区土壤有效硅含量和芦苇中有效硅含量、植硅体浓度的变化趋势

在叶鞘中，硅的积累区域主要是表皮细胞壁、薄壁组织、维管束及薄壁组织的细胞壁；茎中主要以表皮细胞、维管束、厚壁组织及薄壁组织的细胞壁为主；在花序和稻壳中，以角质层和表皮细胞间的空隙及维管束为主；硅在根系中总体上的分布比较均匀，但主要集中在发育完全的老根区，伸长区积累的硅数量极少（徐呈祥等，2004）。小麦外稃和颖壳的外表皮细胞壁是主要的硅化部位，毛状体硅化也较为明显。棉花纤维中含有硅，硅对棉花的发育也有一定影响（Boylston et al., 1990）。高羊茅（*Festuca arundinacea*）和结缕草（*Zoysia japonica*）体内的硅以细胞壁和细胞膜为积累模板，均积累在细胞间隙中，经观察其积累过程是：Si(OH)$_4$ 首先进入植物体内与模板上的羟基发生作用，然后聚

合成二聚体和多聚硅酸，最后形成水合无定形的 $SiO_2 \cdot nH_2O$，胶粒大小初期约为 20nm，进一步无定形二氧化硅表面生长形成有序排列的柱状结构体（王荔军等，2001）。硅的分布在 C_3 和 C_4 植物之间没有明显差异，某些草类植物的叶肉细胞硅含量比表皮细胞高，这些特化结构被称作硅化细胞。在某些草和高粱属的根部，硅团聚体主要积累在内皮层内三生切向壁（Sangster，1978）。而甘蔗从内皮层内切向壁直到细胞纤维素，加厚时才发生硅化。高等植物液泡中的晶体状结构、细胞质中及液泡膜上的沉积物里也可储存大量硅（徐呈祥等，2006）。

关于硅在高等植物体内的积累机理，目前仍不十分清楚。一种较为普遍的观点认为蒸腾作用使水分散发是硅聚合的主要因素，当水分从植物叶片或茎秆的表皮细胞蒸发后，使硅酸溶液达到过饱和状态，从而自发聚合积累形成不溶性的硅胶，且其沉淀后不能再移动和再分配（Richmond and Sussman，2003；Ma and Yamaji，2006）。而由于硅大多积累于蒸腾流的终点，如叶片边缘、特异的泡状细胞等蒸腾密集的部位，且在地上部分的分布遵循末端分布规律，因此人们一直认为硅在地上部分的分布取决于各器官的蒸腾率，硅的积累主要是通过蒸腾作用实现的（Epstein，1999），这实际上是一种假说，其依据是硅积累的最主要部位同主要的蒸腾作用部位相一致。但是上述观点无法解释硅在根部的内皮层及维管组织中的积累过程，为何植物中具有属种专一、形态多样的植硅体的原因也难以说明。因此，另一种观点认为硅的积累主要是受遗传控制，植物硅细胞中形成特殊的有机大分子，作为植硅体形成过程中的"模板"，催化硅酸在特定细胞中发生聚合，从而形成具有形态特征一定、属种专一的植硅体（Perry and Keeling-Tucker，2000；Lins et al.，2002）。现在有充分证据表明，在硅积累的过程中，有机大分子物质（包括多胺）作为有机衬质参与了它的积累，这些有机大分子物质在硅藻等其他硅沉积生物中已经被鉴定出来。Kroger 等（2003）已从硅藻细胞壁 SiO_2 骨架中分离出一种蛋白，同时克隆了编码硅蛋白的 cDNAs。Shimizu 等（1998）最近分离出三组控制海绵生物硅化过程的蛋白，分别为 silicatein α、silicatein β、silicatein γ，其中 silicatein α 属于组蛋白酶类。Hildebrand 等（1993）从硅藻 mRNAs 中分离出 Si 响应 cDNAs，证明此 cDNAs 编码 Si 运转蛋白。Inanaga 和 Okasaka（1995）指出水稻中 Si 可能与木质素和碳水化合物作用形成硅-多糖复合物。Epstein（1999）指出金丝雀虉草的植物细胞壁上积累的 SiO_2 内有少量蛋白质和单糖，芦苇叶片植硅体中也分离出了蛋白质降解产生的各种氨基酸，表明高等植物中很可能存在控制硅积累的蛋白质分子（Harrison，1996；Perry and Keeling-Tucker，2003）。

第四节　植物中的植硅体

植物中 90% 以上的硅存在于植硅体中，植硅体是硅在植物体内主要的存在形式（李仁成等，2010）。植硅体在植物的根、茎、叶等器官组织中均有分布，但器官不同，含量也不同。例如，在草本植物中，叶面表皮细胞是产生植硅体的重要器官，而植硅体在木本植物中则产生在茎叶的维管束和表皮细胞中。此外，植硅体在植物界的分布也有显著差异。例如，植硅体在草本植物中的含量要高于木本植物，而在草本植物中，禾本科植物的植硅体含量最高，为干重的 3%左右，最高达 10%～20%（吉利明和张平中，1997）。植物死亡或凋谢之后，植硅体可以返回到土层中并保存相当长的一段时间。因此，国内外很多学者将其作为恢复古环境的代用指标。

一、植硅体形成的影响因素

植硅体的形成首先会受到植物自身遗传因素的影响，同一植物体的不同器官和部位所产生的植硅体各不相同，同一植物体的同一器官和部位的不同生长阶段所产生的植硅体也不尽一致，不同的植物属种也可能产生相似的植硅体（张新荣等，2004）。

植硅体形成于植物的细胞和细胞间隙内，而这些细胞的发育与环境因素影响的植物生理机制密不可分。因此，环境因素能够影响植硅体的形成，同时植硅体能直接反映出其形成时的环境状况。不同温度、不同湿度、不同土壤 pH 等环境条件下，某些植硅体类型的数量会发生一定的变化，目前关于环境对植硅体形成的影响已经有所研究。介冬梅等对松嫩草原羊草植硅体的研究发现，在增温和施氮的不同处理中，不同类型的羊草植硅体含量有不同的响应程度，帽型植硅体对增温和施氮处理都较为敏感，而尖型植硅体对施氮处理更敏感（介冬梅等，2010a）。对松嫩草原羊草植硅体的另一项研究表明，随着环境中 pH 的增加，弱齿型、尖型及硅化气孔的数量都出现了增加的趋势（介冬梅等，2010b）。另有研究发现，在不同的湿度环境中，芦苇植硅体的含量同样表现出明显变化（介冬梅等，2013）。Madella 等（2009）的相关研究认为，植硅体的含量明显受到植物在生长过程中所需的水分的影响，在普通小麦、二粒小麦和大麦等植物中，一些敏感形状的植硅体的含量明显受到水分状况的影响，这些敏感形状植硅体的含量在整个植株并不是完全相同的，而是取决于植物不同部位的蒸腾能力。

二、东北地区芦苇植硅体浓度的变化

从图 8-8 可以看出，在同一月份中，芦苇植硅体浓度的变化曲线因样点的不同而有明显波动。由图 8-8 和表 8-2 可知，6 月的变化曲线较为平缓，植硅体浓度变化较小，7 月部分样点的植硅体浓度明显增大，8 月各样点植硅体浓度呈现出明显差异，其中长岭样点、通辽样点、丹东样点的植硅体浓度较高。Webb 和 Longstaffe（2002）的研究发现，植物中硅的总含量与相对湿度之间存在着负相关关系，较干旱地区植物的蒸发器官（叶、鞘和花）的平均硅含量要比湿润地区的硅含量高，甚至非蒸发器官（茎、根）中的硅含量也是干旱区多于湿润区。植物吸收的硅在叶片表面沉积形成植硅体，可以有效调节植物叶片上气孔的开闭，并与叶片中的角质层形成"角质-双硅层"结构，这种结构可降低角质层的蒸腾速率和水分或水汽的渗透，使植物的凋萎减轻，水分蒸腾量降低，从而提高植物抗御干旱等生态逆境的能力。此外，植物硅含量与其耐盐性有关，相关资料显示，短叶假木贼虽属极端抗旱植物，但含硅量很低，只有 0.25%～0.84%，盐生假木贼硅含量则达到 2.00%～2.80%（侯学煜，1982）。灰杨耐盐性不如胡杨，表现在植物体硅含量上，即胡杨硅含量高于灰杨的硅含量。Matoh 等（1986）的研究结果也表明，在盐胁迫情况下水稻体内的硅含量增加，这意味着一定浓度的盐胁迫会促进植物对硅的吸收。硅提高植物耐盐性的原因可能在于叶子角质层下面的硅化细胞，可以减少细胞水分的蒸发，从而减少细胞内钠的积累。在东北地区的研究中，通辽样点的气候类型为暖温带半干旱气候，丹东样点的土壤为盐土，长岭样点的土壤为盐碱土。进而推测，芦苇因干旱、盐碱胁迫而产生抗逆性，植株体内的硅含量增加，植硅体的浓度也因此增大。

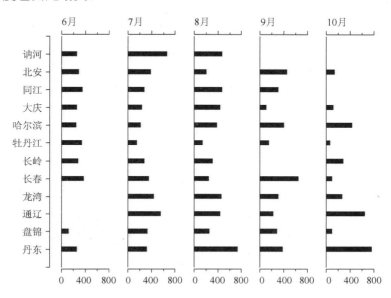

图 8-8　东北地区芦苇植硅体浓度的空间变化趋势（10^4 粒/g）

表 8-2　6～10 月东北地区芦苇植硅体浓度最大值、最小值和极差　　（单位：10^4 粒/g）

最值与极差	6 月	7 月	8 月	9 月	10 月
最小值	129.09	164.57	150.72	118.15	77.35
最大值	381.16	677.11	742.43	651.91	769.41
极差	252.07	512.54	591.71	533.76	692.06

此外，表 8-2 中 10 月芦苇植硅体浓度的最大值和极差明显大于前 4 个月，这可能是由于芦苇为多年生植物，在成熟期时也会继续形成植硅体，为次年的萌发做准备。前人对水稻的研究有同样的发现，10 月水稻成熟期时，水稻植硅体含量最大（李自民等，2013）。

三、东北地区土壤有效硅对芦苇植硅体形成的影响

近年来，国内外关于环境对植硅体形成影响的研究已经逐渐开展，不少学者从温度、湿度、土壤 pH 等方面来探讨环境对植硅体形成的影响，但是目前关于土壤有效硅对植硅体形成的影响少有研究。植硅体在硅生物地球化学循环中相当于一个巨大的生物硅储库，研究土壤有效硅对植硅体形成的影响，不仅对于探讨植硅体的形成机理具有重要意义，而且对于硅生物地球化学循环研究工作有重要帮助。

（一）东北地区土壤与芦苇中有效硅含量之比对芦苇植硅体浓度的影响

东北地区土壤与芦苇中有效硅含量之比对芦苇植硅体浓度的影响如图 8-9 所示，每个月中的 12 个样点是按照有效硅含量之比的大小排列的。从图中可以看出，当土壤与芦苇中有效硅含量的比值小于 4 时，芦苇植硅体的浓度较大；当土壤与芦苇中有效硅含量的比值大于 4 时，芦苇植硅体的浓度较小。由此推测，芦苇植硅体浓度会随着土壤与芦苇中有效硅含量比值的变化而变化。当土壤与芦苇中有效硅含量的比值较小时，芦苇可能以主动方式吸收硅为主，形成的植硅体较多；当土壤与芦苇中有效硅含量的比值较大时，芦苇可能由于被动吸收硅而形成较少的植硅体。同时，从图中土壤与芦苇中有效硅含量之比和芦苇植硅体浓度的变化规律来看，推测土壤有效硅含量约为芦苇中有效硅含量的 4 倍时，芦苇对硅的吸收方式可能会从主动吸收逐渐转变为被动吸收。

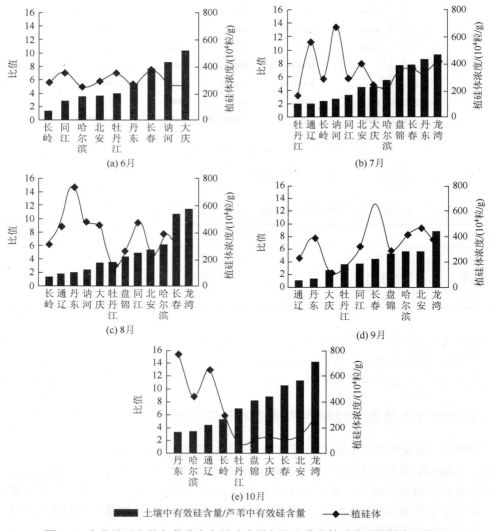

图 8-9　东北地区土壤与芦苇中有效硅含量之比和芦苇植硅体浓度的变化趋势

此外，6 月芦苇植硅体浓度随土壤与芦苇中有效硅含量的比值的变化不大，可能是由于 6 月各样点的植硅体都刚刚开始形成，其浓度受有效硅含量的比值的影响较小。7 月、8 月芦苇植硅体浓度则明显表现出随土壤与芦苇中有效硅含量的比值而变化的特征，根据上述的研究结果，此时期为芦苇植硅体形成的主要阶段，因此其浓度会明显受到有效硅含量的比值的影响。10 月植硅体浓度普遍较小。有研究表明，水稻植株中的硅含量在孕穗及其之前，叶鞘和叶片中所占比例最高；孕穗后，其穗部硅所占比例不断上升，以至达到最大，而叶片和叶鞘中硅所占比例则随之不断下降；在成熟时，以穗部分配比例最多，而叶片和叶鞘分配比例较少（杨建堂等，2000）。Nisia（1990）在水稻不同生长期分别对其进行除硅和加硅处理，研究结果表明，在除硅处理的实验中，水稻在营养期、生殖期和成熟期吸收硅的百分含量分别为 10%、67%和 24%。其中，水稻在营养期和生殖期所吸收的硅大约有 40%是存在于叶片中，而在成熟期所吸收的硅只有 20%存在于叶片中；在加硅处理的实验中，水稻在营养期、生殖期和成熟期吸收硅的百分含量分别为 9%、65%和 26%。其中，水稻在营养期和生殖期所吸收的硅几乎有一半是存在于叶片中，而在成熟期所吸收的硅只有 30%存在于叶片中（Nisia，1990），除硅和加硅这两种实验都表明水稻在成熟期吸收硅的数量较少，而且成熟期叶片中的硅含量也较少。10月芦苇植硅体浓度较小可能是芦苇具有与水稻相似的硅吸收特点，成熟期植株对硅的吸收量较少，同时叶片中硅分配比例较少，形成的植硅体也随之较少，加之成熟期芦苇体内可能存在植硅体外排的现象，因此植硅体的浓度在 10 月时普遍较小。

（二）东北地区土壤与芦苇中有效硅含量之比对短细胞植硅体百分含量的影响

植硅体的形态依赖于所形成的原植物细胞的形态，细胞形态不同形成的植硅体形态也就不同，尤其是短细胞植硅体是禾本科植物中重要的植硅体形态类型（吕厚东等，1992）。芦苇中主要的短细胞植硅体类型为鞍型植硅体和帽型植硅体，其含量在芦苇植硅体中最高，一般达 50%以上，短细胞植硅体是芦苇植硅体中较为优势的形态类型。本书中的 12 个样点是按照湿度梯度的变化自西向东布设在三条剖面线上的，分别位于半干旱区、半湿润区和湿润区。从图 8-10 可以看出，半湿润区样点的短细胞植硅体的百分含量小于半干旱区样点、湿润区样点的短细胞植硅体的百分含量。介冬梅等对东北不同湿度环境的三个地区（沙兰、长春、长岭）的芦苇植硅体进行研究，结果表明，在沙兰、长春和长岭三个不同湿度环境的样点中，鞍型植硅体的百分含量分别为 28.10%、25.40%和 37.60%，即长春样点的鞍型植硅体百分含量小于沙兰样点和长岭样点的鞍型植硅体百分含量。同时，本书在长春南湖地区又设置了水生、季节生、中生的 3 个小尺度湿度梯度变化的样点，在这 3 个样点获得的芦苇植硅体中，鞍型植硅体的百分含量分别为 32.60%、20.60%和 23.00%（介冬梅等，2013），在大尺度和小尺度的湿度梯度变化下，芦苇鞍型植硅体的百分含量均表现出随湿度的递增而先减小后增大的趋势。由此推测，随着湿度的递增，芦苇短细胞植硅体的百分含量同样有先减小后增大的趋势。此外，图 8-10 中土壤与芦苇中有效硅含量之比表现出与芦苇短细胞植硅体百分含量相反的变化规律，即半湿润区样点的土壤与芦苇有效硅含量的比值大于半干旱区样点、湿润区样点的土壤与芦苇有效硅含量的比值。进而推测，环境湿度变化时，芦苇短细胞植硅体的形成一方面可能与芦苇的蒸腾作用有关（侯彦林等，2005；Ma and Yamaji，2006；孙立等，2008），另一方面根据图 8-10 显示的规律，也可能是由于环境湿度首先影响了土壤和芦苇中有效硅含量的比值，从而影响了芦苇植株对土壤中硅的吸收方式，进而影响了芦苇体内短细胞植硅体的形成及其相对含量。

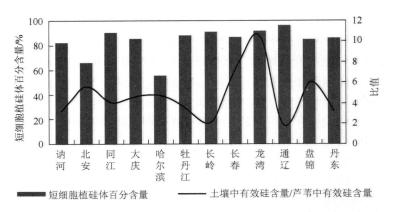

图 8-10　东北地区土壤与芦苇中有效硅含量之比和短细胞植硅体百分含量的变化趋势

（三）东北地区土壤与芦苇中有效硅含量之比与芦苇中各形态类型植硅体浓度的梯度分析

　　梯度分析也叫排序分析，它是研究生物与环境因子之间关系的有效方法，它可以将样方或物种排列在一定的空间，使得排序轴能够反映一定的生态梯度，从而，能够解释生物的分布与环境因子间的关系。作者借鉴此研究方法，利用 CANOCO 4.5 软件，对东北地区各样点的土壤与芦苇中有效硅含量的比值以及各形态类型的芦苇植硅体浓度进行梯度分析。本书中将土壤与芦苇中有效硅含量的比值看作环境变量，将芦苇中各形态类型的植硅体浓度看作物种。首先建立土壤与芦苇中有效硅含量比值以及各形态类型芦苇植硅体浓度两个数据库，其中，芦苇植硅体形态类型包括鞍型植硅体、帽型植硅体、棒型植硅体、块状植硅体、尖型植硅体和扇型植硅体。然后采用除趋势对应分析（detrended correspondence analysis，DCA）方法对各样点的土壤与芦苇中有效硅含量的比值以及各形态类型芦苇植硅体的浓度进行间接梯度分析，得到各排序轴的梯度长度（length of gradient，LG），见表 8-3。排序轴的梯度长度常常被作为选择直接梯度分析模型的参考依据，一般认为最大的梯度长度值 LG＞4 时，直接梯度分析适合选用单峰模型；LG＜3 时，适合选用线性模型；LG 为 3～4 时，两种模型皆可选用。从表 8-3 可以看出最大的梯度长度仅为 0.521，因此进一步的直接梯度分析将选用线性模型中的冗余分析模型（redundancy analysis，RDA）（李鸿凯等，2009）。

表 8-3　DCA 分析排序轴的梯度长度

排序轴	1	2	3	4
梯度长度	0.521	0.334	0.216	0.258

RDA 分析的土壤与芦苇中有效硅含量之比与各形态类型芦苇植硅体浓度的双序图如图 8-11 所示，其中各形态类型的芦苇植硅体的线段长度代表了其浓度的相对大小，线段越短则植硅体浓度越大，反之植硅体浓度则越小。每两条线段之间的夹角代表了两者之间的相关性：夹角为锐角代表两者之间呈正相关关系，夹角为钝角代表两者之间呈负相关关系，若夹角接近于直角则代表两者之间的相关性较弱，同时两条线段之间夹角的余弦值在数值上等于两者的相关系数。从图 8-11 可以看出，鞍型植硅体、帽型植硅体、棒型植硅体、扇型植硅体与有效硅含量之比分别成钝角，即这些形态类型的芦苇植硅体浓度分别与有效硅含量之比呈负相关关系；块状植硅体与有效硅含量之比成锐角，即块状植硅体与有效硅含量之比呈正相关关系；尖型植硅体与有效硅含量之比的夹角接近直角，即尖型植硅体与有效硅含量之比的相关性较弱。其中，块状植硅体和尖型植硅体的线段长度较长，说明两者的浓度较小。由此推测，当土壤与芦苇中有效硅含量的比值较小时，芦苇中大部分形态类型的植硅体会由于芦苇主动吸收硅而浓度较大；当土壤与芦苇中有效硅含量的比值较大时，芦苇中大部分形态类型的植硅体则由于芦苇被动吸收硅而浓度较小。这与图 8-10 中土壤与芦苇中有效硅含量的比值与芦苇植硅体浓度的研究结果是基本一致的。

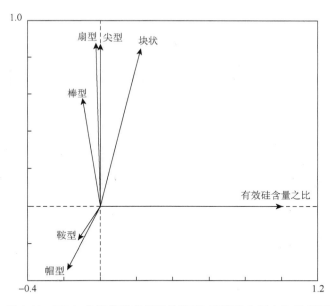

图 8-11　RDA 分析各形态植硅体浓度-有效硅含量之比双序图

四、东北地区土壤有效硅对芦苇植硅体大小的影响

植硅体是植物根系从土壤中吸收溶解状态的硅，在植物体内沉淀形成的一种难溶的硅酸形态。而土壤有效硅是衡量土壤中溶解态硅含量的一个非常重要的指标，由此植硅体的大小很可能受到土壤有效硅含量的影响。

本书涉及土壤有效硅含量和芦苇植硅体大小的比较分析，但由于这两个指标的数量级和单位不同，无法直接用原始数据进行对比。因此，为保证数据结果的可对比性，故将原始数据进行 Z 标准化处理。

根据表 6-2 对东北地区进行的分区结果，对土壤有效硅含量与芦苇植硅体大小的关系进行分析，见表 8-4、表 8-5，从中可发现，土壤有效硅含量和芦苇植硅体大小呈负相关关系，但并未达到显著性检验水平。

表 8-4 土壤有效硅含量和芦苇植硅体的大小

温湿组合区	土壤有效硅/(mg/kg)	芦苇有效硅/(mg/kg)	鞍型植硅体				帽型植硅体			尖型植硅体		硅化气孔	
			鞍长/μm	鞍宽/μm	长/μm	宽/μm	上底/μm	下底/μm	高/μm	长/μm	宽/μm	长/μm	宽/μm
暖湿区	249.79	56.60	8.12	5.94	12.27	9.57	5.77	9.48	4.46	25.36	11.14	17.69	9.05
温湿区	542.32	66.24	8.98	6.11	13.62	9.73	6.56	10.13	4.62	24.90	10.90	18.66	9.32
温干区	157.58	51.53	8.56	6.01	12.74	9.59	6.18	9.60	4.60	23.60	11.44	16.98	8.64
冷湿区	187.88	63.81	9.87	7.14	14.94	11.09	7.34	11.22	5.06	30.57	14.69	20.72	11.10

表 8-5 土壤有效硅含量与芦苇植硅体大小的相关系数

植硅体类型	植硅体参数	相关系数
鞍型植硅体	鞍长	0.07
	鞍宽	−0.27
	长	0.19
	宽	−0.18
帽型植硅体	上底	0.00
	下底	−0.06
	高	−0.16
尖型植硅体	长	−0.27
	宽	−0.38
硅化气孔	长	0.00
	宽	−0.17

图 8-12 表示的是不同区域内土壤有效硅含量与芦苇植硅体大小的变化趋势。由图可知，从暖湿区、温湿区、温干区到冷湿区，土壤有效硅含量与芦苇植硅体大小随温湿度的变化趋势大体一致，均表现为增加—减小—增加的变化规律。总体来看，从暖湿区、温湿区、温干区到冷湿区，土壤有效硅含量表现的是逐渐减小的变化趋势，而芦苇植硅体大小则呈现逐渐增大的趋势。

东北地区土壤有效硅含量与芦苇植硅体大小的相关分析结果（表 8-6）表明，土壤有效硅与芦苇植硅体大小的相关性并不显著，但由相关系数可知二者之间仍然存在较弱的正相关关系，也就是说芦苇植硅体的大小在一定程度上会受到土壤有效硅含量的影响。

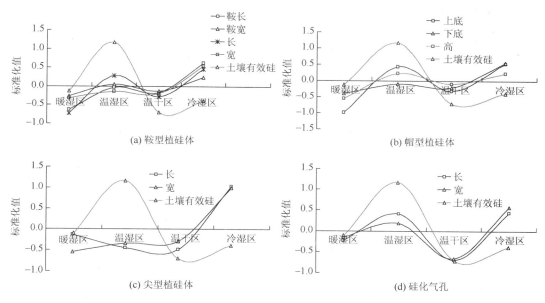

图 8-12　土壤有效硅含量与植硅体大小的变化趋势

表 8-6　东北地区土壤有效硅含量与芦苇植硅体大小的相关系数

植硅体类型	植硅体参数	相关系数
鞍型植硅体	鞍长	0.27
	鞍宽	0.14
	长	0.33
	宽	0.20
帽型植硅体	上底	0.26
	下底	0.31
	高	0.23
尖型植硅体	长	0.22
	宽	0.07
硅化气孔	长	0.35
	宽	0.23

图 8-13 是东北地区土壤有效硅含量、植物有效硅含量与芦苇植硅体大小的变化趋势，图中 11 个样点的土壤有效硅含量、植物有效硅含量与芦苇植硅体大小是该样点 6～10 月的平均值。如图 8-13 所示，长春以南的样点土壤有效硅含量、植物有效硅含量与芦苇植硅体大小的变化趋势基本一致，而长春以北的样点土壤有效硅含量、植物有效硅含量与芦苇植硅体大小呈现相反的变化趋势。有研究表明，温湿度会影响地球化学进程，较高的温湿度会使矿物分解形成较厚的风化壳，同时温暖、湿润的环境会使矿物分解速度明显高于降水淋溶的速度，有效硅处于累积的状态，从而导致土壤有效硅含量因温度升高而增多。有学者也认为土壤有效硅含量高，生长于这种土壤中的植物体内的硅含量

也相对较高。因此土壤有效硅的含量将会影响到植物体内硅的累积，导致芦苇体内沉积硅含量的增加。而长春以南的样点温度较高，土壤中有效硅的含量也因此较高，土壤有效硅含量除满足芦苇有效硅含量用于植物生长需求之外，仍有较多的土壤有效硅来形成芦苇植硅体，同时从图 8-13 也发现土壤有效硅含量、芦苇有效硅及芦苇植硅体大小均较大，处于同一方向，从而导致长春以南的样点土壤有效硅含量、芦苇有效硅与芦苇植硅体大小的变化趋势一致。而长春以北的样点因温度较低，土壤有效硅较少，其含量除满足芦苇有效硅含量之外，并未有充足的有效硅来继续合成植硅体，从而导致长春以北的样点土壤有效硅含量、芦苇有效硅与芦苇植硅体大小出现相反的变化趋势。

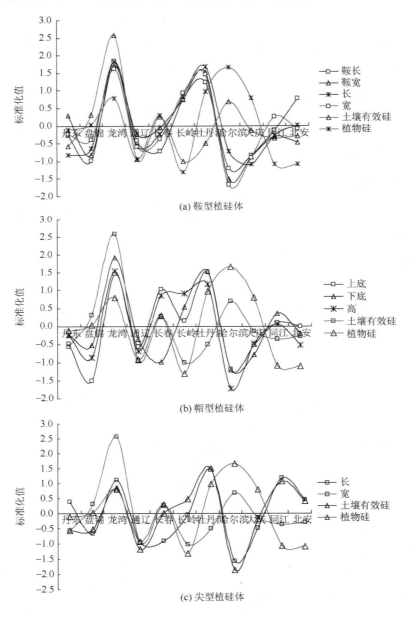

(a) 鞍型植硅体

(b) 帽型植硅体

(c) 尖型植硅体

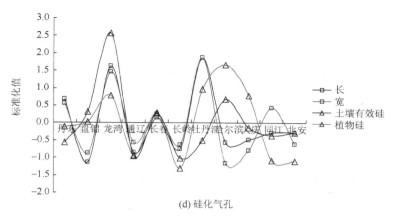

图 8-13　东北地区土壤有效硅含量、芦苇有效硅含量与芦苇植硅体大小的变化趋势

东北地区 12 个样点的土壤与芦苇中有效硅含量之比及植硅体大小的变化趋势如图 8-14 所示。从图中可以看出，随着空间的变化，各类型植硅体大小的变化趋势基本一致，并且龙湾、长岭、牡丹江样点的芦苇植硅体普遍较大。有效硅含量之比随空间的变化趋势，除个别样点外，与芦苇植硅体大小随空间的变化趋势大体相似。其中，龙湾样点的各类型植硅体均较大，有效硅含量比值也较大。有研究表明，土壤在含水量较多的情况下，硅的浓度相对较高，这可能是由于在排水不良的土壤中形成了还原环境，使得与硅结合的铁被还原溶解，因而释放出硅。龙湾样点位于较为典型的湿地，土壤类型为草甸土，可能由于土壤的含水量较大，土壤有效硅含量较大，进而使得有效硅含量之比也较大。同时，正是由于土壤中的有效硅含量较大，对芦苇的供给充足，能够满足芦苇的生长需求，使得芦苇中的细胞可以充分硅化，因而形成的植硅体相对较大。有学者对东北地区不同湿度梯度条件下的芦苇植硅体形态进行研究，在长春地区设置的湿度梯度样点中发现，随着湿度的增大，植硅体的大小同样也呈现变大的趋势（介冬梅等，2013）。但也有例外的情况，如长岭样点的各类型植硅体较大，而土壤与芦苇中有效硅含量比值却较小。另有学者通过对土壤施用钢渣来观察土壤有效硅含量的变化，试验结果显示，在钢渣粒度相同时，土壤有效硅含量随着钢渣施用量的增加而降低，这主要是由于灌水和施用钢渣使土壤 pH 升高，促进了铁铝氧化物沉淀的生成，加强了对土壤中有效硅的吸附，因此土壤有效硅含量减小（刘鸣达和张玉龙，2011）。本书中，长岭样点的土壤为盐碱土，经实验测得长岭样点土壤的 pH 为 9.64，土壤 pH 较高。因而土壤有效硅含量较小，使得有效硅含量之比也较小。而在有效硅含量较低的情况下，长岭样点的芦苇植硅体仍较大，推测可能是由于长岭样点的土壤为盐碱土，芦苇因盐碱胁迫产生抗逆性，植株对硅的吸收会因此增强，植硅体的发育也较大。而有人对盐碱胁迫下羊草植硅体形态变化的研究也表明，植硅体的大小随着盐碱度的升高都呈现出不同程度的变化，总体上都有增大的趋势（耿云霞等，2011）。

RDA 分析的各类型植硅体大小与有效硅的双序图如图 8-15 所示。从图中可以看出，有效硅含量之比与各类型植硅体大小之间成锐角，即呈正相关关系。芦苇中有效硅含量与大部分类型植硅体大小之间成钝角，即呈负相关关系。由此推测，植硅体的大小会受到有效硅含量之比的影响，当有效硅含量之比较大时，说明土壤有效硅含量较大，这为芦苇中植硅体的形成发育提供了充足的硅，植株中的细胞因此硅化得更完全，形成的植硅体较大。反之，则形成的植硅体较小。而芦苇中的有效硅与大部分类型植硅体的大小呈负相关关系，说明土壤中有效硅含量充足时，植株从土壤中吸收的单硅酸主要是用于植硅体的形成发育，而较少地以单硅酸形式存在于植株中。

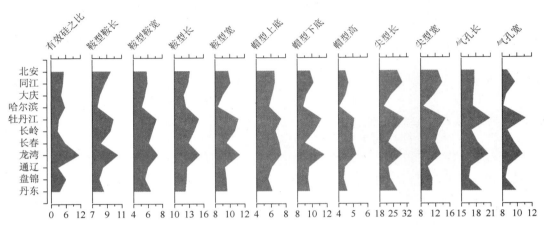

图 8-14　土壤与芦苇中有效硅含量之比及芦苇植硅体大小的变化趋势

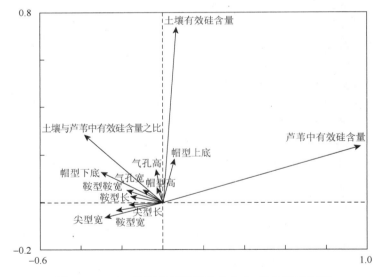

图 8-15　RDA 分析各类型植硅体大小-有效硅双序图

第五节　硅的生物地球化学循环

　　无论是土壤中的硅或是植物中的硅，都属于自然界中硅生物地球化学循环过程中的一部分（何电源，1980）。硅的生物地球化学循环开始于土壤溶液中的单硅酸被植物吸收，然后沉积或结合在植物组织中。当植物死亡后进行分解，硅以植硅体的形式回到土壤中。若植物被动物摄取，则硅的循环将包括在动物体内的迁移。由于溶解并进入食物系统的硅只是很小一部分，因此以植硅体形式归还到土壤的硅几乎相当于植物吸收的总量。归还土壤的植硅体，加上从土壤固相分解释放出来的溶性硅，又构成了新循环的硅给源（图 8-16）。

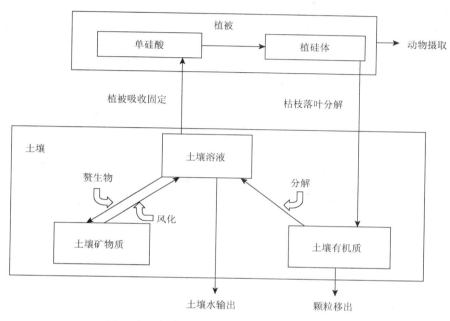

图 8-16　硅循环模型（王惠等，2007，修改）

在过去的 20 年里，地球表面的硅循环研究有了重要进展。而在关于硅循环的诸多研究中，硅的生物地球化学循环一直被视为研究的重点内容。

一、陆地和海洋的硅生物地球化学循环

硅是地球表面仅次于氧的基本成分，在地球圈层中大多数的硅存在于岩石中，但参与到生物地球化学循环中的硅只有很少的一部分。国内外，对硅的生物地球化学循环已经进行了相关探讨，研究重点在于，硅与其他化学元素的生物地球化学循环过程之间的耦合作用、硅循环对人类干扰活动的反馈效应及植物个体或群落对硅的风化过程及其生物地球化学循环的影响等方面。地球上的硅生物地球化学循环系统分为陆地和海洋两种子系统，在这两大生态系统中都进行着强烈的硅生物地球化学循环。

（一）陆地上的硅生物地球化学循环

在陆地上的硅循环中，硅的来源主要是生物硅的释放、土壤中植硅体的分解和硅酸盐矿质的风化。硅的流出主要是通过沉积到土壤的土层里、被植物吸收沉积在植物体内，以及通过地下水或人类活动搬运迁移（司勇，2013）。在陆地生态系统中，硅的生物地球化学循环主要是在三个系统里面进行的（Bartoli，1983），即植物子系统、土壤子系统和

水子系统（Mayland et al.，1991）。硅在三个系统之间运动，以溶解性硅酸盐被植物吸收为起点，经过土壤和水等介质，最后再被植物吸收。

土壤是陆地生态系统的重要反应场所，而且化学过程和生物过程相互影响，其中，硅酸盐的风化还在很大程度上影响土壤的形成过程和演变方向。硅在土壤中主要分布于矿物储库和生物储库。矿物储库包括：①源自母质的原生矿物；②土壤形成过程中的次生矿物，主要是黏土矿物；③次生微晶矿物，呈不规则状态，也是土壤形成过程中的产物（Sommer et al.，2006）。生物储库包括源于植物、源于微生物和源于原生动物等类型。土壤中硅流失的因素主要是径流和温度。Sommer 等（2006）认为，从集水地区流失硅的通量有以下一些驱动因素：全球尺度的驱动因素主要是径流，次一级尺度的驱动因素是温度。地方尺度硅通量主要受以下三方面因素影响：集水地区的岩性、水文条件和土壤发育的类型。

传统上认为硅的循环主要受岩石风化、矿物溶解和水体沉积的影响，而其在陆地的风化速率主要取决于自然地理条件和组成岩石的矿物性质（Berner et al.，1983；Bluth and Kump，1994；White and Blum，1995）。实际上，微生物、高等植物也在陆地硅生物地球化学循环中起着重要作用，特别是陆地植物在硅生物地球化学循环过程中起着至关重要的作用。构成地壳的岩石大部分是硅酸盐类矿物，硅在风化过程中逐步释放并参与生物地球化学循环（周启星和黄国宏，2001）。植物能加快这一进程，若以离子向河流输出风化指标，则植物出现后的风化速率是裸地的 4 倍（Moulton et al.，2000）。植物在岩石风化中同时起着物理作用和化学作用：物理作用表现在植物根系和岩石内生藻类在岩隙中生长，引起岩石破裂和矿物颗粒分解，使矿物表面暴露并延长雨水滞留时间，加速硅矿物风化（Friedmen，1971；韩兴国等，1999）；其化学作用表现在陆地植物及其根际微生物通过产生 CO_2 和有机酸降低了土壤的 pH，进而使岩石风化更强烈（Hinsinger et al.，2001）。Siever 将岩石的风化过程概括为：火成岩+酸性物质=沉积岩+含盐海洋。因此，植物产生的 CO_2 与土壤水作用形成的碳酸决定了很多生态系统中岩石风化的速率（汪秀芳等，2007）。由于硅在植物体内广泛存在，全球陆地植物储存的硅构成了一个大硅库。Li 等（2006）估计中国亚热带地区的毛竹林生态系统储存了约 1.26×10^7 t 的硅。Houghton 和 Skole（1990）根据陆地植物 Si：C 的原子比和全球植物碳年净产量推算，全球植物每年能吸收 $1.68 \times 10^9 \sim 5.60 \times 10^9$ t 的硅（Conley，2002a）。从单位面积含量来看，生物圈平均生物量为 $200.00t/hm^2$，其中硅含量达 $0.241t/hm^2$（Hutchinson，1970）。此外，在热带雨林中，由生物硅释放的硅每年可以达 $0.054 \sim 0.07kg/hm^2$，约为硅酸盐矿物风化释放量的 2 倍。在夏威夷火山地区的河流中大部分硅来自生物硅库，而来自矿物与水反应的硅量只有小部分（汪秀芳等，2007）。植物在硅循环中为土壤溶液提供了大量可溶解的硅，否则在土壤表层高度风化的地方硅含量将会很低（王立军等，2008）。通过调控土壤和河流中溶解硅的活动，植物对风化速度和陆地上硅的通量的影响会更广泛（Derry et al.，2005）。

海洋中硅藻每年固定生物硅约为 240Tmol，陆地植物每年固定生物硅为 60～200Tmol，所以陆地生态系统的硅循环是不能忽略的。此外，陆地植物每年固定的生物硅远大于每年从陆地输入海洋中的硅（5Tmol），这也说明陆地硅循环的重要性（王立军等，2008）。Bartoli（1983）最早报道了陆地生物硅对硅的生物地球化学循环的贡献，阐明了硅的土壤-植物内循环的重要性。对温带落叶阔叶林和针叶林（Bartoli，1983）、热带雨林（Alexandre et al.，1997）、竹林（李振基等，1998；Li et al.，2006）硅循环的研究表明，这些生态系统中都进行着强烈的土壤−植物间的硅循环，溶解硅输出量与内部生物地球化学循环通量相比是较少的，这种土壤−植物内循环减缓了硅经过河流向海洋的输出，而将大量的硅储存于土壤中，因此土壤储存的生物硅是硅循环的一个重要组成部分（汪秀芳等，2007）。在温带落叶阔叶林和针叶林中，土壤中生物硅是植物中生物硅的500～1000 倍（Conley，2002a）（表 8-7）。

表 8-7　陆地不同植被类型的硅循环

植被类型	植物生物硅库	土壤生物硅库	植物固定的硅	枯枝落叶返回土壤的硅	输出的硅
落叶阔叶林	180.00 ± 100.00	$1.65 \times 10^5 \pm 1.50 \times 10^4$	26.00 ± 9.00	22.00 ± 7.00	0.00
针叶林	90.00 ± 50.00	—	8.00 ± 4.00	5.00 ± 2.00	26.00 ± 7.00
热带雨林	834.00	—	—	41.00	11.00
竹林	—	$1.70 \times 10^5 \sim 3.40 \times 10^5$	$97.00 \sim 138.00$	$97.00 \sim 138.00$	35.00

资料来源：Bartoli，1983；Lucas et al.，1993；Meunier et al.，1999

注：植物生物硅库和土壤生物硅库单位为 kg Si/hm²，其余为 kg Si/(hm²·a)

（二）海洋中的硅生物地球化学循环

在海洋中，硅同样占据着重要地位，全球海洋中硅的总含量约为 9.50×10^{16} mol（Tréguer et al.，1995）。硅从海洋水圈到生物圈的迁移便开始了硅的生物循环（孙云明和宋金明，2001）。海洋中硅的生物地球化学循环系统共包括五大分支系统，分别是可溶硅的输入、生物硅的生产、生物硅的输出、可溶硅的再循环和可溶硅的上涌。

可溶硅的输入包括河流（84%）、风尘（7%）、海底热液喷发（3%）和海底玄武岩风化（6%）这几大供硅途径。其中，每年河流输入到海洋的溶解硅酸盐达 6.70×10^{12} mol，是海洋中硅的主要来源（吴涛等，2007）。海洋中最主要的生物硅生产者就是硅藻（Tréguer et al.，1995；Tréguer，2002），它直接或间接地参与了除硅输入之外的其他四个分支循环系统。在海洋硅循环过程中，硅藻成为主要的生物载体。硅藻等生物体从海洋中吸收溶解硅酸盐，经同化作用形成硅质细胞壁。它不断从外界吸收养分，富集硅，成为海洋表层生物硅的主要来源。硅从海洋中的输出主要是通过生物硅的埋藏，很小部分参与了铝硅酸盐的形成。硅藻在死亡后以植物碎屑沉降，其中约 60%的生物硅[$F_{Ds}=(120.00 \pm 20.00) \times 10^{12}$ mol/a]因海水和孔隙水中可溶硅的不饱和而溶解于 50～100m 的真光层，重新进入硅循环，最终大约有 3.50%的生物硅以蛋白石的形式埋藏在海底（Tréguer et al.，1995）。在沉积物中的生物硅继续溶解成为硅酸盐，一部分可溶硅上涌扩散，成为硅藻勃发的潜在营养物来源，另一部分则进入铝硅酸盐相（Ragueneau et al.，2000；宋金明，2004）（图 8-17）。虽然表层水体中硅藻生产的生物硅数量很大，但真正埋藏在沉积物中的部分却很小。例如，表层大洋生产的生物硅只有约 50%输出到海洋深部，而输入到深部的生物硅又只有 25%输出到海洋沉积物中，输入到沉积物中的硅因成岩溶解作用又只有约 20%保存到沉积物中，总的来看只有约 2.50%的生物硅最终保存到海洋沉积物中。尽管沉积下来的硅藻残体数量很小，但日积月累便在海底形成了数量可观，并足以影响生态系统循环的硅沉积物（Tréguer et al.，1995；Demaster，2002）。

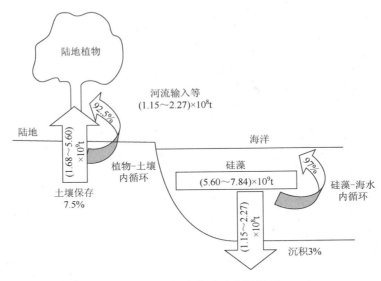

图 8-17　硅的生物地球化学循环

92.5%和 7.5%分别为土壤-植物内循环的生物硅量和土壤库中保存的生物硅量占植物释放生物硅总量的比例；97%和3%分别硅藻-海洋内循环的生物硅量和沉积物中的生物硅量占硅藻固定的生物硅总量的比例（Nelson et al.，1995；Alexandre et al.，1997；Conley，2002a）

　　由河流带入海洋的生物硅通常被认为是由硅藻产生的，但是实际上植硅体也是构成海洋中生物硅的重要组成部分之一。植硅体等形式的生物硅为不定型硅，其较易溶出并可再次进入硅的循环过程（Alexandre et al.，1997；Struyf et al.，2006）。因此，除岩石风化作用贡献以外，河流输送的溶解硅中还有相当一部分来源于高等植物产生的植硅体再循环过程（Conley，2002a，2002b）；此外，植硅体也可通过地表径流等形式进入地表水体成为生物硅的重要来源，并最终汇入海洋，影响海洋硅循环过程（Meunier et al.，2008；Saccone et al.，2008）。植硅体输入到河流中有以下几种形式（Lise et al.，2005）：①单独的颗粒；②通过硅与其他颗粒连在一起；③吸附在其他颗粒上面，如黏土。海洋沉积物中发现的植硅体说明了大气和河流输入的结果（薄勇，2009）。最近的研究表明：在非洲喀麦隆的尼永河（Nyong River）输送的生物硅中有 84%～94%是由植硅体组成的（Cary et al.，2005）。同样，在注入非洲马拉维湖（Lake Malawi）的众多河流里，植硅体也是水体中生物硅颗粒的主要成分（Bootsma et al.，2003）。因此，植硅体是河流水体中最能代表"生物硅"的硅质颗粒。河流中悬浮的植硅体的总量既是植硅体生产力的示踪剂，又是表层土壤侵蚀的示踪剂。根据植硅体的类型、来源可以判断悬浮颗粒物质或是沉积物中生物硅的来源。所以说河流悬浮物质中的植硅体在全球硅生物地球化学循环中起着重要作用。

二、陆地硅生物地球化学循环的影响因素

　　陆地生态系统内的硅在植被-土壤-水子系统中的迁移转化过程，由植物自身的遗传

特性（植物种类）和土壤内的生物化学过程共同控制（Mayland et al.，1991）。二者的影响大小随环境条件和土壤中硅的供应情况的改变而变化。土壤中各种生物和化学因素的作用强度因陆地生态系统的类型、人为干扰程度而异（Li et al.，2006）。同一生态系统中季节的改变导致植物物候的变化和土壤特性的改变，也会改变硅循环中生物和物理化学过程的控制强度。植物类型、生态系统类型、季节变化等因素都能影响土壤存储的能力，而使土壤中的硅含量有所不同，影响植物对硅的吸收，进而影响硅的循环过程。

（一）植物自身的遗传因素

植物自身的遗传特性决定了其对硅的利用效率，包括土壤中硅的活化、吸收和对硅的同化能力，以及对土壤中硅含量变化的响应程度和硅的周转率。同一植物在不同的物候期和生长阶段对硅的吸收和利用率也不同，通常随着年龄的增大，体内沉积的硅含量也增加（Ma and Takahashi，2002）。Hodson 和 Sangster（1998）的研究结果表明，老龄化的植物体内的硅含量可达到幼龄时含量的 5 倍以上。因此，陆地生态系统中的乔木、灌木和草本植物的种类组成与不同的发育时期，是影响陆地生态系统硅循环的重要因素。

（二）陆地生态系统类型

不同的陆地生态系统类型决定了系统内的土壤、气候环境状况的差异，其对硅的吸收、固定和释放的影响也显著不同（Lucas et al.，1993）。Bartoli（1983）的研究结果表明，落叶林生态系统中，土壤矿物质的风化强度至少是针叶林生态系统的 2.5 倍，落叶林生态系统地上生物量中硅含量也是针叶林的 2 倍多（表 8-8）。落叶林生态系统的硅循环速度为 26kg/(hm²·a)，针叶林生态系统硅循环速度为 8kg/(hm²·a)。显然，落叶林生态系统硅循环速度远远大于针叶林生态系统中硅循环的速度。

表 8-8　不同生态系统硅储库的数量

生态系统类型	易于风化的矿物质/（10^3kg/hm²）	硅含量/（10^3kg/hm²）
落叶林生态系统	335.00±40.00	0.18±0.10
针叶林生态系统	140.00±20.00	0.09±0.05

资料来源：Bartoli，1983

（三）季节变化和生态系统干扰

季节的变化可改变生物活动、大气降水、土壤温度等因素，从而间接地影响生态系统内元素循环的数量和速度。对日本北海道白桦林生物地球化学的质子和基础阳离子流通量的季节动力学的研究表明，植被的活动和水的流动，是生物地球化学循环季节动力学的重要推动力（Nagata et al.，2001）。Leblanc 等（2003）在对地中海西北部沿海贫营养区域硅循环的季节性变化的研究中指出，生物硅储量在春季和夏季较高，岩石硅储量在秋季和冬季较高。可见，季节对生态系统硅循环有显著的影响。关于陆地生态系统硅循环的季节动态的研究目前国内外还鲜有涉及，但对水生生态系统硅循环的季节动态变化研究表明，不同季节中陆地植被固定硅的数量对水生生态系统中硅循环的季节变化有显著的影响，如 Fulweiler 和 Nixon（2005）在对新西兰南部沿海河流的可溶性硅循环的季节性变化的研究中推测，河流中硅浓度在春季降低，可能是由于陆地植被春季固定硅增多所引起的。

干扰可破坏或改变陆地生态系统原有的环境，对陆地生态系统产生深远的影响。陆地生态系统对干扰的反应为植被结构的重组和通过更新形成新的植被（Liang et al.，2002）。植被的变化影响了其对生物硅的固定，从而影响陆地生态系统的硅循环（Carnelli et al.，2001）。与气候变化对生态系统营养循环产生的较大影响相比，生态系统干扰在较短的时间内将对其营养循环产生较强的影响（Beier et al.，2004）。如一些掠夺式的人为干扰（植物体的收获、果实种子的采摘等）活动，使陆地生态系统硅流失，将直接改变陆地生态系统硅循环的平衡和稳定，影响陆地生态系统的硅循环过程。

三、植硅体是土壤–植物硅循环的重要参与者

生物硅是陆地硅循环的重要组成部分。陆生植物含有丰富的硅质成分，植物对硅的吸收、运移、淀积作用对陆地硅循环起着重要作用。陆地植物在生长过程中以溶解态单硅酸的形式通过主动、排斥和被动方式吸收硅，以植硅体的形式沉积在植物体内。生长季结束后，植物残体分解使体内的生物硅返回到土壤中，其中大部分生物硅能被其他植物再吸收，只有少量保留在土壤中（Alexandre et al.，1997；Moulton et al.，2000）。有研究表明，由热带雨林释放到土壤中的 92.50% 的生物硅溶解后又被植物再吸收，仅 7.50% 作为亚稳定成分保留在林地土壤中（Alexandre et al.，1997）（图 8-17），其他生态系统情况也是类似的（Conley，2002）。而植硅体是生物硅的一种重要存在形式，生物硅中植硅体的含量高达 90%（薄勇，2009）。据统计，高等植物每年可将 $60 \times 10^{12} \sim 200 \times 10^{12} \text{mol}$ 的溶解硅转化为植硅体（Conley，2002a，2002b），可见，植硅体在全球生物地球化学硅循环中是一个巨大的生物硅储库。

已有研究发现，气候、植物种类、土壤条件（如 pH、溶解性硅浓度）及植硅体本身化学组成成分的不同都会影响植硅体的地球化学稳定性（Tréguer et al.，1995；孙云明和宋金明，2001；Demaster，2002；De La Rocha and Bickle，2005）。该研究还证明大量产生于植物的植硅体中，仅仅有大约 8% 有较强的抗分解能力，而分解这些植硅体需要数千年时间，因此植硅体能在热带潮湿的上层土壤中稳定地积累（Lucas et al.，1993）。植硅体在土壤中的保存还与土壤环境要素有关。据记载，植物植硅体在需氧和厌氧的土壤中均很稳定。对植硅体的溶解速率研究发现，植物中植硅体的溶解速率会随着 pH 的升高而直线增加（李捷等，2005）。土壤 pH 在 3.50～9.80 时，植硅体能完整地保留下来，而在 pH 大于 9 的情况下，pH 越高植硅体溶解度也越高。Bartoli 和 Wilding（1980）在实验室里做过实验：将置于热蒸馏水中（90℃）几小时的植硅体和放入冷蒸馏水中 30d 的植硅体进行比较，得到了一些有关植硅体溶解速度的纪录，实验表明，温度对植硅体的溶解将起着重要作用。目前对植硅体的分布研究发现，随着土壤深度的增加，植硅体比例逐渐减少，并有向表层富集的趋势（De La Rocha and Bickle，2005；杨东方等，2006）。

在土壤剖面中，植硅体的分布变异性的原因主要是植硅体在土壤中会受到一些人为和自然等因素的影响（宋金明，2004）。此外，不同生态系统中植硅体的积累速率也有很大不同，这些都直接影响着植硅体在土壤中的分布。

在草地、森林和湿地等陆地典型的生态系统功能区，植硅体参与土壤-植物硅循环的程度都是相当高的（Alexandre et al.，1997；Conley，2002a；Fulweiler and Nixon，2005；Meunier et al.，2008）。在全球硅循环中植硅体更是重要的参与者，植硅体对全球硅循环的作用已成为硅生物地球化学的重要研究内容。因此，深入了解植硅体的迁移、转化过程对于研究陆地硅循环、海洋硅循环以及全球环境变化问题至关重要。

四、东北地区土壤与芦苇群落之间的硅循环

图 8-18 中 6～10 月土壤有效硅含量、芦苇中有效硅含量及芦苇植硅体浓度分别为 12 个样点的平均值（表 8-9）。从图 8-18 和表 8-10 中可以看出，三者在 6～10 月均表现为先增大后减小的变化规律。7 月土壤有效硅含量明显增多，芦苇植硅体浓度也显著增多，而芦苇中有效硅含量虽也增多但其增幅较小；8 月三者的增幅相当；9 月土壤有效硅含量基本不变，芦苇中有效硅含量仍然增多的情况下，芦苇植硅体浓度反而减少；10 月三者均减少，并且土壤有效硅含量减小幅度较小，而芦苇中有效硅含量减小幅度较大。由此推测，芦苇在生长初期，由于植株处于发育阶段，同时叶片数量逐渐增多，因此植株从土壤中吸收的有效硅主要用于植硅体的形成，因此植硅体的浓度在 7 月、8 月时较大。9 月芦苇进入生长后期，穗粒逐渐形成，使植株上部重量增加，为了增强植株的支撑能力，芦苇体内的植硅体浓度在理论上应该增多，而图 8-18 中，9 月土壤有效硅含量基本不变，芦苇中有效硅含量增多的情况下，植硅体浓度反而减少。由此猜测，植物体内可能由于吐水或其他某种生理机制，使植硅体在芦苇生长后期时排出植物体外，因而呈现 9 月、10 月植硅体浓度减小的变化规律。肖千明等（1999）的研究结果显示，玉米在抽雄初期以后，植株内有 40%～60% 的硅外溢。因而，10 月芦苇中有效硅含量的大幅度减小，可能是由于芦苇体内的硅在成熟期时大量外溢。

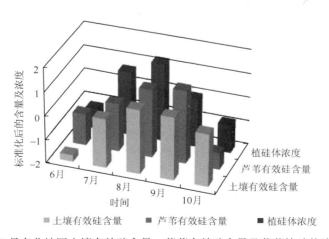

图 8-18　6～10 月东北地区土壤有效硅含量、芦苇有效硅含量及芦苇植硅体浓度的变化趋势

表 8-9   东北地区 12 个样点的土壤有效硅含量、芦苇中有效硅含量及芦苇植硅体浓度的季节变化

时间	土壤有效硅含量/(mg/kg)	芦苇中的有效硅含量/(mg/kg)	植硅体浓度/(10^4 粒/g)
6 月	200.83	45.04	283.83
7 月	267.43	54.54	362.83
8 月	291.40	65.96	388.46
9 月	289.37	68.89	335.04
10 月	273.37	36.68	298.30

综上所述，推测东北地区土壤与芦苇群落之间的硅循环过程：在芦苇生长初期，植株从土壤中吸收的有效硅主要用于植硅体形成，此阶段芦苇植硅体浓度较大。在芦苇生长后期，植株从土壤中吸收的有效硅主要分配到芦苇穗部，叶片中分配的硅含量较少而且形成较少植硅体，同时芦苇体内可能存在吐水等某种生理机制，使芦苇中的单硅酸和植硅体排出植株体外，进而芦苇中有效硅含量和植硅体浓度在芦苇生长后期减小。在芦苇生长过程中，土壤有效硅的含量会影响芦苇对硅的吸收方式以及芦苇植硅体的形成。在芦苇生长季结束后，凋落物及残体分解使得植株体内的硅被释放到土壤中，其中可溶性硅重新溶解到土壤溶液中供植物次年生长再吸收，而不溶性的植硅体则保存在土壤中。然而，关于土壤对芦苇植硅体的保存率、芦苇生物硅释放后的再吸收率等问题都有待进一步研究。

小   结

与其他营养元素的循环一样，陆地生态系统内的硅循环对维持生态系统的结构、发挥生态系统的功能具有重要意义。然而，文献调研表明，目前硅循环的研究仍落后于其他元素。在我国，对陆地生态系统硅循环研究的意义还没有足够的认识，存在的主要问题包括：①目前关于生态系统内硅元素的研究，或是集中在硅作为营养元素、应用于农业生态系统和草原生态系统所产生的效应，或是集中在植硅体的形态、组合及其在考古、第四纪等领域的应用。而关于土壤-植物系统内的硅循环对植硅体形成的影响，以及植硅体在硅循环中的作用等方面的探索几乎是空白的，缺乏土壤-植物系统中的硅与植硅体的统一研究。②大多数学者对全球硅循环的研究侧重于风化过程和海洋中的硅循环，偏废了陆地生态系统中的硅生物地球化学循环研究。仅有的少数陆地生态系统的硅循环研究也限于森林等个别生态系统。有关陆地上硅的迁移转化的研究其少。③植硅体在土壤中的溶解速率，植硅体溶解后被植物再吸收的周转率，以及生物硅的测定方法等问题都有待继续探讨研究。

今后研究的重点：①将土壤-植物系统中的硅与植硅体的形成有机地结合起来，更为系统地研究陆地生态系统中的硅生物地球化学循环，这不仅对现代农业、草原等生态系统具有重要意义，同时可以为古环境的恢复提供参考依据。②重视陆地的硅生物地球化学循环的研究，扩大陆地生态系统中硅循环的研究范围，特别是累积大量生物硅的草原、湿地等生态系统。③深入研究控制植硅体在不同沉积环境中的溶解和保存的关键因素，继续探寻植硅体在硅循环中的深层次意义和作用。

　　生物硅，特别是植硅体，是陆地硅生物地球化学循环的重要载体。因此，开展土壤-植物中硅与植硅体关系的研究，对于陆地硅生物地球化学循环乃至全球硅生物地球化学循环的研究都将产生重要的帮助，今后应更多地关注植硅体在硅循环中的作用。

参 考 文 献

薄勇.2009. 植硅石在全球硅生物地球化学循环中的作用. 建材世界, 30（5）: 121～123.

陈兴华, 梁永超.1991. 小麦对硅素养分吸收的初探. 土壤肥料, （5）: 38～40.

高尔明, 赵全志.1998. 水稻施用硅肥增产的生理效应研究. 耕作与栽培, （5）: 20～28.

耿云霞, 李依玲, 朱莎, 等.2011. 盐碱胁迫下羊草植硅体的形态变化. 植物生态学报, 35（11）: 1148～1155.

宫海军, 陈坤明, 王锁民, 等.2004. 植物硅营养的研究进展. 西北植物学报, 24（12）: 2385～2392.

管恩太, 蔡德龙, 邱士可, 等.2000. 硅营养磷肥与复肥, 15（5）: 64～66.

韩兴国, 李凌浩, 黄建辉.1999. 生物地球化学概论. 北京: 高等教育出版社.

何电源.1980. 土壤和植物中的硅. 土壤学进展, Z1: 1～11.

贺立源, 王忠良.1998. 土壤机械组成和 pH 与有效硅的关系研究. 土壤, 30（5）: 243～246.

侯彦林, 郭伟, 朱永官.2005. 非生物胁迫下硅素营养对植物的作用及其机理. 土壤通报, 36（3）: 426～429.

侯学煜.1982. 中国土壤植被地理及优势植物化学成分. 北京: 科学出版社.

胡定金, 王富华.1995. 水稻硅素营养. 湖北农业科学, （5）: 33～36.

吉利明, 张平中.1997. 植物硅酸体研究及其在第四纪地质学中的应用. 地球科学进展, 12（1）: 51～57.

纪秀娥, 张美善, 于海秋, 等.1998. 植物的硅素营养. 农业与技术, 18（2）: 11～131.

季明德, 黄湘源, 付美琴, 等.1998. 硅元素对甘蔗中蔗糖分积累的影响. 江西化工, 1: 13～15.

季应明, 陈斌.2003. 水稻与硅素营养. 土壤肥料, 2: 25.

介冬梅, 葛勇, 郭继勋, 等.2010a. 中国松嫩草原羊草植硅体对环球变暖和氮沉降模拟的响应研究. 环境科学, 31（8）: 1708～1715.

介冬梅, 刘朝阳, 石连旋, 等.2010b. 松嫩平原不同生境羊草植硅体形态特征及环境意义. 中国科学: 地球科学, 40（4）: 493～502.

介冬梅, 王江永, 栗娜, 等.2013. 东北地区不同湿度梯度条件下芦苇植硅体形态组合特征. 吉林农业大学学报, 35（3）: 295～302.

李鸿凯, 卜兆君, 王升忠, 等.2009. 长白山区泥炭地现代有壳变形虫环境意义探讨. 第四纪研究, 29（4）: 817～824.

李捷, 李超伦, 张展, 等.2005. 桡足类与硅藻相互作用的研究进展. 生态学杂志, 24（9）: 1085～1089.

李仁成, 谢树成, 顾延生.2010. 植硅体稳定同位素生物地球化学研究进展. 地球科学进展, 25（8）: 812～819.

李振基, 何建源, 方燕鸿, 等.1998. 武夷山毛竹群落硅的生物循环研究. 厦门: 厦门大学出版社: 153～157.

李自民, 宋照亮, 姜培坤.2013. 稻田生态系统中植硅体的产生与积累研究——以嘉兴稻田为例. 生态学报, 33（22）: 7197～7203.

刘鸣达.2002. 水稻土供硅能力评价方法及水稻硅肥料效应的研究. 沈阳: 沈阳农业大学博士学位论文.

刘鸣达, 张玉龙.2001. 水稻土硅素肥力的研究现状与展望. 土壤通报, 32（4）: 187～192.

刘鸣达, 张玉龙, 陈温福.2006. 土壤供硅能力评价方法研究的历史回顾与展望. 土壤, 38（1）: 11～16.

刘鸣达, 张玉龙, 李军, 等.2001. 施用钢渣对水稻土硅素肥力的影响. 土壤与环境, 10（3）: 220～223.

刘平, 贺宁, 熊远芳, 等.1988. 水稻硅营养的研究——稻株内 Si、P、N 的平衡对有机碳积累的影响. 贵州农学院学报, 7（1）: 914～919.

刘树堂, 韩效国, 董先旺.1997. 硅对冬小麦抗逆性影响的研究. 莱阳农学院学报, 14（1）: 21～25.

刘永涛.1997. 硅肥的应用及开发前景. 河南科技, （11）: 6～7.

陆景陵.1994. 植物营养学（上）. 北京: 中国农业大学出版社.

吕厚东, 李荣华, 吕厚远.1992. 植物中的硅酸体. 生物学通报, （10）: 18～20.

马同生. 1990. 我国水稻土硅素养分与硅肥施用研究现况. 土壤学进展, 18（4）：1～5.

马同生, 冯亚军, 梁永超, 等. 1994. 江苏沿江地区水稻土归属供应力与硅肥的施用. 土壤, （3）：154～156.

马占云, 林而达, 吴正方. 2007. 东北地区湿地生态系统的气候特征. 资源科学, 29（6）：16～24.

Marschner H. 2001. 高等植物的矿质营养. 李春俭, 王震宇, 张福锁, 等译. 北京：中国农业大学出版社.

Nisia K. 1990. 硅对水稻作物不同生长期生长的影响. 曹心德译. 安徽技术师范学院学报, （2）：8～12.

饶立华, 覃莲祥, 朱玉贤. 1986. 硅对杂交水稻形态结构和生理的效应. 植物生理学通讯, （3）：20～24.

邵建华. 2000. 硅肥的应用研究进展. 四川化工与腐蚀控制, 3（5）：44～47.

水茂兴, 陈德富, 秦遂初, 等. 1999. 水稻新嫩组织的硅质化及其与稻瘟病抗性的关系. 植物营养与肥料学报, 5（4）：352～358.

司勇. 2013. 物种和气候对草本植物硅、铝、铁和植硅体分布的影响. 杭州：浙江农林大学硕士学位论文.

宋金明. 2004. 中国近海生物地球化学. 济南：山东科学技术出版社.

孙立, 吴良欢, 丁悌平, 等. 2008. 稻叶分段硅同位素组成及硅、钾、钠、钙、镁分布特征. 中山大学学报（自然科学版）, 47（4）：94～99.

孙晓玲, 任炳忠, 赵卓, 等. 2006. 东北地区不同生境内蝗虫区系的比较. 生态学杂志, 25（3）：286～289.

孙云明, 宋金明. 2001. 海洋沉积物-海水界面附近氮、磷、硅的生物地球化学. 地质评论, 47（5）：527～534.

唐旭, 郑毅, 汤利. 2005. 高等植物硅素营养研究进展. 广西科学, 12（4）：347～352.

田福平, 陈子萱, 张自和, 等. 2007. 硅对植物抗逆性作用的研究. 中国土壤与肥料, （3）：10～14.

汪传炳, 茅国芳, 姜忠涛. 1999. 上海地区水稻硅素营养状况及硅肥效应. 上海农业学报, 15（3）：65～69.

汪秀芳, 陈圣宾, 宋爱琴, 等. 2007. 植物在硅生物地球化学循环过程中的作用. 生态学杂志, 26（4）：595～601.

王惠, 马振民, 代力民. 2007. 森林生态系统硅素循环研究进展. 生态学报, 27（7）：3010～3017.

王继朋. 2003. 硅在几种植物中的吸收、分配及其作用探讨. 北京：中国农业大学博士学位论文.

王立军, 季宏兵, 丁淮剑, 等. 2008. 硅的生物地球化学循环研究进展. 矿物岩石地球化学通报, 27（2）：188～194.

王荔军, 李敏, 李铁津, 等. 2001. 植物体内的纳米结构 SiO_2. 科学通报, 46（8）：625～632.

王振庆, 王丽娜, 吴大千, 等. 2006. 中国芦苇研究现状与趋势. 山东林业科技, 26（6）：85～87.

魏成熙, 欧阳昌亭, 朱正国. 1993. 水稻施用硅钙肥的效果研究. 耕作与栽培, 3：49～51.

魏海燕, 张洪程, 戴其根, 等. 2010. 水稻硅素营养研究进展. 江苏农业科学, （1）：121～124.

吴涛, 陈骏, 连宾. 2007. 微生物对硅酸盐矿物风化作用研究进展. 矿物岩石地球化学通报, 26（3）：263～275.

吴正方. 2002. 东北地区植被过渡带生态气候学研究. 地理科学, 22（2）：219～225.

夏石头, 萧浪涛, 彭克勤. 2001. 高等植物中硅元素的生理效应及其在农业生产中的应用. 植物生理学通讯, 37（4）：356～360.

向万胜, 何电源, 廖先苓. 1993. 湖南省土壤中硅的形态与土壤性质的关系. 土壤, 25（3）：146～151.

肖千明, 马兴全, 娄春荣, 等. 1999. 玉米硅的阶段营养与土壤有效硅关系研究. 土壤通报, 30（4）：185～188.

邢雪荣, 张蕾. 1998. 植物的硅素营养研究综述. 植物学通报, 15（2）：33～40.

徐呈祥, 刘友良. 2006. 植物对 Si 的吸收、运输和沉积. 西北植物学报, 26（5）：1071～1078.

徐呈祥, 刘友良, 郑青松, 等. 2006. 硅改善盐胁迫下库拉索芦荟生长和离子吸收与分布. 植物生理与分子生物学学报, 32（1）：73～78.

徐呈祥, 刘兆普, 刘友良. 2004. 硅在植物中的生理功能. 植物生理学通讯, 40（6）：753～757.

徐文铎, 何兴元, 陈玮, 等. 2008. 中国东北植被生态区划. 生态学杂志, 27（11）：1853～1860.

徐文富. 1992. 作物的硅素营养和硅化物的应用. 苏联科学与技术, （5）：45～49.

杨东方, 高振会, 秦杰, 等. 2006. 地球生态系统的营养盐硅补充机制. 海洋科学进展, 24（4）：568～579.

杨建堂, 高尔明, 霍晓婷, 等. 2000. 沿黄稻区水稻硅素吸收、分配特点研究. 河南农业大学学报, 34（1）：37～42.

叶春. 1992. 土壤可溶性硅与水稻生理及产量的关系. 农业科技资讯（浙江）, （1）：24～27.

翟水晶, 薛丽丽, 仝川. 2013. 湿地生态系统生物地球化学循环研究进展. 生态环境学报, 22（10）：1744～1748.

张翠珍, 邵长泉, 孟凯, 等. 1998. 小麦吸硅特点及应用效果的研究. 山东农业科学, （4）：29～31.

张革新. 2008. 高等植物硅研究进展. 安徽农业科学, 36（8）：3122～3124.

张新荣, 胡克, 王东坡, 等. 2004. 植硅体研究及其应用的讨论. 世界地质, 23（2）：112～117.

张兴梅, 邱忠祥, 刘永菁. 1997. 东北地区主要旱地土壤供硅状况及土壤硅素形态变化的研究. 植物营养与肥料学报, 3 (3): 331~338.

张兴梅, 张之一, 殷奎生, 等. 1996. 土壤有效硅含量及其与土壤理化性状的相关研究. 黑龙江八一农垦大学学报, 8 (4): 42~45.

张玉秀, 刘金光, 柴团耀, 等. 2011. 植物对硅的吸收转运机制研究进展. 生物化学与生物物理进展, 38 (5): 400~407.

赵国帅, 王军邦, 范文义, 等. 2011. 2000~2008 年中国东北地区植被净初级生产力的模拟及季节变化. 应用生态学报, 22 (3): 621~630.

赵魁义. 1999. 中国沼泽志. 北京: 科学出版社.

赵送来, 宋照亮, 姜培坤, 等. 2012. 西天目集约经营雷竹林土壤硅存在形态与植物有效性研究. 土壤学报, 49 (2): 237~242.

周琳. 1991. 东北气候. 北京: 气象出版社.

周启星, 黄国宏. 2001. 环境生物地球化学和全球环境变化. 北京: 科学出版社.

周以良. 1997. 中国东北植被. 北京: 科学出版社.

朱小平, 王义炳, 李家全. 1995. 水稻硅素营养特性的研究. 土壤通报, (05): 232~233.

庄瑶, 孙一香, 王中生, 等. 2010. 芦苇生态型研究进展. 土壤学报, 30 (8): 2173~2181.

Adatia M H, Besford R T. 1986. The effects of silicon on cucumber plants grown in recirculating nutrient solution. Annals of Botany, 58 (3): 343~351.

Alexander G B, Acin N D, Zapata R M. 1971. Inversion control in sugarcane juice with sodiurn metasilicate. Proceeding of the XXV Congress of International Society of Sugar Cane Tachnologists, 13: 522~531.

Alexandre A, Meunier J D, Colin F, et al. 1997. Plant impact on the biogechemical cycle of silicon and related weathering processes. Geochimica et Cosmochimica Acta, 61 (3): 677~682.

Ayres A S. 1966. Calcium silicate slag as a growth stimulant for sugarcane on low-silicon soils. Soil Science, 101 (3): 216~227.

Bartoli F, Wilding L P. 1980. Dissolution of biogenic opal as a function of its physical and chemical properties. Soil Science Society of America Journal, 44 (4): 873~878.

Bartoli F. 1983. The biogeochemical cycle of silicon in two temperate forest ecosystems. In: Hallberg R O (ed). Environmental Biogeochemistry Ecology Bull (Stockholm), 35: 469~476.

Beier C, Schmidt I K, Kristensen H L. 2004. Effects of climate and ecosystem disturbances on biogecchemical cycling in a semi-natural terrestrial ecosystem. Water, Air, and Soil Pollution, Focus, 4 (2): 191~206.

Berner R A, Lassaga A C, Garrels R M. 1983. The carbonate-silicate geochemical cycle and its effects on atmospheric carbon dioxide over the past 100 million years. American Journal of Sicence, 283 (7): 641~683.

Bluth G J S, Kump L R. 1994. Lithological and climatological controls of river chemistry. Geochimica et Cosmochimica Acta, 58 (10): 2341~2359.

Bootsma H A, Hecky R E, Johnson T C, et al. 2003. Inputs, outputs, and internal cycling of silica in a large, tropical lake. Journal of Great Lakes Research, 29 (Suppl.2): 121~138.

Boylston E K, Hebert J J, Hensarling T P, et al. 1990. Role of silicon in developing cotton fibers. Journal of Plant Nutrition, 13 (1): 131~148.

Carnelli A L, Madella M, Theurillat J P. 2001. Biogenic Silica Production in Selected Alpine Plant Species and Plant Communities. Annals of Botany, 87 (4): 425~434.

Cary L, Alexandre A, Meunier J D, et al. 2005. Contribution of phytoliths to the suspended load of biogenic silica in the Nyong Basin rivers (Cameroon). Biogeochemistry, 74 (1): 101~114.

Conley D J. 2002a. Terrestrial ecosystem and the global biogechemical silica cycle. Global Biogechemical Cycles, 16 (4): 1121.

Conley D J. 2002b. The biogeochemical silica cycle: Elemental to global scales. Oceanis, 28 (3-4): 353~368.

Daniel J C. 2002. Terrestrial ecosystems and the global biogechemical silica cycle. Global Biogeochemical Cycles, 16(4): 1121~1128.

Datnoff L E, Snyder G H, Korndorfer G H. 2001. Silicon in Agriculture: Studies in Plant Science. Amsterdam: Elsevier: 10~16.

De La Rocha C L，Bickle M J. 2005. Sensitivity of silicon isotopes to whole-ocean changes in the silica cycle. Marine Geology，217：267～282.

Demaster D J. 2002. The accumulation and cycling of biogenic silica in the Sout hern Ocean：Revisiting the marine silica budget. Deep Sea Research Part Ⅱ：Topical Studies in Oceanography，49（16）：3155～3167.

Deren C W. 1997. Changes in nitrogen and phosphorus concentrations on silicon fertilized rice grown on organic soil. Journal of Plant Nutrition，20（6）：765～771.

Derry L A，Kurtz A C，Ziegler K，et al. 2005. Biological control of terrestrial silica cycling and export fluxes to watersheds. Nature，433：728～731.

Epstein E. 1999. Silicon. Annual Review of Plant Biology，50（1）：641～664.

Friedmen E L. 1971. Light and scanning electron microscopy of the endolithic desertalgal habitat. Phycologia，10（4）：411～428.

Fulweiler R W，Nixon S W. 2005. Terrestrial vegetation and the seasonal cycle of dissolved silica in a southern New England coastal river . Biogeochemistry，74（1）：115～130.

Handreck K A，Jones L H P. 1968. Studies of silica in the oat plant Ⅳ. Silica content of plant parts in relation to stage of growth，supply of silica and transpiration. Plant and Soil，29（3）：449～459.

Harrison C C. 1996. Evidence for intramineral macromolecules containing protein from plant silicas. Phytochemistry，41（1）：37～42.

Henriet C，Draye X，Oppitz I，et al. 2006. Effects，distribution and uptake of silicon in banana（Musaspp.）under controlled conditions. Plant and Soil，287（1-2）：359～374.

Hildebrand M，Higgins D R，Busser K，et al. 1993. Silicon-responsive cDNA clones isolated from the marine diatom *Cylindrotheca fusiformis*. Gene，132（2）：213～218.

Hinsinger P，Barros O N，Benedetti M F，et al. 2001. Plant-induced weathering of a basaltic rock：experimental evidence. Geochimica et Cosmochimica Acta，65（1）：137～152.

Hodson M J，Sangster A G. 1998. Mineral deposition in the needles of white spruce [Picea glauca（Moench.）Voss]. Annals of Botany，82（3）：375～385.

Horiguchi T. 1988. Mechanism of manganese toxicity and toIerance of plants. Soil Science and Plant Nutrition，34（1）：65～73.

Houghton R A，Skole D L. 1990. The Earth as Transformed by Human Action. Cambriage：Cambridge University Press.

Hutchinson G E. 1970. The Biosphere Scientific American. New York：W. H. Freeman and Company.

Inanaga S，Okasaka A. 1995. Calcium and silicon bingding compounds in cell walls of rice shoots. Soil Science and Plant Nutrition，41（1）：103～110.

Jones L H. 1963. Effects of iron and aluminum oxides on silicon in solution in soil. Nature，198：852.

Jones L H P，Handreck K A. 1965. Studies of silica in the oat plant Ⅲ. Uptake of silica from soils by plant. Plant and Soil，23（1）：79～96.

Kroger N，Poulsen N，Sumper M. 2003. Biosilica formation in diatoms：characterization of native silaffin-2 and its role in silica morphogenesis. Proceedings of the National Academy of Sciences of the United States of America，100（21）：12075～12080.

Kurtz A C，Derry L A，Chadwick O A. 2002. Germanium-siliconfractionation in the weathering environment. Geochimica et Cosmochimica Acta，66（9）：1525～1537.

Lanning F C，Eleuterius L N. 1989. Silica deposition in some C_3 and C_4 species of grasses，sedges and composites in the USA . Annals of Botany，64（4）：395～410.

Leblanc K，Quguiner B，Garcia N，et al. 2003. Silicon cycle in the NW Mediterranean Sea：seasonal study of a coastal oligotrophic site. Oceanologica Acta，26（4）：339～355.

Li Z J，Lin P，He J Y，et al. 2006. Silicon's organic pool and biological cycle in moso bamboo community in Wuyishan Biosphere Reserve. Journal of Zhejiang University（Science B），7（11）：849～857.

Liang J P，Wang A M，Liang S F. 2002. Disturbance and forest regeneration. Forest Research，15（4）：490～498.

Liang Y，Hua H，Zhu Y G，et al. 2006. Importance of plant species and external silicon concentration to active silicon uptake and transport. New Phytologist，172（1）：63～72.

Lins U, Barros C F, Da Cunha M, et al. 2002. Structure, morphology, and composition of silicon biocomposites in the palm tree Syagrus coronata (Mart.) Becc. Protoplasma, 220 (1-2): 89~96.

Lise C, Anne A, Jean-dominique M, et al. 2005. Contribution of phytoliths to the suspended load of biogenic silica in the Nyong basin rivers (Cameroon). Biogeochemistry, 74 (1): 101~114.

Lucas Y, Luizao F G, Chauvel A, et al. 1993. The relation between biological activity of the rain forest and mineral composition. Science, 260: 521~523.

Ma J F. 2004. Role of silicon in enhancing the resistance of plants to biotic and abiotic stresses. Soil Science and Plant Nutrition, 50 (1): 11~18.

Ma J F, Takahashi E. 2002. Soil, Fertilizer, and Plant Silicon Research in Japan. Amsterdam: Elsevier: 40~280.

Ma J F, Yamaji N. 2006. Silicon uptake and accumulation in higher plants. Trends in Plant Science, 11 (8): 392~397.

Ma J F, Mitani N, Nagao S, et al. 2004. Characterization of silicon uptake system and molecular mapping of the silicon transporter gene in rice. Plant Physiology, 136 (2): 3284~3289.

Ma J F, Miyake Y, Takahashi E. 2001. Silicon as a benefical element for crop plants. In: Datonoff L, Korndorfer G, Snyder G (eds). Silicon in Agriculture. New York: Elsevier Science Publishing.

Ma J F, Sask M, Matsumoto H. 1997. Al-induced inhibition of root elongation in Zea mays L. is overcom by Si addition. Plant and Soil, 188 (2): 171~176.

Ma J F, Yamaji N, Mitani N, et al. 2007. An efflux transporter of silicon in rice. Nature, 448 (7150): 209~212.

Madella M, Jones M K, Echlin P, et al. 2009. Plant water availability and analytical microscopy of phytoliths: implications for ancient irrigation in arid zones. Quaternary International, 193 (1): 32~40.

Marschner H. 1995. Mineral nutrition of higher plant. San Diego: Academic Press.

Matoh T, Kairusmee P, Takahashi E. 1986. Salt-induced damage to rice plants and alleviation effect of silicate. Soil Science and Plant Nutrition, 32 (2): 295~304.

Mayland H F, Wright J L, Sojka R E. 1991. Silicon accumulation and water up take by wheat. Plant and Soil, 137 (2): 191~199.

Meunier J D, Colin F, Alarcon C. 1999. Biogenic silica storage in soils. Geology, 27 (9): 835~838.

Meunier J D, Guntzer F, Kirman S, et al. 2008. Terrestrial plant-Si and environmental changes. Mineralogical Magazine, 72 (1): 263~267.

Moulton K L, West J, Bemer R A. 2000. Solute flux and mineral mass balance approaches to the quantification of plant effects on silicate weathering. American Joumal of Science, 300 (7): 539~570.

Nagata O, Managi A, Hayaawa Y, et al. 2001. Seasonal dynamics of biogeochemical proton and base cation fluxes in a white birch forest in Hokkaido, Japan. Water, Air, and Soil Pollution, 130 (1-4): 691~696.

Nelson D M, Tréguer P, Brzezinski M A, et al. 1995. Production and dissolution ofbiogenic silica in the ocean: Revised global estimates, comparison with regional data and relationship to biogenic sedimentation. Global Biogeochemical Cycles, 9 (3): 359~372.

Neumann D, Figueiredo D C. 2002. Anovel mechanism of silicon uptake. Protoplasma, 220 (1-2): 59~67.

Okuda A, Takahashi E. 1962. Studies on the physiological role of silicon in crop plant. Science Soil and Manure in Japanese, 33: 1~8.

Perry C C, Keeling-Tucker T. 2000. Biosilicification: the role of the organic matrix in structure control. JBIC Journal of Biological Inorganic Chemistry, 5 (5): 537~550.

Perry C C, Keeling-Tucker T. 2003. Model studies of colloidal silica precipitation using biosilica extracts from Equisetum telmatiea. Colloid and Polymer Science, 281 (7): 652~664.

Ragueneau O, Tréguer P, Leynaert A, et al. 2000. A review of the Si cycle in the modern ocean: Recent progress and missing gaps in the application of biogenic opal as a paleoproductivity proxy. Global and Planetary Change, 26 (4): 317~365.

Richard W, Smiley L. 1992. Compendium of turfgrass disease. Phytopathology, 86: 46~50.

Richmond K E, Sussman M. 2003. Got silicon? The non-essential beneficial plant nutrient. Current Opinion in Plant Biology, 6 (3):

268～272.

Saccone L，Conley D J，Likens G E，et al. 2008. Factors that control the range and variability of amorphous silica in soils in the Hubbard Brook experimental forest. Soil Science Society Journal of America，72（6）：1637～1644.

Sangster A G. 1978. Silicon in the roots of higher plants. American Journal of Botany，65（9）：929～935.

Shimizu K，Cha J N，Stucky G D, et al. 1998. Silicatein α: cathespin L-like protein in sponge biosilica. Proceedings of the National Academy of Sciences of the United States of America，95（11）：6234～6238.

Sommer M，Kaczorek D，Kuzyakov Y，et al. 2006. Silicon poolsand fluxes in soils and landscapes——a review. Journal of Plant Nutrition and Soil Science，169（3）：310～329.

Struyf E，Dausse A，Van Damme S，et al. 2006. Tidal marshes and biogenic silica recycling at the land-sea interface. Limnology and Oceanogmphy，51（2）：838～846.

Struyf E，Mörth C M，Humborg C，et al. 2010. An enormous amorphous silica stock in boreal wetlands. Journal of Geophysical Research Biogeosciences，115（G4）：113～131.

Sun L，Wu L H，Ding T P，et al. 2008. Silicon isotope fractionation in rice plants，an experimental study on rice growth under hydroponic conditions. Plant and Soil，304（1-2）：291～300.

Takahashi E，Ma J F，Miyake Y. 1990. The possibility of silicon as an essential element for higher plants. Comments on Agricultural and Food Chemistry，2（2）：99～102.

Tessier A，Campbell P G C，Bisson M. 1979. Sequential extraction procedure for the speciation of particulate trace metals. Analytical Chemistry，51（7）：844～851.

Tréguer P. 2002. Silica and the cycle of carbon in the ocean. Comptes Rendus Geoscience，334（1）：3～11.

Tréguer P，Nelson D M，Van Bennekorn A J，et al. 1995. The silica banlance in the world ocean：A reestimate. Science，268（5209）：375～379.

Webb E A，Longstaffe F J. 2002. Climatic influences on the oxygen isotopic composition of biogenic silica in prairie grass. Geochimica et Cosmochimica Acta，66（11）：1891～1904.

Werner D，Roth R. 1983. Silica metabolism. In：Lauchli A，Bieleski R L（eds）. Inorganic plant nutrition. Encycl PI Physiol B，15：682～694.

White A F，Blum A E. 1995. Effects of climate on chemical weathearing in watersheds. Geochimica et Cosmochimica Acta，59（9）：1729～1747.

Yeo A R，Flowers S A，Rao G. 1999. Silicon reduces sodium uptake in rice（*Oryza Sativa* L.）in saline conditions and this is accounted for by a reduction in the transpirational bypass flow. Plant，Cell and Environment，22（5）：559～565.

Yoshida S，Ohnishi Y，Kitagishi K. 1962. Chemical forms，mobility and deposition of silicon in rice pant. Soil Science and Plant Nutrition，8（3）：15～21.

第九章 芦苇植硅体变化的土壤–植物系统阴离子含量分析

植物在生长发育过程中，不断从土壤吸收大量的阳离子，为了维持植物体内的电荷平衡，需要有一定数量的阴离子来中和，因此土壤阴离子能够保持土壤阴阳离子的平衡，维持细胞渗透压和膨压，随着植物对阳离子吸收利用量的增加，阴离子在植物内也被不断地积累，从而增加了植物与外界的水势梯度，增强了细胞的吸水能力，并提高植物细胞和组织对水分的束缚能力，有利于植物从外界环境中吸收更多的水分，提高抗旱能力。其中植物 SO_4^{2-} 对植物蛋白质的合成、酶的活性、叶绿素的形成等方面具有重要影响；植物 Cl^- 可以参加光合作用、维持细胞内的电荷平衡、增强植物抗病性等；植物 NO_3^- 可促进植物生长和提高植物的抗病性。鉴于植物对硅的吸收是主动耗能的过程，因此植物的光合速率和蒸腾速率均可以影响植物吸收硅的速度，有研究发现植物 Cl^- 在植物细胞壁硅的沉积位点较高，有可能影响到植物体内硅的沉积（陈铭，1993）。因而植物体内可溶性阴离子的含量也可能影响硅的沉积速率，进而影响植硅体数量。

第一节 土壤阴离子含量对时空分异的响应

土壤中 Cl^-、NO_3^- 和 SO_4^{2-} 是主要可溶性阴离子，影响土壤无机盐离子迁移转化的条件主要有气候、地质地貌和水文状况等。其中气候是土壤中无机盐离子迁移、聚集、转化的驱动因子；水文状况决定土壤母质的来源，为土壤中阴离子提供物质基础；地形地貌通过控制区域内河流和湖泊的分布，从而影响土壤中无机盐离子的迁移转化方向。

一、土壤阴离子总量的时空分异

东北地区土壤三种阴离子 SO_4^{2-}、NO_3^- 和 Cl^-，占主导地位的是 SO_4^{2-}。表 9-1 显示，12 个样点中 SO_4^{2-} 含量均值大于 300.00mg/kg，而其他两种阴离子含量平均值均在 300.00mg/kg 以下。这可能是由于本书中测试的土壤主要是 0～20cm 的较上层土壤，土壤中淋溶作用较强，SO_4^{2-} 尽管在土壤中有大量累积，但其受土壤胶体的吸附作用大，并且其受土壤中向下淋溶作用的影响相对较弱，向下迁移量较小，而 NO_3^- 和 Cl^- 在土壤中向下迁移量则较大。这与前人调查分析京郊 10a 以上蔬菜大棚土壤的阴离子中 SO_4^{2-} 积累最多的测试结果是一致的（李先珍等，1993）。

表 9-1   东北地区 12 个样点阴离子含量的均值   （单位：mg/kg）

阴离子类型	Cl^-	NO_3^-	SO_4^{2-}
阴离子含量均值	292.67	297.14	367.49

通过对三种阴离子总量的变化趋势分析发现（图 9-1），三种阴离子总量的空间分布大体表现为丹东、盘锦和大庆的三种阴离子总量相对其他样点高，而同江、北安、龙湾的阴离子总量相对较低。丹东和盘锦处于滨海盐碱区，土壤溶液中存在大量的水化半径较大的吸附性 Na^+，能吸收较多的水分，使土壤具有较强的保水性和吸湿性（柴寿喜等，2008）。因而土壤中离子向下淋溶强度相对较小，土壤中可溶性阴离子含量较高。大庆地处闭流区（内陆盐碱区），该地春季土壤干旱，上升水流加强；夏季土壤过湿，地表区域流骤集于低平洼地，形成局部的积水内涝，地下水位升高。这种气候条件使该地区土壤以苏打盐碱土为主，因而土壤阴离子含量较高。

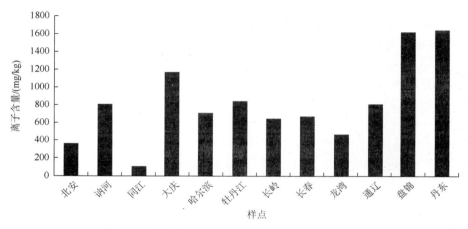

图 9-1   东北地区土壤三种阴离子总量的变化趋势

东北地区地处我国大陆季风性气候，随季节变化，其土壤水热条件发生了变化，从而使土壤阴离子总量也随之变化。图 9-2 表示 6 月阴离子总量最高，这可能是因为东北地区春季少雨多风，使得春季蒸降比远大于年均蒸降比，干燥度较大，土壤水的毛管上升运动超过了重力下行水流的运动。土壤及地下水中的可溶盐类随上升水流蒸发、浓缩，不断累积于地表。土壤盐分的表聚促使阴离子含量较高。从 7 月开始，阴离子总量有下降趋势，这是因为 7 月进入雨季，降水量大于蒸发量，土壤中出现可溶性阴离子淋溶现象，因而表层阴离子含量下降。闫成璞等（2001）根据土壤盐分变化与气候，特别是土壤冻融与降水的关系，将一年中土壤中水盐组合的变化可分为土壤冻结相对稳定期、春季土壤冻融返盐期、雨季土壤盐分下移为主淋盐期和秋季冻结前土壤返盐 4 个时期；王遵亲等（1993）根据水热条件的变化把东北地区全年分为春季爆发积盐期（4～6 月）、夏季淋溶脱盐期（7～9 月）、秋季短暂积盐期（10～11 月）和冬季隐蔽积盐期（12 月至次年 4 月），本结果与此对应，由于芦苇在不同的生长期对阴离子的需求量不同，所以土壤中阴离子总量的时间变化也可能与不同生长期芦苇自身的生理活动有关。

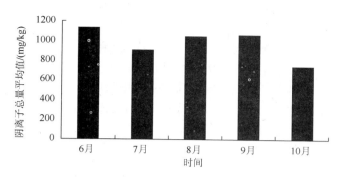

图 9-2 6～10 月土壤三种阴离子总量的变化趋势

二、土壤 Cl⁻、NO₃⁻、SO₄²⁻ 含量的时空分异

从东北地区 12 个样点土壤 Cl^- 含量变化（图 9-3）可以发现，盘锦、丹东和大庆的 Cl^- 平均含量较高，变异系数分析表明丹东、盘锦和大庆的变异系数为 1～2，达到显著变异水平。究其原因，丹东和盘锦在地理位置上距海较近，有海水入侵现象。因为海水中主要阴离子含量大体呈现 $Cl^- > SO_4^{2-} > Br^- > F^- > NO_3^-$ 的趋势，因此滨海地区 Cl^- 含量较高。大庆主要以苏打盐碱为主，在微酸性至中性条件下，Cl^- 以分子力被土壤吸附，当 pH>7 时，吸附可以忽略，因此 Cl^- 在碱性土壤中的移动性大（姚荣江等，2006）。大庆年均蒸发量大于年均降水量，土壤中水盐运移方向是由下向上，因此土壤表层有 Cl^- 积聚。

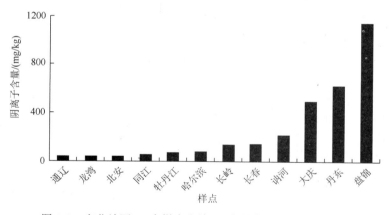

图 9-3 东北地区 12 个样点土壤 Cl^- 含量变化量的变化趋势

东北地区 NO_3^- 含量的空间分布变化范围为 30.38～691.09mg/kg（表 9-2），NO_3^- 含量的空间变异较大。其中东北土壤中 NO_3^- 含量较高的样点，即牡丹江、龙湾、丹东（图 9-4）基本上分布在实验区温湿度较大的东南部，而 NO_3^- 含量较低的样点即大庆、长岭和长春主要分布在实验区温湿度较小的中西部。Wilson 和 Jefferies（1996）对北极沿海潮间带湿地生态系统土壤 N 矿化的研究发现高温更有利于土壤 N 矿化过程的进行，Oorschota 等（2000）也发现当含水量降低时，N 的矿化速度降低。因此推断温湿度较大的样点 N 矿化速率较高。Corre 等（2002）的研究发现，在一定的温度范围内，湿地土

壤总硝化速率的变化与温度呈正相关关系（$r=0.55$，$P \leqslant 0.05$）。而土壤水分状况通过影响土壤通气状况和氧分压，进而对硝化细菌和反硝化细菌的活性产生重要影响。一般而言，适宜的水分条件可促进硝化作用的进行，过高的水分含量又会因通气状况较差而抑制硝化作用的进行。所以本书中温湿度较大的样点总硝化速率较大，土壤中 NO_3^- 积累较多；温湿度均较低的条件下，矿化速率和总硝化速率均较小，土壤中 NO_3^- 积累较少。由此可见，试验区的水热条件对土壤 NO_3^- 的空间分布产生较大影响。

表 9-2 不同地区土壤 NO_3^- 含量的变化　　　（单位：mg/kg）

样点	同江	长岭	大庆	长春	北安	盘锦	哈尔滨	讷河	龙湾	丹东	通辽	牡丹江
NO_3^-	30.38	47.34	80.08	95.70	161.06	206.75	213.65	431.58	501.57	532.91	547.25	691.09

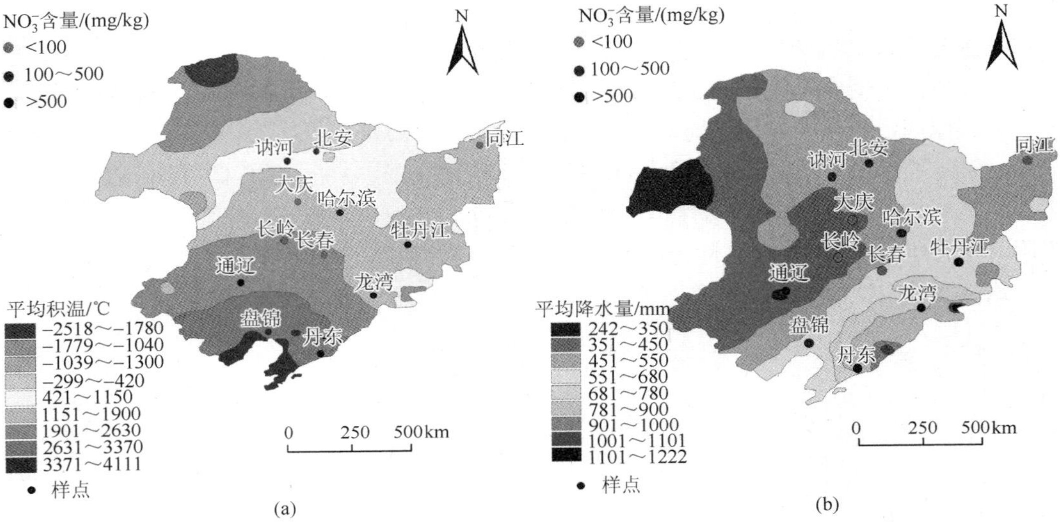

图 9-4　东北地区 NO_3^- 含量和 1961～2006 年平均积温、平均降水量的变化趋势

综合东北地区各样点平均降水量与 SO_4^{2-} 含量的分析（图 9-5），发现土壤 SO_4^{2-} 含量小于 100mg/kg 的样点除长岭外主要分布在降水量较高的湿润地区，而土壤 SO_4^{2-} 含量较高的样点，除丹东和盘锦外，均分布在降水量相对较低的半湿润和半干旱地区。这是由于 SO_4^{2-} 在土壤中以可溶性状态存在，并受淋溶作用影响自上而下淋溶，较湿润地区的土壤受淋溶作用较强，表层土中 SO_4^{2-} 含量相对较低。不同样点土壤上下层 SO_4^{2-} 含量对比分析（图 9-6）发现，除丹东和盘锦外，其他样点的 SO_4^{2-} 含量均是上层低于下层，这也为土壤 SO_4^{2-} 易淋溶提供佐证。丹东和盘锦地区上层土壤 SO_4^{2-} 含量比下层多可能是因为受海水入侵的影响。而长岭地处内陆盐碱区，干燥度为 1.40～1.60，年蒸发量远大于降水量，水盐运动方向应以向上为主，土壤中 SO_4^{2-} 随土壤水分蒸发自下而上移动，在土壤表面积聚，长岭 SO_4^{2-} 含量本应较高，但本书中长岭 SO_4^{2-} 含量却相对较低，可能是由于本书实验中长岭样点旁有防火水渠的存在，渠内常年有流水，流水的冲蚀作用导致样点

土壤中的 SO_4^{2-} 向下淋滤，故本书中长岭 SO_4^{2-} 含量相对较低。

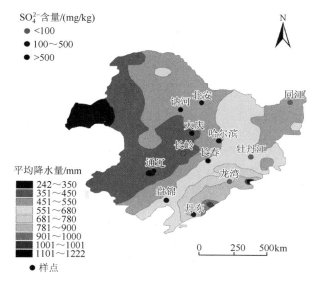

图 9-5　1961～2006 年东北地区年平均降水量和 SO_4^{2-} 含量的变化趋势

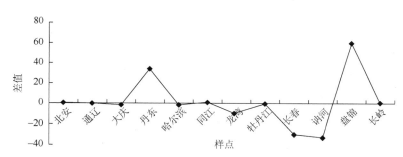

图 9-6　东北地区 12 个样点土壤上下层 SO_4^{2-} 含量差值曲线图

第二节　芦苇阴离子含量对时空分异的响应

芦苇中的 Cl^-、NO_3^-、SO_4^{2-} 主要来自于对土壤中 Cl^-、NO_3^-、SO_4^{2-} 的吸收，因此芦苇中 Cl^-、NO_3^-、SO_4^{2-} 的含量主要受土壤中 Cl^-、NO_3^-、SO_4^{2-} 的含量和芦苇对土壤中 Cl^-、NO_3^-、SO_4^{2-} 的吸收能力影响。

一、芦苇阴离子总量的时空分异

东北地区芦苇三种阴离子 SO_4^{2-}、NO_3^- 和 Cl^-，占主导地位的是 Cl^-。表 9-3 显示，12 个样点中芦苇 Cl^- 含量是 NO_3^- 含量的 10 倍以上。有研究表明 SO_4^{2-} 的植物生理功能主要体现在两方面：一是作为含硫化合物的直接作用，二是影响其他化合物的间接作用。具体表现为对植物蛋白质的合成、酶的活性、叶绿素的形成等的影响；植物对土壤和空气中 Cl^- 的主动吸收主要通过根系和叶片两种途径，植物中的 Cl^- 可以参加光合作用、维持细胞内的电荷平衡、增强植物抗病性等；植物对 NO_3^- 的吸收以主动过程为主，NO_3^- 可以促进植物生长和提高植物的抗病性（陈铭，1993）。综上，芦苇生长期内对阴离子的吸收取决于自身生长的需求量，由于 SO_4^{2-} 和 Cl^- 均可参与光合作用，所以生长季对这两种离子需求量大，导致芦苇中该种阴离子含量较高。

表 9-3　东北地区 12 个样点芦苇三种阴离子含量的均值　（单位：mg/kg）

阴离子类型	Cl^-	NO_3^-	SO_4^{2-}
阴离子含量均值	6945.60	486.81	4677.18

东北地区芦苇中三种阴离子总量标准化后发现在 6 月、7 月空间分布具有相似性（图 9-7），在 6 月和 7 月，三种阴离子总量在哈尔滨、北安和长春表现为波谷，其他样点表现为波峰；在 8 月三种阴离子总量在大庆、哈尔滨和盘锦表现为波峰，其他地区表现为波谷；9 月和 10 月芦苇中三种阴离子总量在空间上的分布具有一致性，总体看来，北安、哈尔滨和长春表现为波峰，其他样点表现为波谷。6～10 月，通辽、大庆、丹东、同江、牡丹江和盘锦的三种阴离子总量大体集中在 6 月、7 月，在 8～10 月逐渐降低；北安、哈尔滨和长春三个样点三种阴离子总量在 6～8 月较低，9 月、10 月较高，即同通辽、大庆、丹东、同江、牡丹江和盘锦芦苇阴离子总量随生长季的变化趋势相反。

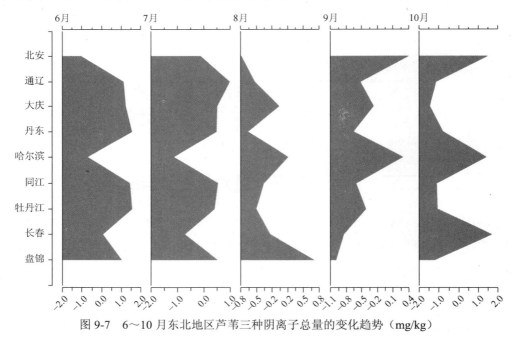

图 9-7　6～10 月东北地区芦苇三种阴离子总量的变化趋势（mg/kg）

二、芦苇 Cl^-、NO_3^-、SO_4^{2-} 含量的时空分异

从芦苇三种阴离子变化量分布图（图 9-8）可以观察到，芦苇三种阴离子含量均值的空间分布并不完全吻合，但在牡丹江和讷河两个样点，芦苇中三种阴离子含量均较高，

这可能与该样点土壤理化性质有关。

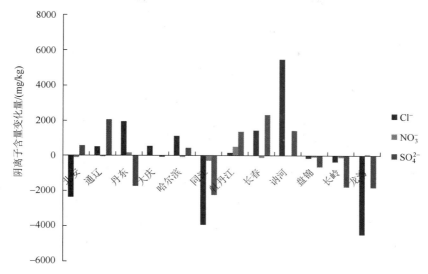

图 9-8　东北地区芦苇三种阴离子含量距平值的变化趋势

　　芦苇三种阴离子随生长季的变化趋势（图 9-9～图 9-11）中，SO_4^{2-} 和 Cl^- 随生长季的变化具有相似性，均表现为丹东、盘锦、牡丹江、同江、讷河、大庆、通辽及长岭 SO_4^{2-} 和 Cl^- 含量在 6 月最高，而后逐渐降低；北安、哈尔滨及长春 SO_4^{2-} 和 Cl^- 含量从 6 月向 10 月有增加的趋势。而芦苇 NO_3^- 随生长季的变化趋势与 SO_4^{2-} 和 Cl^- 不同，这可能是因为

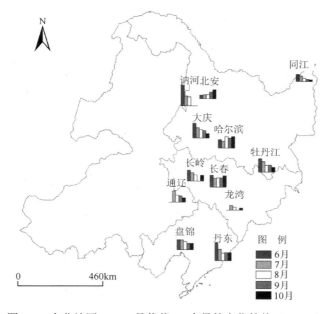

图 9-9　东北地区 6～10 月芦苇 Cl^- 含量的变化趋势（mg/kg）

硝态 N 在液泡内是重要的渗透调节物质，尤其在弱光下，光合作用减弱，植物体内碳水化合物合成减少，液泡内有机物含量下降，硝态 N 可以替代它们起到渗透调节作用。而芦苇中的 SO_4^{2-} 和 Cl^- 均可参与光合作用，所以在光合作用较强时可能对 SO_4^{2-} 和 Cl^- 吸收较多，而光合作用较弱时对 NO_3^- 吸收较多，从而导致 NO_3^- 随生长季的变化趋势与 SO_4^{2-} 和 Cl^- 不同。

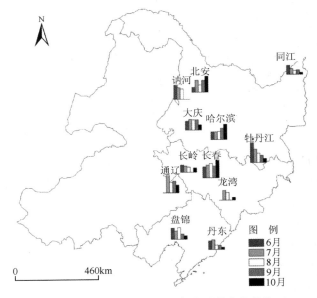

图 9-10　东北地区 6～10 月芦苇 SO_4^{2-} 含量的变化趋势（mg/kg）

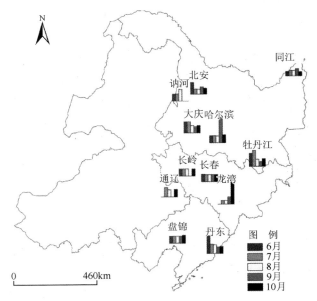

图 9-11　东北地区 6～10 月芦苇 NO_3^- 含量的变化趋势（mg/kg）

第三节　芦苇阴离子和土壤阴离子的关系

通过对东北地区芦苇与土壤阴离子的相关分析（表 9-4）发现，芦苇 NO_3^- 含量和土壤 NO_3^- 含量呈 $p < 0.01$ 水平上的极显著正相关关系，芦苇 SO_4^{2-} 含量和土壤 SO_4^{2-} 含量也呈 $p < 0.05$ 水平上的显著正相关关系，芦苇 Cl^- 含量和土壤 Cl^- 含量的相关性却不显著，但芦苇 Cl^- 含量和芦苇 SO_4^{2-} 含量却呈 $p < 0.01$ 水平上的极显著正相关关系。因为芦苇中的阴离子主要来自土壤，所以芦苇体内阴离子的含量一方面受自身代谢和对阴离子需求量的控制，另一方面也受土壤中阴离子含量的影响。通过对芦苇和土壤两者中的三种阴离子含量做比值（表 9-5），发现芦苇与土壤中 Cl^- 含量的比值最高，表明在土壤三种阴离子中 Cl^- 的相对浓度是较低的，有学者通过对水稻、玉米、向日葵、冬瓜 4 种植物吸收硅的研究中发现，主动吸收、被动吸收在 4 种植物中同时存在，其占比例依赖于物种和外界硅浓度。向日葵、冬瓜在外界硅浓度高时，被动吸收占优势，在硅浓度低时，主动吸收占优势（李晓艳等，2014）。因为植物对硅的吸收机制和对阴离子吸收机制相似，所以可推断东北地区芦苇对 Cl^- 的吸收可能是以主动运输占优势，芦苇中 Cl^- 含量主要受芦苇自身代谢和需求量的影响。而芦苇对 SO_4^{2-} 和 NO_3^- 的吸收与土壤中离子浓度有显著的相关性，则表明东北地区芦苇对这两种离子的吸收可能是以被动吸收占优势的。

表 9-4　东北地区芦苇与土壤两者的阴离子相关分析结果　　（单位：mg/kg）

阴离子类型	土壤 Cl^-	土壤 NO_3^-	土壤 SO_4^{2-}	芦苇 Cl^-	芦苇 NO_3^-	芦苇 SO_4^{2-}
土壤 Cl^-	1.000	0.115	0.123	0.191	0.054	−0.052
土壤 NO_3^-	0.115	1.000	−0.012	0.249	0.471**	0.224
土壤 SO_4^{2-}	0.123	−0.012	1.000	0.261	0.078	0.274*
芦苇 Cl^-	0.191	0.249	0.261	1.000	0.180	0.537**
芦苇 NO_3^-	0.054	0.471**	0.078	0.180	1.000	0.028
芦苇 SO_4^{2-}	−0.052	0.224	0.274*	0.537**	0.028	1.000

* 在 0.05 水平上达到显著差异

** 在 0.01 水平上达到极显著差异

表 9-5　芦苇和土壤两者的阴离子含量比值的变化　　（单位：mg/kg）

时间	植物/土壤 Cl^-	植物/土壤 NO_3^-	植物/土壤 SO_4^{2-}
6 月	22.71	1.57	19.64
7 月	27.75	1.26	18.74
8 月	23.70	1.44	7.10
9 月	20.94	2.40	10.16
10 月	30.54	2.16	14.06

据图 9-12（图中芦苇和土壤 NO_3^- 含量为 12 个样点的平均值），6～10 月土壤 NO_3^- 含

量大体上呈递减趋势，而芦苇 NO_3^- 含量呈现先减小后增加的趋势，其在 8 月出现谷值。6～10 月土壤 NO_3^- 含量随生长季的变化可能与水热条件有关，由于东北地区属温带大陆性季风气候，春季干旱少雨，降水量小于蒸发量，土壤中可溶性阴离子在土壤表面积聚，因而 6 月土壤 NO_3^- 含量相对较高，从 7 月开始，东北地区进入雨季，降水量显著增大，则降水量大于蒸发量，导致土壤中可溶性阴离子开始向下淋溶，表土中阴离子含量则相对下降。

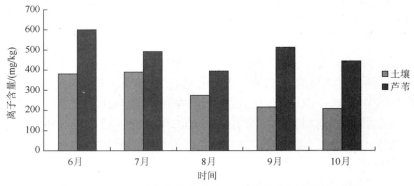

图 9-12　6～10 月芦苇和土壤中 NO_3^- 平均含量的变化趋势

有研究发现植物中 N 含量变化与植物生长节律和自身结构密切相关（Hendrickson and Chatappaul，1988）。另有研究也发现 5～10 月三江平原小叶草体内的 N 逐渐降低（孙志高等，2009），由此推测芦苇体内的 N 随生长季也出现相似的变化趋势，6～7 月芦苇处于生殖生长期，地上营养器官对 N 的需求和吸收量较大，因而芦苇体内 NO_3^- 含量也可能较高；8 月芦苇趋于成熟，生长相对停滞，对氮素的吸收量也因此迅速减少；9 月、10 月，气温继续下降，但由于芦苇是多年生植物，为次年萌发做准备可能对 N 的需求相对增加而使芦苇植株继续吸收土壤中的 NO_3^-，从而导致 9 月、10 月芦苇体内 NO_3^- 的含量又相对增多。

从图 9-13（图中东北地区芦苇和土壤 Cl^- 和 SO_4^{2-} 平均含量为 12 个样点的均值）可发现，6～10 月芦苇 Cl^- 和 SO_4^{2-} 含量均随生长季而逐渐降低，这可能是芦苇生长本身对它们的需求所致。由于芦苇体内的 Cl^- 和 SO_4^{2-} 均可参与光合作用，因而在光合作用强烈的 6 月、7 月，芦苇对 Cl^- 和 SO_4^{2-} 的需求量可能较大，芦苇体内 Cl^- 和 SO_4^{2-} 含量较高。8 月以后，芦苇趋于成熟，光合作用减弱，对 Cl^- 和 SO_4^{2-} 的需求可能相对减少，因此芦苇体内 Cl^- 和 SO_4^{2-} 含量相对下降。

土壤中的 Cl^- 平均含量随芦苇生长季的变化呈现逐渐降低的趋势，这可能与水热条件随季节的变化及在生长季内芦苇自身对 Cl^- 的需求有关。土壤中的 SO_4^{2-} 含量随生长季呈现先增大后减小的变化趋势，其在 8 月出现明显的峰值，这可能是因为 8 月该研究区内温度较高、降水较多，该种水热条件的组合可能有利于含硫矿物的风化，使土壤中 SO_4^{2-} 含量增多，同时由于趋于成熟的芦苇对 SO_4^{2-} 的需求相对减少，导致土壤中 SO_4^{2-} 的累积。

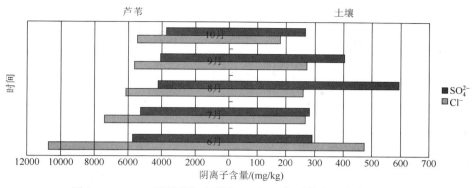

图 9-13　6～10 月芦苇与土壤中 Cl^- 和 SO_4^{2-} 平均含量的变化趋势

综合以上分析得知，芦苇中 Cl^-、SO_4^{2-} 及 NO_3^- 含量主要受控于土壤中 Cl^-、SO_4^{2-} 及 NO_3^- 含量的变化及其自身对阴离子的吸收机制，而土壤中 Cl^-、SO_4^{2-} 及 NO_3^- 含量随生长季的变化可能与水热条件的变化及生长季内芦苇自身对阴离子的需求有关。

第四节　土壤阴离子对芦苇植硅体数量的影响

通过对东北地区 2011 年 6～10 月芦苇植硅体浓度与土壤阴离子含量和有效硅含量的相关分析（表 9-6）发现，土壤有效硅含量与芦苇植硅体浓度呈正相关关系，并通过显著性检验；芦苇有效硅含量与芦苇植硅体浓度呈正相关关系，但未通过显著性检验。在土壤三种阴离子（Cl^-、NO_3^- 和 SO_4^{2-}）中，土壤 Cl^- 含量与芦苇植硅体浓度呈负相关关系；土壤 NO_3^- 含量与芦苇植硅体浓度呈正相关关系，但均未通过显著性检验；土壤 SO_4^{2-} 含量与芦苇植硅体浓度呈正相关关系，并通过显著性检验。芦苇三种阴离子（Cl^-、NO_3^- 和 SO_4^{2-}）中，芦苇 Cl^- 含量与芦苇植硅体浓度呈正相关关系；芦苇 NO_3^- 含量与芦苇植硅体浓度呈负相关关系，芦苇 SO_4^{2-} 与芦苇植硅体浓度呈正相关关系，但均未通过显著性检验。因此，整体看来，在三种阴离子（Cl^-、NO_3^- 和 SO_4^{2-}）中，土壤 SO_4^{2-} 含量对芦苇植硅体浓度的影响相对较大。从表 9-6 也可得知土壤有效硅和土壤 SO_4^{2-} 含量与芦苇植硅体浓度均呈 $p < 0.01$ 水平上的极显著正相关关系，这表明土壤 SO_4^{2-} 和土壤有效硅都显著地影响到芦苇植硅体浓度，芦苇植硅体的形成同时受到土壤 SO_4^{2-} 和土壤有效硅的影响。

表 9-6　东北地区土壤及芦苇阴离子含量、有效硅含量与芦苇植硅体浓度相关分析结果

项目	植硅体浓度/ (10^4 粒/g)	土壤 Cl^- / (mg/kg)	土壤 NO_3^- / (mg/kg)	土壤 SO_4^{2-} / (mg/kg)	芦苇 Cl^- / (mg/kg)	芦苇 NO_3^- / (mg/kg)	芦苇 SO_4^{2-} / (mg/kg)	土壤有效硅/ (mg/kg)	植物有效硅/ (mg/kg)
植硅体浓度 / (10^4 粒/g)	1.000	−0.074	0.158	0.320*	0.088	−0.081	0.153	0.350**	0.006
土壤 Cl^- / (mg/kg)	−0.074	1.000	0.115	0.123	0.191	0.054	−0.052	0.206	−0.025

续表

项目	植硅体浓度/ (10^4粒/g)	土壤 Cl^- /（mg/kg）	土壤 NO_3^- /（mg/kg）	土壤 SO_4^{2-} /（mg/kg）	芦苇 Cl^- /（mg/kg）	芦苇 NO_3^- /（mg/kg）	芦苇 SO_4^{2-} /（mg/kg）	土壤有效硅 /（mg/kg）	植物有效硅 /（mg/kg）
土壤 NO_3^- /（mg/kg）	0.158	0.115	1.000	−0.012	0.249	0.471**	0.224	−0.031	0.067
土壤 SO_4^{2-} /（mg/kg）	0.320*	0.123	−0.012	1.000	0.261	0.078	0.274*	0.389**	0.372**
芦苇 Cl^- /（mg/kg）	0.088	0.191	0.249	0.261	1.000	0.180	0.537**	0.264	−0.060
芦苇 NO_3^- /（mg/kg）	−0.081	0.054	0.471**	0.078	0.180	1.000	0.028	−0.040	−0.039
芦苇 SO_4^{2-} /（mg/kg）	0.153	−0.052	0.224	0.274*	0.537**	0.028	1.000	0.185	0.160
土壤有效硅 /（mg/kg）	0.350**	0.206	−0.031	0.389**	0.264	−0.040	0.185	1.000	0.137
植物有效硅 /（mg/kg）	0.006	−0.025	0.067	0.372**	−0.060	−0.039	0.160	0.137	1.000

* 在 0.05 水平上达到显著差异

** 在 0.01 水平上达到极显差异

小　结

（1）东北地区土壤中 Cl^-、NO_3^- 和 SO_4^{2-} 三种阴离子平均含量分别为 292.67mg/kg、297.14mg/kg、367.49mg/kg，SO_4^{2-} 含量最高。土壤阴离子含量的时空变化规律明显，其空间分异主要受海水入侵、土壤理化性质和水热条件的影响，而其时间分异则主要受水热条件的影响。

（2）芦苇中 Cl^-、SO_4^{2-} 和 NO_3^- 含量主要受控于土壤中 Cl^-、SO_4^{2-} 和 NO_3^- 含量的变化及其自身对阴离子的吸收机制，而其含量随生长季的变化可能与水热条件的变化及生长季芦苇自身对阴离子的需求有关。

（3）在三种阴离子（Cl^-、NO_3^- 和 SO_4^{2-}）中，土壤 SO_4^{2-} 含量对芦苇植硅体浓度的影响相对较大。

参 考 文 献

柴寿喜，杨宝珠，王晓燕，等.2008. 渤海湾西岸滨海盐渍土的盐渍化特征分析. 岩土力学，29（5）：1217～1226.

陈铭.1993. 植物无机阴离子营养研究. 土壤通报，24（2）：95～96.

李先珍，王耀林，张志斌.1993. 京郊蔬菜大棚土壤盐离子积累状况的研究初报. 中国蔬菜，（4）：15～17.

李晓艳，孙立，吴良欢.2014. 不同吸硅型植物各器官硅及氮、磷、钾含量分布特征. 土壤通报，45（1）：193～197.

孙志高，刘景双，于君宝.2009. 三江平原不同群落小叶章氮素的累积与分配. 应用生态学报，20（2）：277～284.

闫成璞，龙显助，田壮飞，等.2001. 松嫩平原土壤水盐动态规律研究. 土壤通报，32（S1）：46～51.

姚荣江，杨劲松，刘广明.2006. 东北地区盐碱土特征及其农业生物治理. 土壤，38（3）：256～262.

Corre M D，Schnabe R R，Stout W L. 2002. Spatial and seasonal variation of gross nitrogen transformations and microbial biomass in Northeastern US grassland. Soil Biology and Biochemistry，4：445～457.

Hendrickson Q Q，Chatappaul L. 1988. Nutrient cycling following while tree and conventional Harvest in northern mixed forest. Canadian Journal of Forestry，19：133～140.

Oorschota M，Gaalena N，Maltbyb E，et al. 2000. Experimental manipulation of water levels in two French riverine grassland soils. Acta Oecologica，21（1）：49～62.

Wilson D J，Jefferies R L. 1996. Nitrogen mineralization，plant growth and goose herbivory in an Arctic coastal ecosystem. Journal of Ecology，84：841～851.

第十章　芦苇植硅体变化的土壤–植物系统阳离子含量分析

　　土壤中的阳离子对植物生长至关重要，土壤中 Ca 的存在形式主要有四种：矿物态 Ca、有机态 Ca、可交换 Ca 和水溶态 Ca。其中水溶态 Ca 含量为几毫克每千克到几百毫克每千克，是植物可直接利用的有效态 Ca。土壤中的 Mg 主要以无机态形式存在，其中大部分又以矿物态形式存在。矿物态 Mg 占全 Mg 的 70%～90%。其不溶于水，但大多数可以溶于酸，这部分能被酸溶解的矿物态 Mg 称为酸溶性 Mg 或非交换态 Mg，是植物能吸收利用的潜在有效 Mg（汪洪，1997）。土壤中 K 的形态主要包括水溶性 K、交换性 K、缓效 K 和矿物态 K。水溶性 K 是利用去离子水或蒸馏水所提取的 K，它可直接被作物吸收利用，一般仅占土壤全 K 的 0.05%～0.15%。交换性 K 也称为代换性 K，它吸附于带负电荷的土壤黏粒和有机质的交换点上，一般占土壤全 K 的 1.00%～2.00%，这部分 K 可被作物直接吸收利用，它与水溶性 K 一起构成了土壤供 K 能力的容量因素，同时它也是衡量土壤对当季作物供 K 能力的重要指标（徐晓燕和马毅杰，2001）。Na 是矿质代谢中的必需元素，Na 在叶肉叶绿体的原始反应中 CO_2 受体 PEP 羧化酶的再生中起关键性的作用。在缺少 Na 的生境中，其正常的光合作用受到干扰，光合产物减少，从而影响盐生植物正常的生长发育。实验证实，Na 在丙酮酸+Pi+ ATP $\longrightarrow$ PEP+AMP+PPi 的反应中起重要作用，促进双激酶的活性，这是 C_4 光合途径中的重要步骤之一（陈敏等，2007）。鉴于植物对 Si 的吸收是主动耗能的过程，因此植物的光合速率和蒸腾速率均可以影响植物吸收 Si 的速度，有研究发现植物阳离子对植物生理活动的进行具有重要意义，有可能影响到植物体内硅的沉积。因而植物体内可溶性阳离子的含量也可能影响硅的沉积速率，进而影响植硅体数量。

第一节　土壤阳离子含量对时空分异的响应

　　土壤中元素的含量，既与成土母质有密切关系，又受到局部地形和生物地球化学循环的深刻影响。不同土壤中可溶性元素的含量，由于受成土母质成分、土壤理化性质等因素的影响，以及气候条件的不同所引起的土壤中矿物的风化分解速率不同，导致同一元素在不同土壤中的含量存在很大的差异。

一、土壤阳离子总量的时空分异

　　东北地区土壤四种阳离子中含量最高的是 Na^+，为 281.51mg/kg（表 10-1）。K^+ 和 Ca^{2+} 含量相差不大，Mg^{2+} 含量最低，这与 Rains 和 Epstein（1967）认为 Na 是土壤溶液中的大量元素，是地球上绝大部分土壤中占优势的土壤溶液阳离子的结果相一致。Flowers

和 Luchli（1983）研究表明土壤中 K^+ 的浓度变化范围为 $0.20\sim10.00$mmol/L，而 Na^+ 的浓度范围为 $0.40\sim150.00$mmol/L。土壤中 Na^+ 的浓度是 K^+ 浓度的 10 倍左右，这与本书所测得的 Na^+ 和 K^+ 浓度的比值也是一致的。

表 10-1　东北地区 12 个样点土壤阳离子总量的均值

阳离子类型	Ca^{2+}	Na^+	Mg^{2+}	K^+
阳离子含量均值/（mg/kg）	91.07	281.51	37.63	80.30

把不同样点土壤 K^+、Ca^{2+}、Na^+ 和 Mg^{2+} 浓度的总量进行标准化后得到图 10-1，从图中可观察到 $6\sim10$ 月四种阳离子总量的空间分布具有相似性，其均在丹东、长春和大庆表现为明显的波峰，而在同江、哈尔滨、盘锦、北安表现为明显的波谷，浓度相对较低。同时从图中可看到东北地区土壤四种阳离子总量在 $6\sim10$ 月的变化趋势不同，不同地区土壤阳离子总量的时间变化没有明显的规律，这可能与气候条件和土壤理化性质有关。

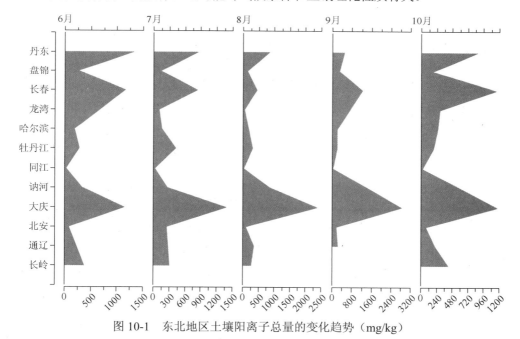

图 10-1　东北地区土壤阳离子总量的变化趋势（mg/kg）

二、土壤 K^+、Ca^{2+}、Na^+、Mg^{2+} 含量的时空分异

从图 10-2 可看出，牡丹江、讷河和长春土壤 Ca^{2+} 和 Mg^{2+} 浓度相对较高，其他样点则相对较低；土壤中 Na^+ 浓度距平值大于 0 的样点有丹东、大庆和长岭，土壤 K^+ 浓度相对较高，其他样点相对较低。综上，土壤 K^+ 和 Na^+ 的空间分布具有相似性，Ca^{2+} 和 Mg^{2+} 的空间分布也具有相似性。相关性分析也表明不同样点 K^+ 和 Na^+ 的浓度呈 $p<0.01$ 水平上的极显著正相关关系，Ca^{2+} 和 Mg^{2+} 的浓度也呈 $p<0.01$ 水平上的极显著正相关关系。这可能是因为 Ca^{2+} 和 Mg^{2+} 均为正二价离子，K^+ 和 Na^+ 均为正一价离子，土壤胶体对等价离子吸附能力相差不大，因此，土壤 K^+ 和 Na^+、Ca^{2+} 和 Mg^{2+} 的空间分布具有相似性。

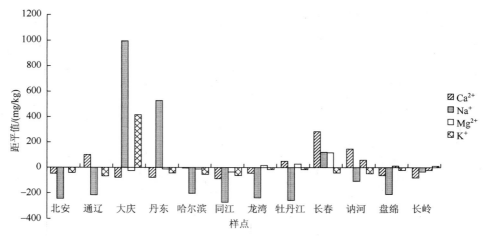

图 10-2　东北地区土壤阳离子变化量分布

前人研究表明根据土壤中水溶性 Ca 的含量，可把土壤供 Ca 水平分为三级，即低 Ca 土壤：土壤水溶性 Ca＜90mg/kg；中 Ca 土壤：土壤水溶性 Ca 为 90～120mg/kg；高 Ca 土壤：土壤水溶性 Ca＞120mg/kg（吴刚等，2002）。依据该分级体系可发现，东北地区土壤供 Ca 水平分为两级（表 10-2）：低 Ca 土壤的样点包括同江、大庆、长岭、丹东、盘锦、北安、龙湾、哈尔滨；高 Ca 土壤的样点包括牡丹江、通辽、讷河和长春。从土壤供 Ca 水平分级中可发现，东北地区土壤 Ca 含量分布不均，其中低 Ca 居多，高 Ca 水平较少。由此表明，东北地区土壤中 Ca^{2+} 含量空间差异明显，这可能是受成土母质、土壤理化性质及气候等因素的影响。

表 10-2　东北地区土壤供 Ca 水平分级表

土壤供 Ca 水平等级	样点	Ca^{2+}含量/（mg/kg）
低 Ca 土壤	同江	1.3
	大庆	3.9
	长岭	5.7
	丹东	8.1
	盘锦	28.9
	北安	39.9
	龙湾	40.2
	哈尔滨	83.6
高 Ca 土壤	牡丹江	137.5
	通辽	186.4
	讷河	234.2
	长春	372.1

根据土壤有效 Mg 的含量作为指标评定土壤 Mg 的供应能力，许多研究者提出不同的临界值。综合研究结果，我国学者一般认为土壤有效 Mg 的含量＜20mg/kg 供 Mg 能力低，土壤有效 Mg 的含量为 20～50mg/kg 供 Mg 能力中等，土壤有效 Mg 的含量＞50mg/kg 供 Mg 能力高（黄鸿翔等，2000）。根据以上分级标准，可把 12 个样点土壤供

Mg 能力分为三个等级（表 10-3）：低 Mg 土壤的样点包括同江、通辽、大庆和长岭；中 Mg 土壤的样点包括丹东、哈尔滨和北安；高 Mg 土壤的样点包括盘锦、龙湾、牡丹江、讷河和长春。土壤中的 Mg 主要来源于成土母质中原生矿物和次生矿物中晶格 Mg 及层间 Mg 的释放和淋溶，而其又受到岩石淋溶程度、风化程度和气候因素的影响。因此，东北地区土壤 Mg^{2+} 的空间分布可能也受土壤母质条件和气候条件的影响。

表 10-3　东北地区土壤供 Mg 水平分级表

土壤供 Mg 水平等级	样点	Mg^{2+}含量/（mg/kg）
低 Mg 土壤	同江	1.3
	通辽	3.9
	大庆	5.7
	长岭	8.1
中 Mg 土壤	丹东	28.9
	哈尔滨	39.9
	北安	40.2
	盘锦	83.6
高 Mg 土壤	龙湾	137.5
	牡丹江	186.4
	讷河	234.2
	长春	372.1

东北地区 K^+ 和 Na^+ 空间分布不均衡（图 10-3 和图 10-4），K^+ 和 Na^+ 含量较高的大庆是含量最低的通辽的 10 倍以上。不同样点 K^+ 和 Na^+ 含量 6～10 月的变化趋势不同，但空间上没有明显的分布规律。

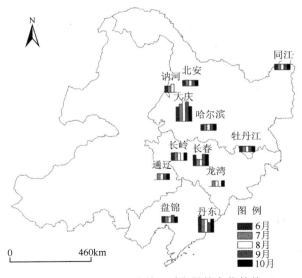

图 10-3　东北地区 6～10 月土壤 Na^+ 含量的变化趋势（mg/kg）

长岭 9 月数据缺失

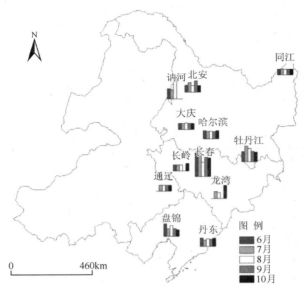

图 10-4　东北地区 6～10 月土壤 K^+ 含量的变化趋势（mg/kg）

第二节　芦苇阳离子含量对时空分异的响应

土壤中的 K、Ca、Na、Mg 是植物生长必不可少的元素，研究表明土壤元素被植物吸收的形式主要有主动吸收和被动吸收。一般来说，植物生长必需的元素被植物细胞主要以主动的形式吸收，非必需的元素可能被植物以主动或被动的形式吸收。

一、芦苇阳离子总量的时空分异

东北地区芦苇四种阳离子中含量最高的是 K^+，为 7928.60mg/kg。其次是 Na^+ 和 Mg^{2+}，Ca^{2+} 含量最低，K^+ 含量是 Ca^{2+} 含量的几百倍，Na^+ 和 Mg^{2+} 含量也是 Ca^{2+} 含量的几十倍（表10-4）。芦苇中 K^+、Ca^{2+}、Na^+、Mg^{2+} 四种离子，Mg^{2+} 不仅作为叶绿素的成分，还参与光合磷酸化和磷酸化作用，K^+ 作为植物体内多种酶的活化剂，能够促进作物光合作用的进行。Na^+ 在叶肉叶绿体的原始反应中 CO_2 受体 PEP 羧化酶的再生中起关键性的作用。在缺少 Na^+ 的生境中，其正常的光合作用受到干扰，光合产物减少，从而影响盐生植物正常的生长发育。但是目前并没有研究证实 Ca^{2+} 可以参与植物光合作用，因为芦苇对 K^+、Ca^{2+}、Na^+、Mg^{2+} 四种离子的吸收都是主动运输的过程，所以在芦苇生长期，光合作用旺盛，芦苇对能够参与光合作用的 K^+、Na^+、Mg^{2+} 三种离子需求相对较多，所以芦苇内这三种离子含量较高。

表 10-4　东北地区 12 个样点芦苇中阳离子总量的均值

阳离子类型	K^+	Ca^{2+}	Na^+	Mg^{2+}
阳离子含量均值/（mg/kg）	7928.60	18.40	1008.40	694.20

把不同样点芦苇中 K^+、Ca^{2+}、Na^+、Mg^{2+}四种阳离子浓度总量进行标准化，得到图 10-5，从图可观察到四种阳离子总量的空间分布在 5 个月中表现出两种趋势，6 月、7 月芦苇中四种阳离子总量空间变化趋势相同，在丹东、通辽和牡丹江表现为明显的波峰；9 月、10 月芦苇四种阳离子总量均在丹东、通辽和牡丹江表现为明显的波谷。总体看来，可发现 6 月、7 月和 9 月、10 月东北地区四种阳离子总量的趋势刚好相反，这与芦苇中阴离子总量空间变化趋势相似，究其成因，可能是因为在整个生长期内芦苇对阳离子的需求量是守恒的，在生长前期芦苇对阳离子需求较高，而在后期可能表现需求较少。同时不同地区芦苇阳离子总量在 6～10 月的变化规律不明显。

二、芦苇 K^+、Ca^{2+}、Na^+、Mg^{2+}含量的时空分异

芦苇中 K^+、Ca^{2+}、Na^+、Mg^{2+}四种阳离子的空间分布不完全吻合（图 10-6～图 10-9），但是芦苇中 K^+和 Na^+的空间分布具有相似性，北安、大庆和通辽芦苇 Na^+含量相对较高，相关分析发现，芦苇中 Na^+含量与土壤中 K^+含量呈 $p < 0.01$ 水平上的极显著正相关关系，这可能表明芦苇对 K^+和 Na^+的吸收具有协同效应导致两者空间变化规律相似。芦苇中 Ca^{2+}和 Mg^{2+}的空间分布也具有相似性，相关分析表明，芦苇中 Ca^{2+}含量与土壤中 Mg^{2+}含量呈 $p < 0.01$ 水平上的极显著正相关关系，芦苇中 Mg^{2+}含量与土壤中 Ca^{2+}含量也呈 $p < 0.01$ 水平上的极显著正相关关系，这可能表明芦苇对 Ca^{2+}和 Mg^{2+}的吸收也具有协同效应。有研究表明植物对 Mg 吸收依赖于土壤 K、Ca、Mg 的比例。K 诱导对 Mg 吸收有拮抗作用，Ca 和 Mg 存在对抗效应。但是本书却发现芦苇中 Mg^{2+}含量与芦苇中 K^+和 Ca^{2+}的含量呈 $p < 0.01$ 水平上的极显著正相关关系。这可能是因为研究的植物和样点水热条件不同所致。

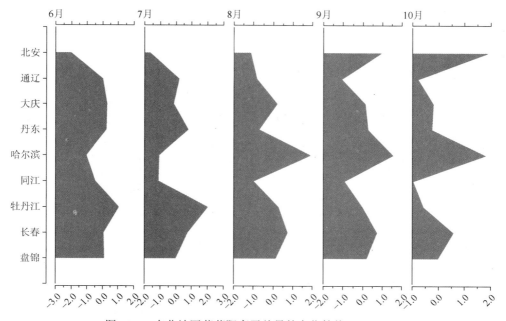

图 10-5　东北地区芦苇阳离子总量的变化趋势（mg/kg）

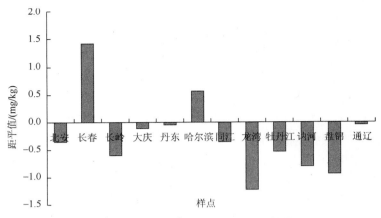

图 10-6 芦苇 Ca^{2+}变化量空间变化趋势

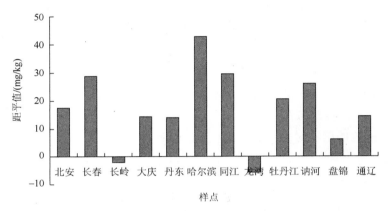

图 10-7 芦苇 Mg^{2+}变化量空间变化趋势

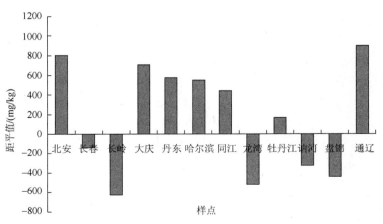

图 10-8 芦苇 K$^+$变化量空间变化趋势

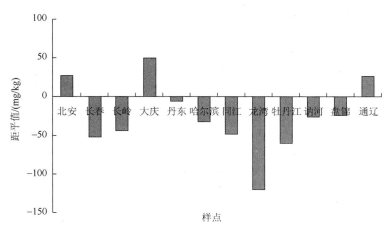

图 10-9   芦苇 Na$^+$变化量空间变化趋势

本书的实验结果（图 10-10～图 10-13）显示不同样点芦苇 K$^+$、Ca^{2+}、Na$^+$、Mg^{2+} 随生长季的变化具有不一致性，相关性分析发现芦苇 K$^+$、Ca^{2+}、Na$^+$、Mg^{2+}含量分别与土壤 K$^+$、Ca^{2+}、Na$^+$、Mg^{2+}含量呈 $p < 0.01$ 水平上的极显著正相关关系，这可能表明芦苇中 K$^+$、Ca^{2+}、Na$^+$、Mg^{2+}的含量随生长季的变化与芦苇在不同生长期 K$^+$、Ca^{2+}、Na$^+$、Mg^{2+}需求量关系不大，主要由土壤中 K$^+$、Ca^{2+}、Na$^+$、Mg^{2+}的含量决定。

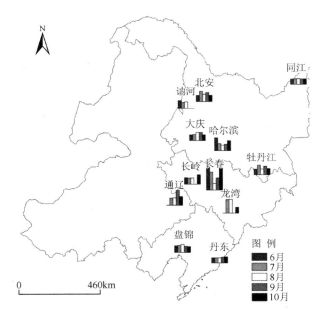

图 10-10   东北地区 6～10 月芦苇 Ca^{2+}含量的变化趋势（mg/kg）

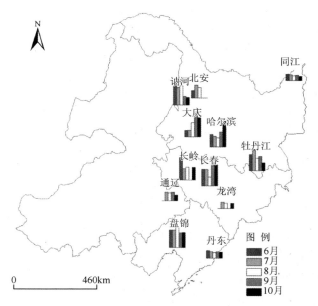

图 10-11　东北地区 6～10 月芦苇 Mg^{2+} 含量的变化趋势（mg/kg）

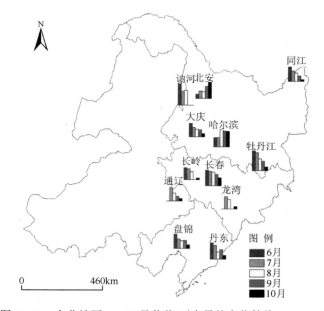

图 10-12　东北地区 6～10 月芦苇 K^+ 含量的变化趋势（mg/kg）

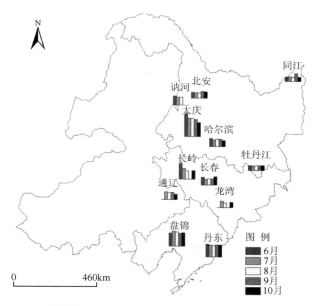

图 10-13　东北地区 6～10 月芦苇 Na^+ 含量的变化趋势（mg/kg）

第三节　芦苇阳离子与土壤阳离子的关系

通过对东北地区芦苇植硅体浓度与土壤阳离子含量的相关分析（表 10-5）发现，芦苇 Ca^{2+}、Na^+、Mg^{2+} 含量分别与土壤 Ca^{2+}、Na^+、Mg^{2+} 含量呈显著正相关关系；芦苇 K^+ 含量和土壤 K^+ 含量呈负相关关系，并且未通过显著性检验。对土壤和芦苇两者中的阳离子含量做比值后发现（土壤/芦苇）Ca^{2+}、（土壤/芦苇）Mg^{2+}、（土壤/芦苇）Na^+、（土壤/芦苇）K^+ 的值分别为 7.06、0.06、0.23、0.01。其中土壤和芦苇两者中的 Ca^{2+} 含量的比值最高，这表明土壤中 Ca^{2+} 含量丰富，能够满足芦苇对 Ca^{2+} 的需求，因为植物对阳离子的吸收也是包括主动吸收和被动吸收两个过程，当土壤中离子浓度较低时主要以主动吸收为主，而当土壤中离子浓度较高时则表现为被动吸收为主，因此芦苇对 Ca^{2+} 的吸收可能以被动吸收为主；而对于土壤和芦苇两者中的阳离子含量的比值较低的离子而言，如 Mg^{2+}、Na^+ 和 K^+，土壤中这三种阳离子的含量相对植物需求较少，则芦苇对 Mg^{2+}、Na^+ 和 K^+ 的吸收可能主要依靠主动吸收。

表 10-5　东北地区土壤与芦苇两者的阳离子含量相关分析结果　（单位：mg/kg）

阳离子含量	土壤				芦苇			
	Ca^{2+}	Na^+	Mg^{2+}	K^+	Ca^{2+}	Na^+	Mg^{2+}	K^+
土壤 Ca^{2+}	1.000	−0.119	0.842**	−0.160	0.597**	−0.333*	0.416**	0.288*
土壤 Na^+	−0.119	1.000	−0.039	0.616**	0.004	0.692**	−0.129	−0.072
土壤 Mg^{2+}	0.842**	−0.039	1.000	−0.117	0.595**	−0.230	0.503**	0.309*

续表

阳离子含量	土壤				芦苇			
	Ca^{2+}	Na^+	Mg^{2+}	K^+	Ca^{2+}	Na^+	Mg^{2+}	K^+
土壤 K^+	−0.160	0.616**	−0.117	1.000	−0.024	0.460**	−0.053	−0.124
芦苇 Ca^{2+}	0.597**	0.004	0.595**	−0.024	1.000	−0.189	0.304*	0.053
芦苇 Na^+	−0.333*	0.692**	−0.230	0.460**	−0.189	1.000	0.002	−0.055
芦苇 Mg^{2+}	0.416**	−0.129	0.503**	−0.053	0.304*	0.002	1.000	0.472**
芦苇 K^+	0.288*	−0.072	0.309*	−0.124	0.053	−0.055	0.472**	1.000

* 在 0.05 水平上达到显著差异

** 在 0.01 水平上达到极显著差异

第四节 土壤阳离子对芦苇植硅体数量的影响

土壤中阳离子含量对芦苇植硅体浓度的影响主要体现在以下两方面：一方面土壤阳离子通过影响芦苇的光合作用和蒸腾作用，影响芦苇体内植硅体的形成，从而影响芦苇植硅体浓度；另一方面土壤阳离子的含量影响土壤有效硅的含量，从而间接对芦苇植硅体浓度产生影响。

东北地区芦苇和土壤阳离子含量与芦苇植硅体浓度的相关分析结果（表 10-6）表明，土壤与芦苇两者中的 Ca^{2+} 含量均与芦苇植硅体浓度呈 $p < 0.01$ 水平上的极显著正相关关系。Ca 和 Si 在植物体内生理作用上具有相似性，Ca 和 Si 除了它们各自的特殊生理功能外，都大量填充或附着在细胞组织上起一定的机械作用，在植物体内均有一定的不可转移性。而经上述研究发现芦苇中的 Ca^{2+} 主要来自土壤，所以土壤中的 Ca^{2+} 经过被动运输被芦苇吸收后，对芦苇体内硅的沉积可能产生积极影响。

表 10-6 东北地区土壤及芦苇的阳离子含量与芦苇植硅体浓度相关分析结果

阳离子类型		植硅体浓度 / （10^4 粒/g）	土壤有效硅 / （mg/kg）	植物有效硅 / （mg/kg）	土壤/芦苇有效硅
土壤/（mg/kg）	Ca^{2+}	0.526**	0.290*	0.223	0.080
	Na^+	−0.030	0.019	0.080	0.034
	Mg^{2+}	0.476**	0.478**	0.142	0.283*
	K^+	−0.327*	−0.160	0.303*	−0.210
芦苇/（mg/kg）	Ca^{2+}	0.489**	0.226	0.100	0.105
	Na^+	−0.250	−0.080	0.004	−0.040
	Mg^{2+}	0.112	0.316*	0.243	0.090

续表

阳离子类型		植硅体浓度 / (10^4 粒/g)	土壤有效硅 / （mg/kg）	植物有效硅 / （mg/kg）	土壤/芦苇有效硅
芦苇/ (mg/kg)	K^+	0.080	0.334*	0.055	0.293*
土壤/芦苇有效硅	Ca^{2+}	0.077	0.102	0.192	−0.030
	Na^+	0.398**	0.354**	0.176	0.158
	Mg^{2+}	0.281*	0.371**	−0.060	0.346*
	K^+	−0.343*	−0.180	0.222	−0.190

* 在 0.05 水平达到显著差异

** 在 0.01 水平达到极显著差异

    土壤 Ca^{2+}/土壤有效硅与芦苇植硅体浓度呈 $p<0.05$ 水平上的显著正相关关系，芦苇 Ca^{2+}/芦苇有效硅与芦苇植硅体浓度呈 $p<0.01$ 水平上的极显著正相关关系，但土壤 Ca^{2+} 含量与土壤有效硅呈 $p<0.05$ 水平上的显著正相关关系（表 10-7），这表明土壤中 Ca^{2+} 含量丰富，被芦苇吸收的 Ca^{2+} 含量增多，则植物生长旺盛，进而促进植物体内植硅体的形成，植硅体浓度增大。这也表明土壤中 Ca^{2+} 含量丰富有利于植物植硅体的形成，但其仍然受到土壤中硅含量的影响，只有土壤和植物两者间的钙硅含量保持大比例时才可能更有利于植物植硅体形成。

表 10-7　东北地区土壤及芦苇的阳离子与有效硅比值和芦苇植硅体浓度的相关分析结果

土壤阳离子与有效硅之比	植硅体浓度 / (10^4 粒/g)	土壤有效硅 / （mg/kg）	植物有效硅 / （mg/kg）	土壤/芦苇有效硅
土壤 Ca^{2+}/土壤有效硅	0.317*	−0.288*	0.187	−0.304*
土壤 Na^+/土壤有效硅	−0.241	−0.276*	0.040	−0.199
土壤 Mg^{2+}/土壤有效硅	0.290*	0.150	0.145	0.043
土壤 K^+/土壤有效硅	−0.361**	−0.259	0.274*	−0.279*
芦苇 Ca^{2+}/芦苇有效硅	0.506**	0.173	−0.139	0.224
芦苇 Na^+/芦苇有效硅	−0.200	−0.101	−0.333*	0.154
芦苇 Mg^{2+}/芦苇有效硅	0.025	0.237	−0.240	0.401**
芦苇 K^+/芦苇有效硅	0.006	0.236	−0.464**	0.595**

* 在 0.05 水平上达到显著差异

** 在 0.01 水平上达到极显著差异

    土壤 Na^+ 含量、芦苇 Na^+ 含量均与芦苇植硅体浓度呈负相关关系，但未通过显著性检验；土壤/芦苇 Na^+ 与芦苇植硅体的浓度呈 $p<0.01$ 水平上的极显著正相关关系；土壤 Na^+/土壤有效硅、芦苇 Na^+/芦苇有效硅均与芦苇植硅体浓度呈负相关关系，但未通过显

著性检验（表 10-7）。这表明土壤中硅含量受到土壤中 Na^+ 含量的影响，同时芦苇植硅体浓度受到土壤和芦苇中 Na^+ 含量的影响，只有当两者间的 Na^+ 含量的比值刚好处于某些比值范围时，才更适合芦苇植硅体的形成。

  土壤 Mg^{2+} 含量与芦苇植硅体的浓度呈 $p < 0.01$ 水平上的极显著正相关关系，芦苇 Mg^{2+} 含量与芦苇植硅体浓度呈正相关关系，但未通过显著性检验。土壤/芦苇 Mg^{2+} 与芦苇植硅体浓度呈 $p < 0.05$ 水平上的显著正相关关系。同时土壤 Mg^{2+} 含量与土壤有效硅含量呈 $p < 0.01$ 水平上的极显著正相关关系，土壤 Mg^{2+}/土壤有效硅与芦苇植硅体呈 $p < 0.05$ 水平上的显著正相关关系（表 10-7）。这表明土壤 Mg^{2+} 含量越丰富，芦苇体内植硅体浓度越大，上述研究也表明芦苇植株自身能够主动调节其吸收 Mg^{2+} 的能力，以保证土壤和芦苇之间 Mg^{2+} 的比值始终处于高值状态，从而有利于芦苇植硅体的形成。而土壤中的硅含量也受到土壤中 Mg^{2+} 含量的影响，只有当土壤中 Mg 与 Si 比例较高时，才更有利于植物植硅体的形成。

  土壤 K^+ 含量与芦苇植硅体的浓度呈 $p < 0.05$ 水平上的显著负相关关系，芦苇 K^+ 含量与芦苇植硅体浓度呈正相关关系，但未通过显著性检验。土壤/芦苇 K^+ 与芦苇植硅体浓度呈 $p < 0.05$ 水平上的显著负相关关系，这表明土壤和芦苇中的 K^+ 含量的比值对芦苇植硅体的形成具有负面效应。土壤 K^+/土壤有效硅与芦苇植硅体浓度呈 $p < 0.01$ 水平上的极显著正相关关系，土壤 K^+ 含量和土壤有效硅的相关性没有通过显著性检验（表 10-7），这表明土壤中 K^+ 含量越丰富越不利于芦苇体内植硅体的形成，芦苇植株只有通过主动吸收的方式来主动调节其对 K^+ 的吸收，从而保证土壤和植物之间 K^+ 的比值处于低值状态，以保证植物体内形成较多的植硅体。从表 10-7 也可得知，土壤中 K^+/土壤有效硅较高时，芦苇植硅体浓度也就较大，这表明土壤中 K^+ 含量相对土壤中 Si 含量越丰富时，植物对 K^+ 的需求也就越多，此时植物的生理活动旺盛，植物生长状况更为良好，植物生物量增多，进而促进植物体内植硅体的形成。

  图 10-14 中土壤阳离子总量为四种阳离子（K^+、Ca^{2+}、Na^+、Mg^{2+}）含量的总和，同时对图中阳离子含量的数据进行了标准化，从图中可发现，土壤阳离子含量因样点气候条件的不同而有明显差异。其中土壤阳离子总量在 6～10 月空间分布规律具有相似性，在 5 个月中，土壤阳离子总量在丹东、长春和大庆表现为明显的波峰，表明在这三个样点中四种阳离子总量浓度相对较高，具体而言，丹东和盘锦样点由于距海较近，土壤主要为盐土，而大庆因为处于内陆盐碱区，可溶性盐在土壤表层积聚，所以其土壤阳离子浓度都较高。因此，土壤阳离子含量因样点所处气候条件及土壤理化性质的不同而有明显变化。

  上述分析阐明，当土壤中的阳离子丰富以及土壤中阳离子与硅含量的比值较大时，植物植硅体的数量较大。但土壤阳离子的影响因素较为复杂，有研究表明土壤中元素的含量，既与成土母质有密切关系，又受到局部地形和生物地球化学循环的深刻影响。因此我们认为气候、母岩和地形等因素可能导致土壤中阳离子含量的差异，这将直接影响植物的生长状况，从而导致植物对土壤阳离子和硅含量的需求不同，使植物体内合成的植硅体数量也因此发生变化。

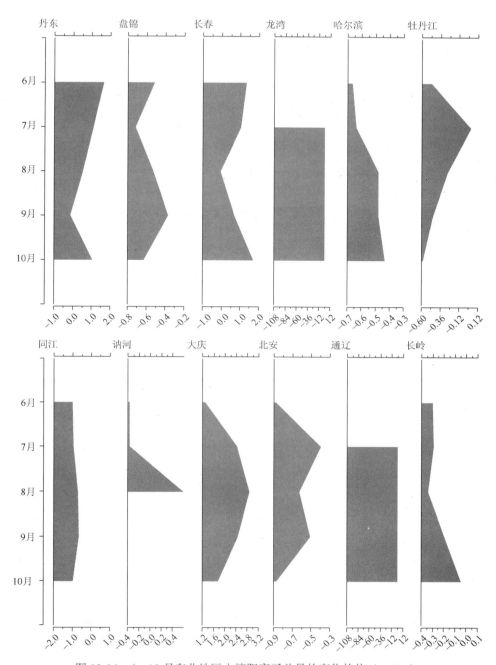

图 10-14　6～10 月东北地区土壤阳离子总量的变化趋势（mg/kg）

小　　结

（1）东北地区土壤中 K^+、Ca^{2+}、Na^+、Mg^{2+} 四种阳离子平均含量分别为 80.30mg/kg、91.07mg/kg、281.51mg/kg、37.63mg/kg，其中 Na^+ 含量最高。土壤阳离子时空变异规律

明显，空间分异结果显示土壤阳离子主要受母质、土壤理化性质和水热条件的影响，其时间分异主要受水热条件和芦苇自身对其需求的影响。

（2）当土壤中的阳离子丰富以及土壤中阳离子与硅含量的比值较大时，植物植硅体的数量较大。但土壤阳离子的影响因素较为复杂，有研究表明土壤中元素的含量，既与成土母质有密切关系，又受到局部地形和生物地球化学循环的深刻影响。

参 考 文 献

陈敏，李平华，王宝山. 2007. Na$^+$转运体与植物的耐盐性. 植物生理学通讯，43（4）：617～622.

黄鸿翔，陈福兴，徐明岗，等. 2000. 红壤地区土壤镁素状况及镁肥施用技术的研究. 土壤肥料，（5）：19～23.

汪洪. 1997. 土壤镁素研究的现状和展望. 土壤肥料，（1）：9～13.

吴刚，李金英，增晓舵. 2002. 土壤钙的生物有效性及与其它元素的相互作用. 土壤与环境，11（3）：319～322.

徐晓燕，马毅杰. 2001. 土壤矿物钾的释放及其在植物营养中的意义. 土壤通报，32（4）：173～176.

Flowers T J，Luchli A. 1983. Sodium versus potassium，substitution and compartmentation. In：Luchli A，Bieleski R L（eds）. Inorganic Plant Nutrition，15：651～681.

Rains D W，Epstein E. 1967. Sodium absorption by barley roots，its mediation by mechanism of alkali cation transport. Plant Physiol，42：319～323.

附录一
常见植物植硅体图谱检索表

目　　录

一、禾本科 Poaceae

（一）早熟禾亚科 Pooideae

1. 赖草属 *Leymus*

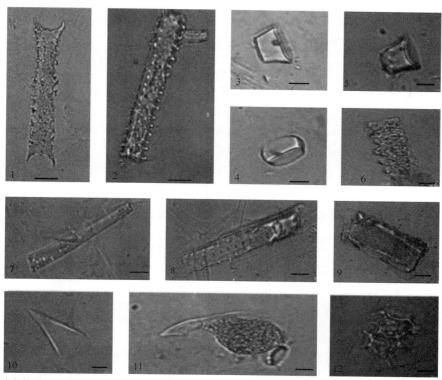

1、2. 刺状突起棒型；3、4. 平顶帽型；5. 刺帽型；6. 齿状棒型；7. 平滑棒型；8. 有小刺的扁棒型；9. 长方型；10. 无底座尖型；11. 有底座尖型；12. 蜂窝状植硅体

注：图版中标尺示 10μm，其中除去作者提取到的植硅体类型外，所有引用的图版均已将来源在图下注明。为避免翻译过程中的错误，所有引自外文文献的植硅体类型均附上原文中英文名称（下同）。

2. 野青茅属 *Deyeuxia*

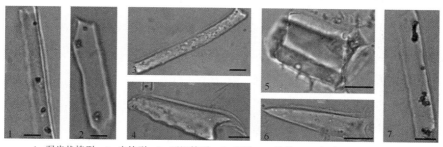

1. 弱齿状棒型；2. 扁棒型；3. 平滑棒型；4. 尖型；5. 块状；6. 尖型；7. 弱齿状棒型

（二）黍亚科 Panicoideae

1. 荩草属 *Arthraxon*

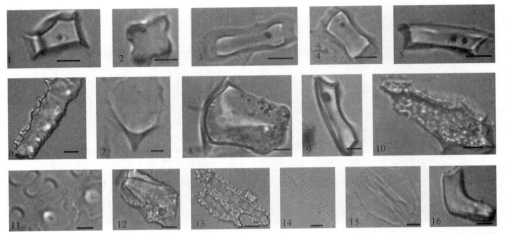

1. 鞍型；2. 十字型；3、4. 哑铃型；5. 长鞍型；6. 刺状棒型；7. 尖型；8. 正方型；9. 长鞍型；10. 边界弯曲的板状；11. 多边表皮植硅体；12. 不规则块状；13. 刺状棒型；14. 导管型；15. 硅化气孔；16. 不定型（似硬化细胞）

2. 狗尾草属 *Setaria*

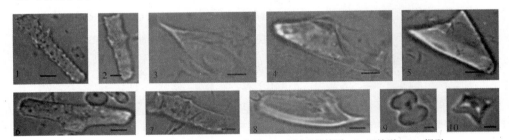

1. 刺状棒型；2、7. 扁棒型；3～5、8. 尖型；6. 有树突的棒型；9. 哑铃型；10. 帽型

（三）芦竹亚科 Arundinoideae

芦苇属 *Phragmites*

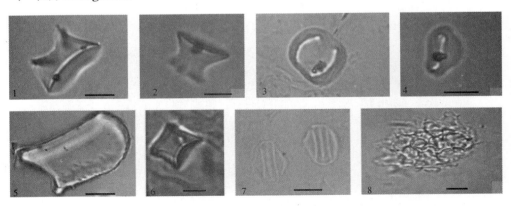

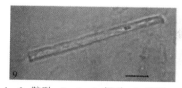
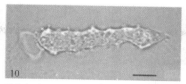

1、3. 鞍型；2、4、6. 帽型；5. 扇型；7. 硅化气孔；8. 蜂窝状植硅体；9. 平滑棒型；10. 刺状突起棒型；11. 尖型

（四）稻亚科 Oryzoideae

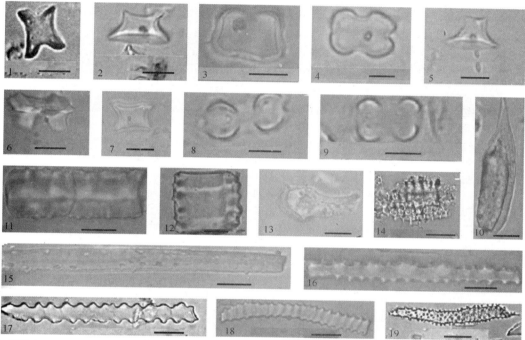

1. 帽型（complex rondels）；2. 双峰帽型（two-spiked rondels）；3、4. 不规则的十字型（irregular trapezoidal crosses）；5. 帽型（mirror-image rondels）；6. 鞍型（complex saddles）；7. 顶端弯曲的帽型（wavy-top rondels）；8、9. 哑铃型（bilobates）；10. 尖型（hair cells）；11. 长方型（parallepipedal bulliform cells）；12. 正方型（parallepipedal bulliform cells）；13. 不规则的表皮植硅体（irregular epidermal phytoliths）；14. 叶肉细胞植硅体（mesophyll tissue）；15. 平滑棒型（elongate smooth）；16. 刺状棒型（elongate echinate）；17. 边缘波状弯曲的棒型（elongate sinuate）；18. 导管型（cylindric sulcate tracheids）；19. 有突起的不规则棒型（irregular elongate with short protrusions）

资料来源：Gu Y S，Zhao Z J，Deborah M. 2013. Phytolith morphology research on wild and domesticated rice species in East Asia. Quaternary International，287：141～148.

（五）竹亚科 Bambusoideae

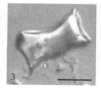

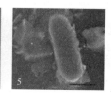

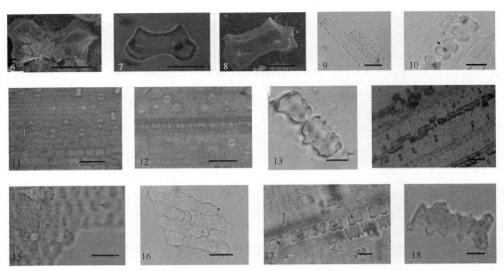

1～3. 长鞍型；4～8. 有凹陷的哑铃型（concave dumb-bells）；9. 锯齿状棒型（articulated tabular crenate phytoliths）；
10、17. 连接的黍属哑铃型（articulated panicoid dumb-bells）；11、12. 叶片表皮中植硅体的排列（leaf epidermal in paradermical sight）；13. 泡状细胞（bulliform phytolith）；14. 连接及单独的植硅体（articulated and isolated phytoliths）；15、16. 茎中连接的具疣的扁平表皮植硅体（articulated tabular crenate verrucate phytoliths from culm）；18. 茎中单独的具疣的扁平表皮植硅体（isolated tabular crenate verrucate phytoliths from culm）

资料来源：1～3. 李泉，徐德克，吕厚远. 2005. 竹亚科植硅体形态学研究及其生态学意义. 第四纪研究，25（6）：777～784.

4～18. Montti L，Honaine M F，Osterrieth M，et al. 2009. Phytolith analysis of Chusquea ramosissima Lindm（Poaceae：Bambusoideae）and associated soils. Quaternary International，193（1-2）：80～89.

二、莎草科 Cyperaceae

1. 藨草属 *Scirpus*

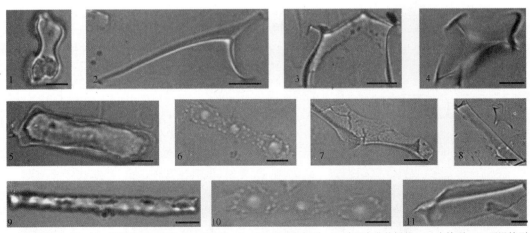

1. 哑铃型；2～4、11. 多面表皮植硅体；5. 扁平状；6、10. 硅质突起型；7. 边界弯曲的板状；8. 扁棒型；9. 平滑棒型

2. 羊胡子草属 *Eriophorum*

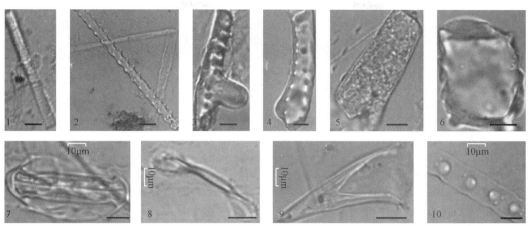

1. 平滑棒型；2. 刺状棒型；3. 有树突的棒型；4. 有乳突的棒型；5. 扁棒型；6. 块状；7、8. 硅化气孔；
9. 尖型；10. 硅质突起型

3. 苔草属 *Carex*

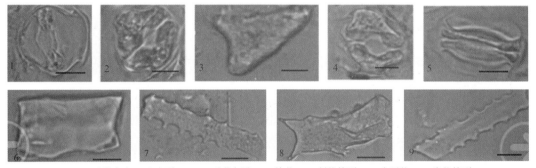

1、2. 毛发底座；3. 尖型；4、5. 硅化气孔；6. 块状；7. 刺状棒型；8. 扁平状；9. 齿状棒型

4. 莎草属 *Cyperus*

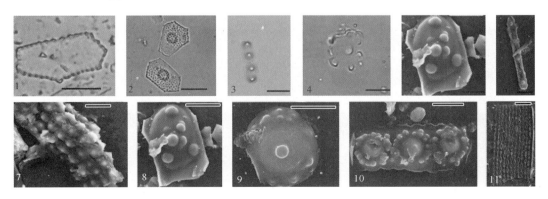

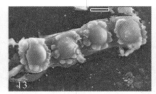

1、2. 多边帽型（achene phytolith）；3. 硅质突起型（conical epidermal）；4. 多边圆锥突起型（polygonal cone）；5、8、9. 有瘤状突起的板状（plate with central echinate node and tuberculate satellite nodes）；6、7、10、12～14. 有圆锥状突起的板状（plate with central echinate node and tuberculate satellite nodes）；11. 多孔的板状（perforated plate with elliptical pores）；15. 表面有刺的圆板状（circular plate with multiple echinate nodes）

资料来源：1、2. Iriarte J，Eduardo A P. 2009. Phytolith analysis of selected native plants and modern soils from southeastern Uruguay and its implications for paleoenvironmental and archeological reconstruction. Quaternary International，193（1-2）：99～123.

3. McCune J L，Pellatt M G. 2013. Phytoliths of Southeastern Vancouver Island，Canada，and their potential use to reconstruct shifting boundaries between Douglas-fir forest and oak savannah. Palaeogeography，Palaeoclimatology，Palaeoecology，383～384：59～71.

4. Watling J，Iriarte J. 2013. Phytoliths from the coastal savannas of French Guiana. Quaternary International，287：162～180.

11. Sayantani D，Ruby G，Subir B. 2013. Application of non-grass phytoliths in reconstructing deltaic environments：A study from the Indian Sunderbans. Palaeogeography，Palaeoclimatology，Palaeoecology，376：48～65.

其他. Wallis L. 2003. An overview of leaf phytolith production patterns in selected northwest Australian flora. Review of Palaeobotany and Palynology，125：201～248.

三、菊科 Asteraceae

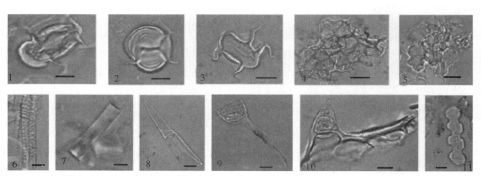

1～3. 硅化气孔；4、5. 拼接表皮植硅体；6. 导管型；7. 平滑棒型；8～10. 毛发状；11. 多铃型

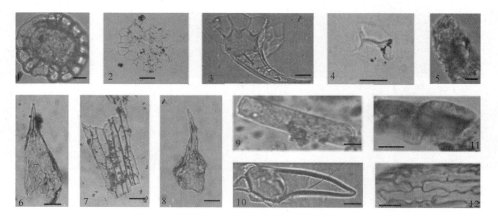

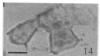

1、2. 毛发底座（hair base）；3. 毛发状（hair base）；4. 毛发底座（hair base）；5. 有穴状的厚扁平状（tabular thick lacunate）；

6. 鸟嘴状；7. 拼接表皮细胞；8. 鸟嘴状；9. 棒型（cylindroid）；10. 毛发状（hair）；11. 表皮多边型（epidermal polygonal）；

12. 拼接表皮多边型（puzzle forms）；13. 不定型（not identified）；14. 表皮多边型（epidermal polygonal）；15. 硅化气孔（stomatal complex）；16、17. 毛发状（hair cell）

资料来源：1～5、9、10. Mercader J，Bennett T，Esselmont C，et al. 2009. Phytoliths in woody plants from the Miombo woodlands of Mozambique. Annals of Botany，104（1）：91～113.

6～8. Katz O，Simcha L Y，Kutiel P B. 2013. Plasticity and variability in the patterns of phytolith formation in Asteraceae species along large rainfall gradient in Israel. Flora-Morphology Distribution，Functional Ecology of Plants，208（7）：438～444.

11～15. Mariana F H，Alejandro F Z，Margarita L O. 2006. Phytolith assemblages and systematic associations in grassland species of the South-Eastern Pampean Plains，Argentina. Annals of Botany，98（6）：1155～1165.

16、17. Sayantani D，Ruby G，Subir B. 2013. Application of non-grass phytoliths in reconstructing deltaic environments：A study from the Indian Sunderbans. Palaeogeography，Palaeoclimatology，Palaeoecology，376：48～65.

1. 蒿属 *Artemisia*

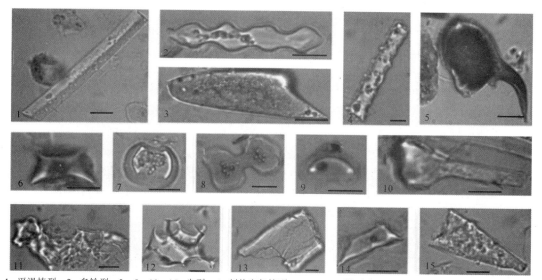

1. 平滑棒型；2. 多铃型；3、5、10、15. 尖型；4. 刺状突起棒型；6、7、14. 鞍型；8. 哑铃型；9. 帽型；11. 蜂窝状植硅体；12. 边界弯曲的板状；13. 板状

2. 一枝黄花属 *Solidago*

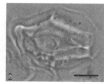

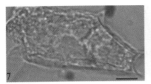
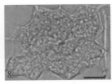

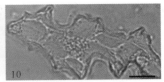

1、3. 硅化气孔；2. 毛发底座；4. 边缘弯曲的板状；5. 导管型；6、9. 毛发状；7. 有颗粒的不规则板状；8. 表皮植硅体；10. 边缘弯曲的表皮植硅体

四、豆科 Fabaceae

1. 大豆属 *Glycine*

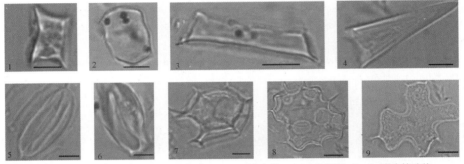

1. 帽型；2. 鞍型；3. 长鞍型；4. 尖型；5、6. 硅化气孔；7. 毛发底座；8、9. 表皮植硅体

2. 刺槐属 *Robinia*、木豆属 *Cajanus*、野百合属 *Crotalaria*

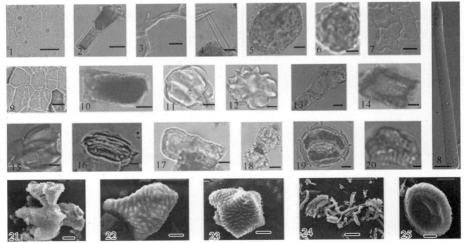

1. 拼接表皮植硅体（epidermal jig-saw）；2. 毛发状（hair）；3. 导管型（vessel）；4. 毛发状（hair）；5. 表面有颗粒的球状（globular granulate large）；6. 表面有颗粒的球状（globular granulate）；7. 表皮多边型（epidermal jig-saw）；8. 平滑棒型（cylindroid columellate）；9. 表皮多边型（epidermal polygonal）；10、14、17. 块状（blocky）；11、12、15、18、19. 毛发底座（hair base）；13. 表皮植硅体（epidermal laminate）；16. 硅化气孔（stomata）；20. 弯曲的厚扁平状（tabular thick contorted）；21. 有条纹的不规则块状（irregular body with striate ornamentation）；22. 疣状突起的不规则状（irregular body with widely spaced verrucate nodes）；23. 有不连续条纹的不规则状（irregular body with discontinuous striate ornamentation）；24. 平滑的细长毛发状（psilate elongated cones）；25. 凹的圆盘状（concave circular disc）

资料来源：1～15、17～20. Mercader J，Bennett T，Esselmont C，et al. 2009. Phytoliths in woody plants from the Miombo woodlands of Mozambique. Annals of Botany，104（1）：91～113.

16、21～25. Wallis L. 2003. An overview of leaf phytolith production patterns in selected northwest Australian flora. Review of Palaeobotany and Palynology，125：201～248.

五、杜鹃花科 Ericaceae

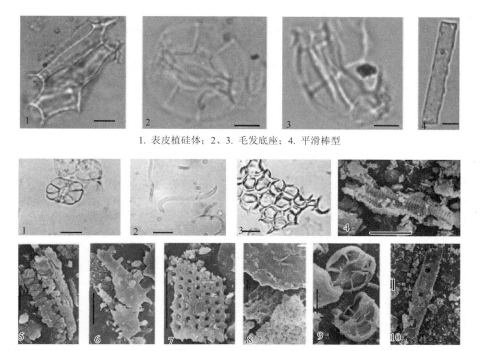

1. 表皮植硅体；2、3. 毛发底座；4. 平滑棒型

1、9. 硅化气孔（stomata complexes）；2. 毛发状（hair）；3. 叶肉细胞（mesophyll cells）；4. 导管型（tracheids）；5. 波状棒型（papillated Rod）；6. 长细胞植硅体（epidermal long cells）；7. 有凹陷的长方型（rectangular with many pits in rows）；8. 拼接表皮植硅体（jigsaw epidermal cells）；10. 棒型（rods）

资料来源：Carnelli A L，Theurillat J P，Madella M. 2004. Phytolith types and type-frequencies in subalpine–alpine plant species of the European Alps. Review of Palaeobotany and Palynology，129（1-2）：39～65.

六、鸭跖草科 Commelinaceae

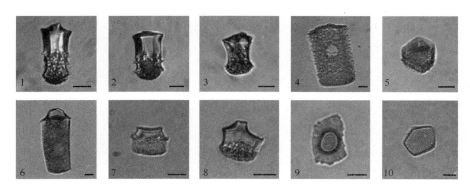

侧视图：1～4. 上半部分是圆柱状、下半部分为多边棱柱状（upper part polygonal prismatic, psilate, top flat or obliquely conical; basal part polygonal prismatic to cylindric, scrobiculate, lateral walls corniculate）；5、6. 底部近圆柱状、上部为多边锥型（basal part subcylindrical, lateral walls corniculate, loosely scrobiculate, proximal surface psilate; top polygonal-pyramidal to conical, psilate; with beaked projection, the latter in top view fusiform tooblong to ovate）；7、8. 上部为短圆锥体、下部为圆柱状（upper part a truncated cone, distal surface concave; Basal part subcylindric, rugulate; upper limit columellate）顶视图：9、14. 底部为平滑多边形、上部为圆锥型（basal part polygonal, psilate, slightly convex margin dentate, bent upwards; upper part conical, lateral walls concave, widest at top, top concave）；10～12. 上部为多角的多边形棱柱（polygonal prism, top polygonal to orbiculate, surfaces psilate）；13. 平滑的多边形板状（polygonal psilate platelet）；15. 底部为棱柱，上部为截锥形

资料来源：Eichhorn B，Neumann K，Garnier A. 2010. Seed phytoliths in West African Commelinaceae and their potential for palaeoecological studies. Palaeogeography，Palaeoclimatology，Palaeoecology，298（3-4）：300～310.

七、千屈菜科 Lythraceae

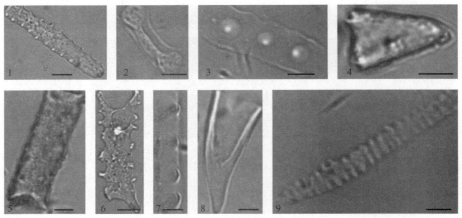

1、6. 刺状棒型；2. 硅化气孔；3. 硅质突起型；4. 尖型；5. 平滑棒型；7. 表面有突起的棒型；8. 毛发状；9. 导管型

八、堇菜科 Violaceae

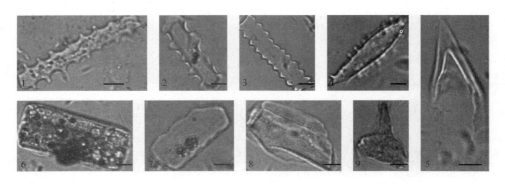

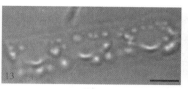

1. 刺状棒型；2、3. 齿状棒型；4. 梭型；5、9、11. 尖型；6. 长方型；7. 弱齿状棒型；8. 不规则块状；10. 硅化气孔；12. 有树突的扁棒型；13. 硅质突起型；14. 哑铃型

九、茄科 Solanaceae

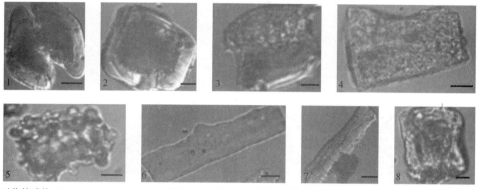

1、2. 对称的球状（globulose bisected）；3. 盾型（shield）；4. 表面有颗粒的扁平状（tabular scrobiculate）；5. 表面有疣状突起的块状（blocky tuberculate）；6. 边缘弯曲的厚扁平状（tabular thick sinuate）；7. 表面有网纹的圆柱状（cylindroid reticulate）；8. 块状（blocky）

资料来源：Mercader J，Bennett T，Esselmont C，et al. 2009. Phytoliths in woody plants from the Miombo woodlands of Mozambique. Annals of Botany，104（1）：91～113.

十、紫草科 Boraginaceae

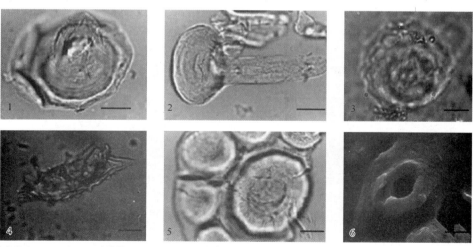

1. 毛发底座（hair base）；2. 毛发状（hair）；3、6. 毛发底座（hair cell base with concentric rings）；4. 毛发状（short，armed hair cells）；5. 毛发底座及表皮细胞（hair cell and subsidiary epidermal cells）

资料来源：1、2、5. Thorn V C. 2004. Phytoliths from subantarctic Campbell Island: plant production and soil surface spectra. Review of Palaeobotanyand Palynology，132（1-2）：37～59.

4. Lisa K，Dolores R P. 1998. Opal Phytoliths in Southeast Asian Flora. Washington，D. C. ：Smithsonian Institution Press.

3、6. Sayantani D，Ruby G，Subir B. 2013. Application of non-grass phytoliths in reconstructing deltaic environments: A study from the Indian Sunderbans. Palaeogeography，Palaeoclimatology，Palaeoecology，376：48～65.

十一、蔷薇科 Rosaceae

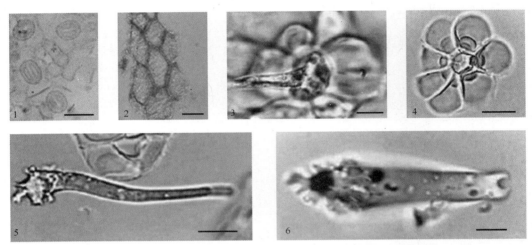

1. 硅化气孔（stomatal complexes）；2. 叶肉细胞（mesophyll）；3. 毛发状、毛发底座及表皮植硅体（hair base，subsidiary epidermal cells and solid hair）；4. 毛发底座及表皮植硅体（hair base and subsidiary epidermal cells）；5、6. 毛发状（solid hair）

资料来源：1、2. McCune J L，Pellatt M G. 2013. Phytoliths of Southeastern Vancouver Island，Canada，and their potential use to reconstruct shifting boundaries between Douglas-fir forest and oak savannah. Palaeogeography，Palaeoclimatology，Palaeoecology，383-384：59～71.

3～6. Thorn V C. 2004. Phytoliths from subantarctic Campbell Island: plant production and soil surface spectra. Review of Palaeobotanyand Palynology，132（1-2）：37～59.

十二、车前科 Plantaginaceae

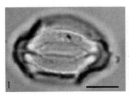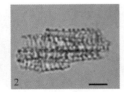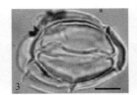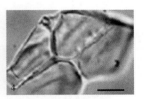

1、3. 硅化气孔（stomata guard and subsidiary）；2. 导管型（sprially thickened tracheid）；4. 表皮植硅体（epidermal groundmass cells）

资料来源：Thorn V C. 2004. Phytoliths from subantarctic Campbell Island: plant production and soil surface spectra. Review of Palaeobotanyand Palynology，132（1-2）：37～59.

十三、大麻科 Cannabaceae

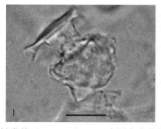 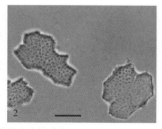 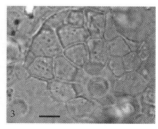

1. 钟乳体（cystolith）；2. 表面有点状纹饰的表皮植硅体（stippled epidermis）；3. 毛发底座及表皮植硅体（hair base and polyhedral epidermal complex）

资料来源：Watling J，Iriarte J. 2013. Phytoliths from the coastal savannas of French Guiana. Quaternary International，287：162～180.

十四、蓼科 Polygonaceae

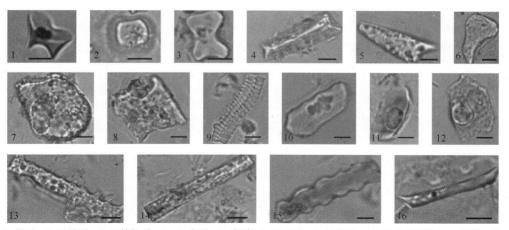

1、2. 鞍型；3. 哑铃型；4. 三棱柱型；5、6. 尖型；7. 扇型；8. 正方型；9. 导管型；10. 弱齿状棒型；11. 帽型；12. 有突起的多边帽型；13. 刺状棒型；14. 平滑棒型；15. 齿状棒型；16. 长鞍型

十五、小二仙草科 Haloragaceae

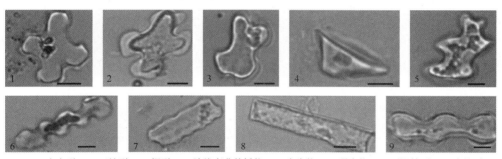

1、2. 十字型；3. 哑铃型；4. 帽型；5. 边缘弯曲的板状；6. 多齿状；7. 弱齿状；8. 平滑棒型；9. 多铃型

十六、香蒲科 Typhaceae

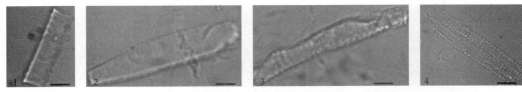

1. 平滑棒型；2. 扁棒型；3. 边缘弯曲的棒型；4. 导管型

十七、泽泻科 Alismataceae

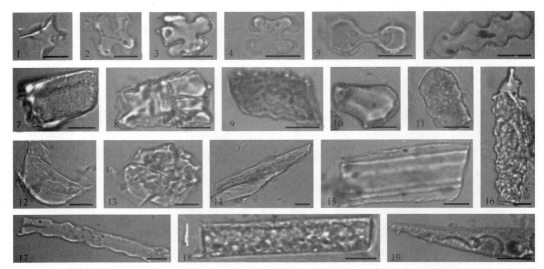

1. 帽型；2～4. 十字型；5. 哑铃型；6. 多铃型；7～9. 块状或板状；10. 扇型；11. 扁平状；12. 不定型；13. 表皮植硅体；14、15. 板状；16. 边缘呈波状的厚扁平状；17. 边缘波状弯曲的棒型；18. 平滑棒型；19. 尖型

十八、玄参科 Scrophulariaceae

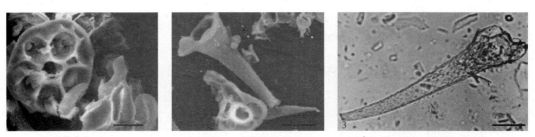

1. 毛发底座（ornamented elongated cones）；2. 毛发状（elongated cones with low tuberculate ornamentation）；
3. 毛发状（armed hair）

资料来源：1、2. Wallis L. 2003. An overview of leaf phytolith production patterns in selected northwest Australian flora. Review of Palaeobotany and Palynology，125：201～248.

3. Lisa K，Dolores R P. 1998. Opal Phytoliths in Southeast Asian Flora. Washington，D. C.：Smithsonian Institution Press.

十九、报春花科 Primulaceae

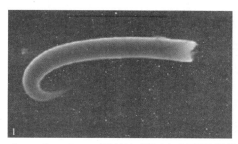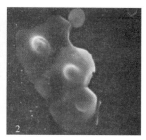

1. 毛发状（psilate elongated cone）；2. 表面有大瘤状突起的不规则块状（irregularly shaped plate with large，central tuberculate swellings）

资料来源：Wallis L. 2003. An overview of leaf phytolith production patterns in selected northwest Australian flora. Review of Palaeobotany and Palynology，125：201～248.

二十、葫芦科 Cucurbitaceae

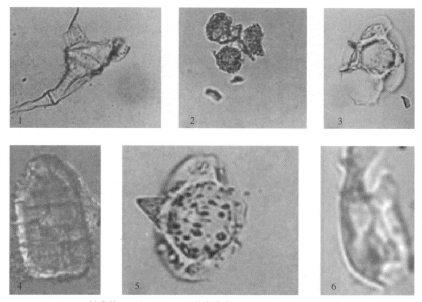

1. 毛发状（armed hair cells）；2. 钟乳体（cystoliths）；3. 毛发底座（armed hair cells）；4. 有角的块状（blocky corniculate）；
5. 毛发状（armed hair cells）；6. 多面的球状（globular facetate）

资料来源：1～3、5. Lisa K，Dolores R P. 1998. Opal Phytoliths in Southeast Asian Flora. Washington，D. C.：Smithsonian Institution Press.

4、6. Mercader J，Bennett T，Esselmont C，et al. 2009. Phytoliths in woody plants from the Miombo woodlands of Mozambique. Annals of Botany，104（1）：91～113.

二十一、马鞭草科 Verbenaceae

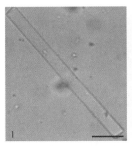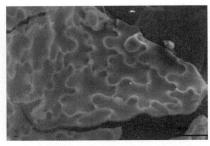

1. 平滑棒型（cylindroid large）；2. 倾斜的表皮植硅体（anticlinal plate）

资料来源：1. Mercader J，Bennett T，Esselmont C，et al. 2009. Phytoliths in woody plants from the Miombo woodlands of Mozambique. Annals of Botany，104（1）：91～113.

2. Wallis L. 2003. An overview of leaf phytolith production patterns in selected northwest Australian flora. Review of Palaeobotany and Palynology，125：201～248.

二十二、马钱科 Loganiaceae

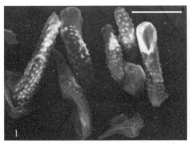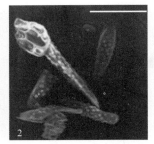

1、2. 表面有疣状突起的毛发状（large elongated cones with low tuberculate ornamentation）

资料来源：Wallis L. 2003. An overview of leaf phytolith production patterns in selected northwest Australian flora. Review of Palaeobotany and Palynology，125：201～248.

二十三、姜科 Zingiberaceae

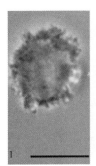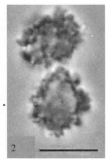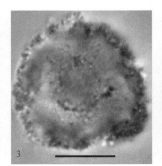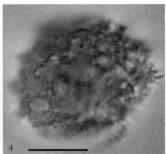

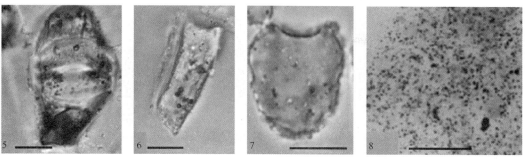

1~3. 有纹饰及颗粒的球状（globular-rugulose-granulate）；4. 有褶皱的球状（globular-rugulate）；5. 硅化气孔（stomatal complex）；6. 平滑的扁平状（tabular-psilate）；7. 有褶皱及颗粒的球状（globular-rugulose-granulates）；8. 硅砂（silica sand）

二十四、旅人蕉科 Strelitziaceae

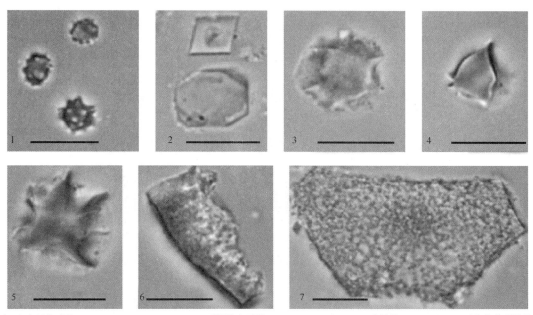

1. 有小刺的球状（globular-microechinat）；2. 平滑的扁平状（tabular-psilates）；3. 晶簇状（druse）；4. 无纹饰的晶簇状（non-Fringed druse）；5. 有流苏纹饰的晶簇状（tabular with scalariform ridges and internal outline）；6. 侧视的扁平状（side-view of tabular-ruminate）；7. 顶视的扁平状（top-view of tabular）

二十五、竹芋科 Marantaceae

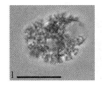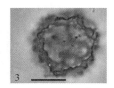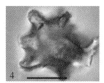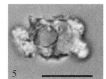

 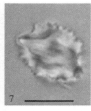  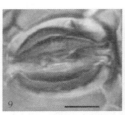 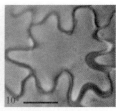

1. 颗粒密集的球状（globular-densely granulate with non-centered concavity）；2. 有刺的球状（globular-echinate with thin, long echinae）；3. 有褶皱的球状（globular-rugulate）；4. 多结节的形态（knobby）；5. 不规则的厚扁平状（irregularly thickened, more or less rectangular with a granulate surface）；6. 有刺的晶簇状（fringed druse）；7. 有褶皱的球状（globular-rugulate）；8. 有乳突的球状（subglobular-papillate）；9. 硅化气孔（stomatal complex）；10. 拼接的扁平状（tabular-jigsaw）

二十六、赫蕉科 Heliconiaceae

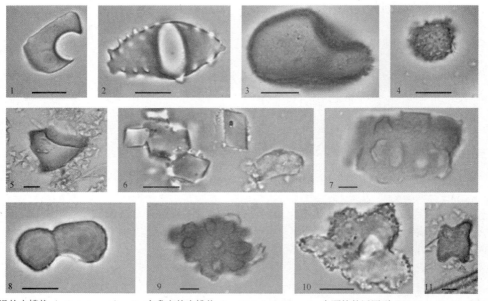

1. 平滑的水槽状（psilate trough）；2. 有乳突的水槽状（papillate trough）；3. 有颗粒的近圆型（subglobular-granulate）；4. 有颗粒的球状（globular-granulate）；5. 厚的扁平状（thickened tabular）；6. 平滑的多边型（small polygonal-psilates）；7. 有乳突的扁平状（top-view of tabular-castelate）；8. 水槽状（trough fused globulars）；9、10. 多结节型（knobby）；11. 有颗粒的扁平状（tabular-granulate）

二十七、芭蕉科 Musaceae

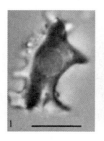    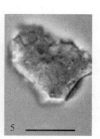

  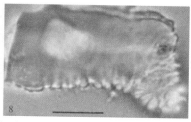

1、2. 有乳状突起的水槽状（trough with papillae edges）；3. 表面有褶皱的圆柱状（cylindrical-rugulate）；4. 有乳状突起的水槽状（trough with papillae）；5. 有褶皱的球状（globular-rugulate）；6、8. 扁平状（tabular）；7. 有小颗粒的扁平状（tabular-microgranulate）

二十八、兰花蕉科 Lowiaceae

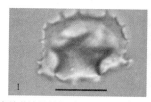 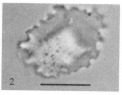 

1. 多结节边界的帽型（hat-shape with knobby edges）；2. 锯齿状边界的帽型（hat-shape with crenate edges）；3. 表面有颗粒的扁平状（tabular-granulate）；4. 多结节边界的帽型（side-view of hat-shape with knobby edges）

二十九、闭鞘姜科 Costaceae

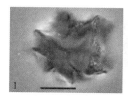 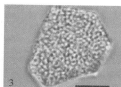 

1、2. 无边饰的晶簇状（non-fringed druse）；3. 顶视的扁平状（top-view oftabular-columellate）；4. 无边饰的晶簇状（non-fringed druses）

资料来源：姜科、旅人蕉科、竹芋科、赫蕉科、芭蕉科、兰花蕉科、闭鞘姜科均引自 Stephanie T C，Selena Y S. 2013. Phytolith variability in Zingiberales：A tool for the reconstruction of past tropical vegetation. Palaeogeography，Palaeoclimatology，Palaeoecology，370：1～12.

三十、金星蕨科 Thelypteridaceae、乌毛蕨科 Blechnaceae、膜叶蕨科 Hymenophyllaceae

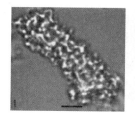 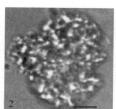 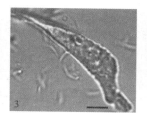 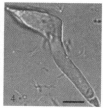

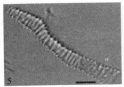
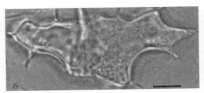
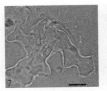

1、2. 有颗粒的不规则块状；3、4. 尖型；5. 导管型；6、7. 边界弯曲的表皮植硅体；8. 硬化细胞

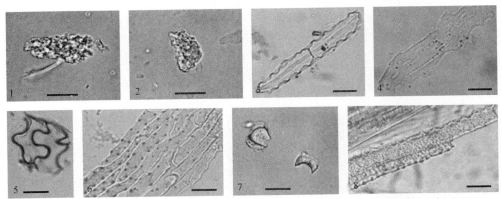

1、2. 有颗粒的非球状（aspherical granulate bodies）（金星蕨科）；3. 波状边界、顶端为锥型的椭圆型（书带蕨科）；4. 边界分裂、表面光滑的长板状（乌毛蕨）；5. 表皮拼接状（puzzle-piece epidermal）（凤尾蕨科）；6. 表面有突起的表皮植硅体（卷柏科）7. 碗状（bowl-shaped phytoliths）（膜叶蕨科）；8. 表面有颗粒的、齿状棒型（木贼科）

资料来源：1、2、7. Watling J，Iriarte J. 2013. Phytoliths from the coastal savannas of French Guiana. Quaternary International，287：162～180.

3、4、6、8. Mazumdar J. 2011. Phytoliths of pteridophytes. South African Journal of Botany，77（1）：10～19.

5. McCune J L，Pellatt M G. 2013. Phytoliths of Southeastern Vancouver Island，Canada，and their potential use to reconstruct shifting boundaries between Douglas-fir forest and oak savannah. Palaeogeography，Palaeoclimatology，Palaeoecology，383-384：59～71.

三十一、凤尾蕨科 Pteridaceae

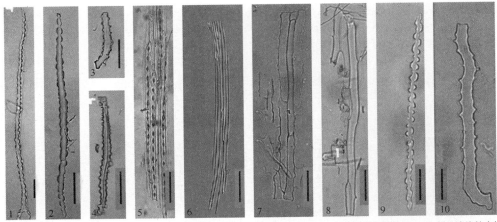

1～4. 波状边缘、尖型或圆型顶部的线型；5～8. 边缘平滑、拼接或单个的线型；9. 齿状边缘的线型；10. 刺状边缘的扁棒型

资料来源：Michael S. 2009. Silica bodies and their systematic implications in Pteridaceae（Pteridophyta）. Botanical Journal of the Linnean Society，161（4）：422～435.

三十二、铁线蕨科 Adiantaceae

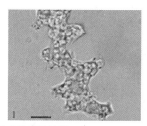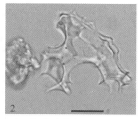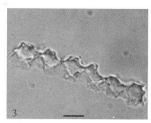

1. 有波状边缘的棒型（pitted bodies）；2. 有凹坑的边缘弯曲型（pitted bodies）；3. 有波状边缘的棒型（elongated undulating body）

资料来源：Watling J，Iriarte J. 2013. Phytoliths from the coastal savannas of French Guiana. Quaternary International，287：162～180.

三十三、木贼科 Equisetaceae

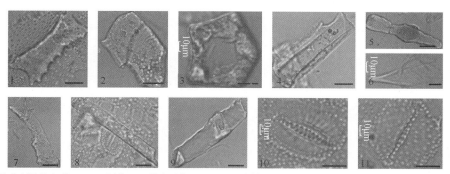

1. 边缘有刺的长方型；2、3. 板状；4. 长扁平状；5、7、9. 扁棒型；6. 毛发状；8. 平滑棒型；10、11. 硅化气孔

三十四、松科 Pinaceae

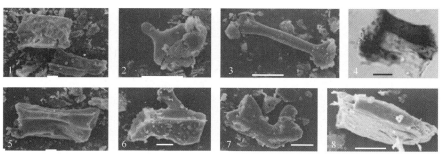

1. 表面有圆型纹孔的块状（blocky polyhedrons transfusion cells often pitted）；2、3、7. 不定型（unknown）；4. 多面体型（blocky polyhedrons）；5. 表面有突起的块状（blocky polyhedrons）；6. 块状（blocky polyhedrons）；8. 不规则块状（polyhedrons）

资料来源：Carnelli A L，Theurillat J P，Madella M. 2004. Phytolith types and type-frequencies in subalpine–alpine plant species of the European Alps. Review of Palaeobotany and Palynology，129（1-2）：39～65.

1. 冷杉属 *Abies*

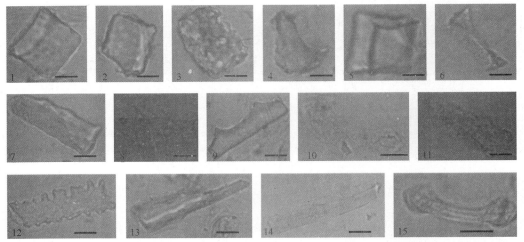

1、2. 正方型；3. 有腔穴的块状；4. 块状；5. 多面体；6. 三棱柱型；7. 长扁平状；8. 表皮植硅体；9. 扁棒型；10. 硅化气孔；11. 表皮植硅体；12. 刺状棒型；13. 不规则长块状；14. 三棱柱型；15. 硅化气孔

2. 松属 *Pinus*

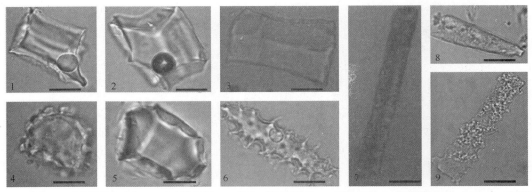

1、2. 块状；3. 有脊线的扁平状；4. 有刺的圆型；5. 多面、近圆型块状；6. 刺状棒型；7. 平滑棒型；8. 尖型；9. 有颗粒的刺状棒型

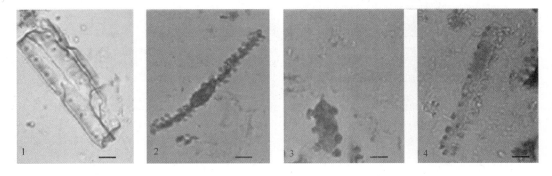

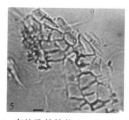
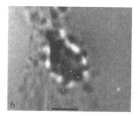
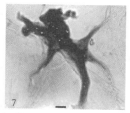
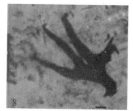

1. 有纹孔的管状（tracheary element with bordered pits）；2、4. 齿状棒型（pilate elongate/oblong）；3. 有突起的椭圆型（pilate oblong）；5. 表皮多边型（epidermal polygonal）；6. 尖型（spiked）；7、8. 星状（asterosclereid）

资料来源：1~4. McCune J L，Pellatt M G. 2013. Phytoliths of Southeastern Vancouver Island，Canada，and their potential use to reconstruct shifting boundaries between Douglas-fir forest and oak savannah. Palaeogeography，Palaeoclimatology，Palaeoecology，383-384：59~71.

5~8. Mikhail S B. 2005. Phytoliths in plants and soils of the interior Pacific Northwest，USA. Review of Palaeobotany and Palynology，135（1-2）：71~98.

3. 云杉属 *Picea*

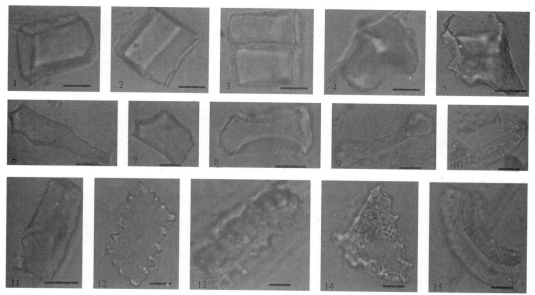

1. 多面体型；2~6. 不同形态的块状；7、8. 不同形态的扁平状；9、10. 硅化气孔；11. 扁棒型；12~14. 刺状棒型；15. 硅化气孔

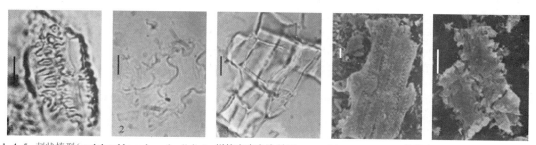

1、4、5. 刺状棒型（undulated hypodermal cells）；2. 拼接表皮多边型（jigsaw epidermal cells）；3. 拼接块状（blocky polyhedrons）

资料来源：Carnelli A L，Theurillat J P，Madella M. 2004. Phytolith types and type-frequencies in subalpine–alpine plant species of the European Alps. Review of Palaeobotany and Palynology，129（1-2）：39～65.

4. 落叶松属 *Larix*

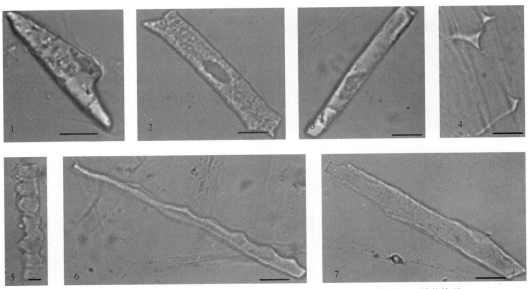

1. 尖型；2、7. 扁棒型；3. 平滑棒型；4. 不均匀的厚壁细胞；5. 齿状棒型；6. 波状棒型

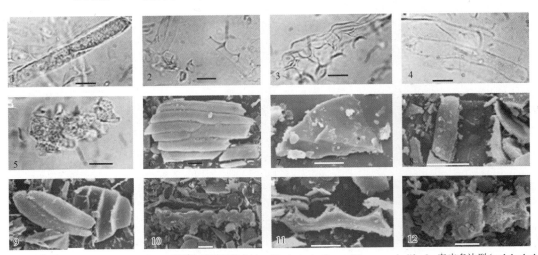

1、6、9. 棒型（epidermal long cells）；2. 不均匀厚壁细胞（ridge-like invaginations of the mesophyll）；3. 表皮多边型（polyhedral cells）；4. 扁棒型（epidermal long cells）；5. 块状（block）；7. 块状（blocky polyhedrons）；8. 导管型（tracheids）；10. 波状棒型（larix blocky）；11、12. 波浪边界的块状（wavy）

资料来源：Carnelli A L，Theurillat J P，Madella M. 2004. Phytolith types and type-frequencies in subalpine–alpine plant species of the European Alps. Review of Palaeobotany and Palynology，129（1-2）：39～65.

三十五、柏科 Cupressaceae

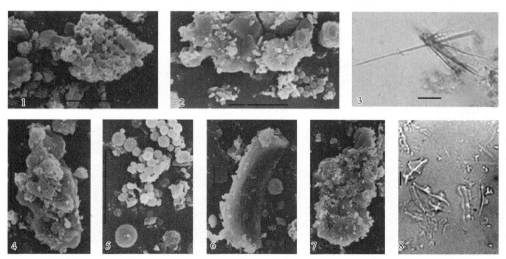

1、2、4、6、7. 规则或不规则多面体型（polyhedral cells）；3. 长尖的结晶状（spiky crystal）；5. 平滑球状（spherical smooth）；
8. 不均匀的厚壁细胞（unevenly thickened cell walls）

资料来源：1、2、4～7. Carnelli A L，Theurillat J P，Madella M. 2004. Phytolith types and type-frequencies in subalpine–alpine plant species of the European Alps. Review of Palaeobotany and Palynology，129（1-2）：39～65.

3. McCune J L，Pellatt M G. 2013. Phytoliths of Southeastern Vancouver Island，Canada，and their potential use to reconstruct shifting boundaries between Douglas-fir forest and oak savannah. Palaeogeography，Palaeoclimatology，Palaeoecology，383-384：59～71.

8. Mikhail S B. 2005. Phytoliths in plants and soils of the interior Pacific Northwest，USA. Review of Palaeobotany and Palynology，135（1-2）：71～98.

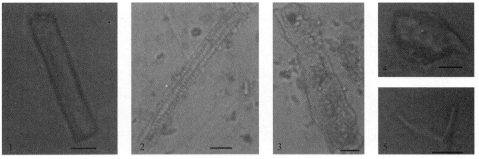

1. 平滑棒型；2. 导管型；3. 扁棒型；4. 块状；5. 分叉状

三十六、榆科 Ulmaceae

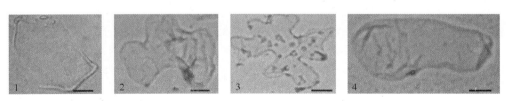

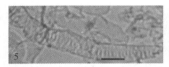

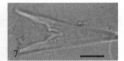

1～3. 边缘弯曲的表皮植硅体；4. 扁平状；5. 导管型；6、7. 毛发状

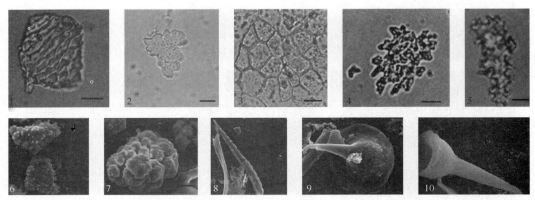

1. 有条纹的表皮植硅体（pitted，striated epidermi）；2、5. 有刺的板状（echinate platelet）；3. 表皮植硅体（strongly silicified leaf epidermal polyhedrals）；4. 钟乳体（crystal）；6、7. 有疣状突起的球型（verrucate spheroid）；8、9. 有结节的毛发状（squat cone with low tuberculate ornamentation）；10. 平滑的毛发状（psilate elongated cone）

资料来源：1、4. Lisa K，Dolores R P. 1998. Opal Phytoliths in Southeast Asian Flora. Washington，D. C：Smithsonian Institution Press.

2、3、5. Iriarte J，Eduardo A P. 2009. Phytolith analysis of selected native plants and modern soils from southeastern Uruguay and its implications for paleoenvironmental and archeological reconstruction. Quaternary International，193（1-2）：99～123.

6～10. Wallis L. 2003. An overview of leaf phytolith production patterns in selected northwest Australian flora. Review of Palaeobotany and Palynology，125：201～248.

三十七、桑科 Moraceae

1. 葎草属 *Humulus*

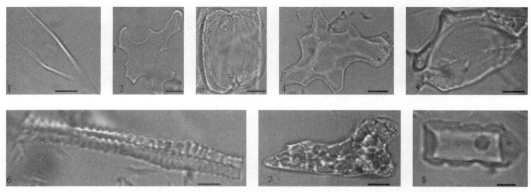

1. 毛发状；2. 边界弯曲的板状；3、5. 硅化气孔；4. 边界弯曲的板状；6. 导管型；7. 表面有网纹的扁平状；8. 齿状棒型

2. 榕属 *Ficus*、木菠萝属 *Artocarpus*、鹊肾树属 *Streblus*

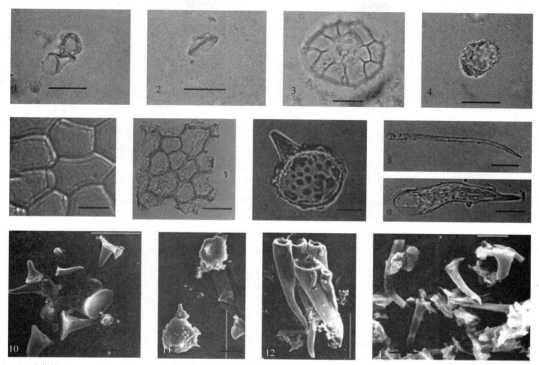

1、2. 毛发状（squat trichome）；3. 毛发底座（hair base）；4. 钟乳体（cystolith）；5. 表皮多边型（epidermal polygonal）；
6. 拼接表皮（jigsaw epidermal cells）；7～9. 毛发状（armed hair cells）；10. 毛发状（squat cones with tuberculate nodes）；
11. 有结节的毛发状（squat cones with tuberculate nodes）；12、13. 平滑的毛发状（psilate elongated cones）

资料来源：1～4. Watling J，Iriarte J. 2013. Phytoliths from the coastal savannas of French Guiana. Quaternary International，287：162～180.

5. Mercader J，Bennett T，Esselmont C，et al. 2009. Phytoliths in woody plants from the Miombo woodlands of Mozambique. Annals of Botany，104（1）：91～113.

6～9. Lisa K，Dolores R P. 1998. Opal Phytoliths in Southeast Asian Flora. Washington，D. C.：Smithsonian Institution Press.

10～13. Wallis L. 2003. An overview of leaf phytolith production patterns in selected northwest Australian flora. Review of Palaeobotany and Palynology，125：201～248.

三十八、棕榈科 Palmaceae

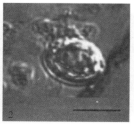
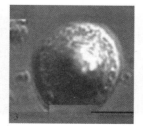
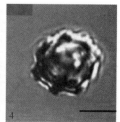

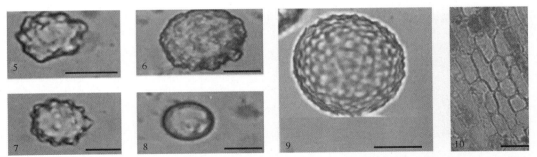

1、2. 水母型；3. 草帽型；4、5. 有颗粒的球状（globular granulate phytolith）；6. 有褶皱的球状（spherical rugose phytolith）；
7. 刺球型（globular echinate phytolith）；8. 平滑球型（globular smooth phytolith）；9. 大刺球型（large Arecaceae-type globular echinate）；10. 表皮多边型（epidermal polygonal）

资料来源：1～3. 徐德克，李泉，吕厚远. 2005. 棕榈科植硅体形态分析及其环境意义. 第四纪研究，6：785～793.

4～8. Iriarte J，Eduardo A P. 2009. Phytolith analysis of selected native plants and modern soils from southeastern Uruguay and its implications for paleoenvironmental and archeological reconstruction. Quaternary International，193（1-2）：99～123.

9. Ruth D，Bronwen S W，Iriarte J et al. 2013. Differentiation of neotropical ecosystems by modern soil phytolith assemblages and its implications for palaeoenvironmental and archaeological reconstructions. Review of Palaeobotany and Palynology，193：15～37.

10. Mercader J，Bennett T，Esselmont C，et al. 2009. Phytoliths in woody plants from the Miombo woodlands of Mozambique. Annals of Botany，104（1）：91～113.

三十九、椴树科 Tiliaceae

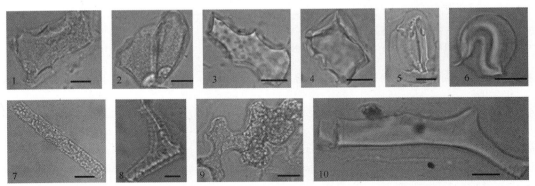

1. 板状；2、3. 不规则板状；4. 多面体型；5、6. 硅化气孔；7. 颗粒扁平状；8. 导管型；9. 边缘弯曲的板状；10. 弓型

四十、槭树科 Aceraceae

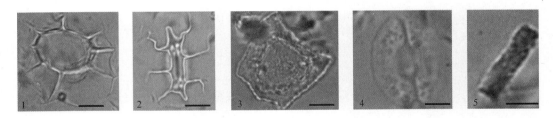

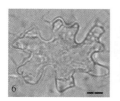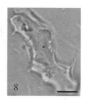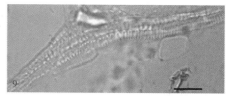

1、2. 毛发底座；3. 板状；4. 硅化气孔；5. 平滑棒型；6、7. 边缘弯曲的表皮植硅体；8. 边缘弯曲的板状；9. 导管型

四十一、杨柳科 Salicaceae

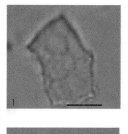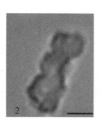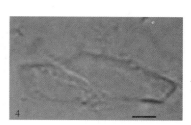

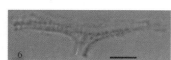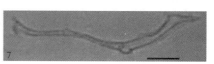

1、3. 长方型；2. 齿状棒型；4. 边缘弯曲的板状；5. 棒型；6、7. 导管型

四十二、木犀科 Oleaceae

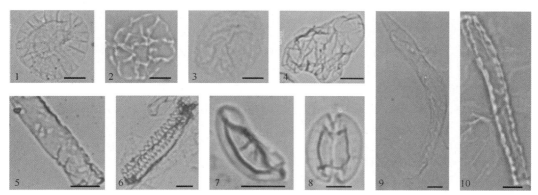

1、2、7. 毛发底座；3. 有网纹的卵型；4. 表皮植硅体；5. 扁棒型；6. 螺旋棒型；8. 硅化气孔；9. 有网纹的条状；10. 导管型

四十三、五加科 Araliaceae

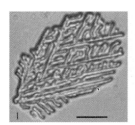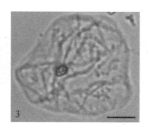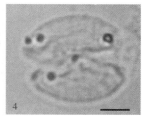

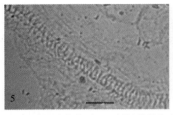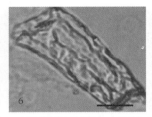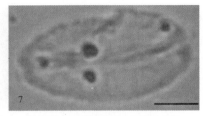

1. 有网纹的卵型；2. 树枝状的卵型；3. 有网纹的椭圆型；4. 硅化气孔；5. 导管型；6. 多面体型；7. 硅化气孔

四十四、壳斗科 Fagaceae

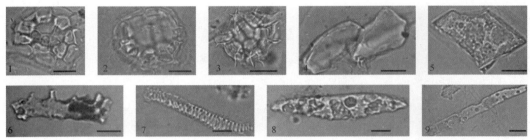

1～3. 毛发底座；4. 不规则块状；5. 长方型；6. 有树突的棒型；7. 导管型；8. 梭型；9. 棒型

四十五、夹竹桃科 Apocynaceae

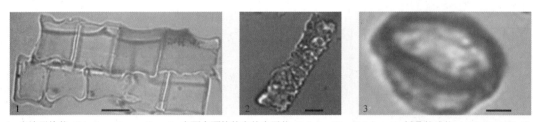

1. 多边形块状（blocky polygonal）；2. 表面有颗粒的窄的扁平状（tabular thin pilate）；3. 折叠的球状（globular folded）

资料来源：Mercader J，Bennett T，Esselmont C，et al. 2009. Phytoliths in woody plants from the Miombo woodlands of Mozambique. Annals of Botany，104（1）：91～113.

四十六、金丝桃科 Clusiaceae

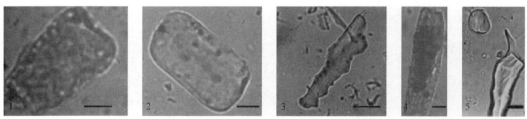

1、2. 块状（blocky）；3. 有刺、顶尖的扁平状（spinulose phytolith）；4. 有腔穴的棒型（cylindroid lacunate）；5. 球状（seed-like sphere）

资料来源：1、2、4. Mercader J，Bennett T，Esselmont C，et al. 2009. Phytoliths in woody plants from the Miombo woodlands of Mozambique. Annals of Botany，104（1）：91～113.

3、5. Lisa K，Dolores R P. 1998. Opal Phytoliths in Southeast Asian Flora. Washington，D. C.：Smithsonian Institution Press.

四十七、大戟科 Euphorbiaceae

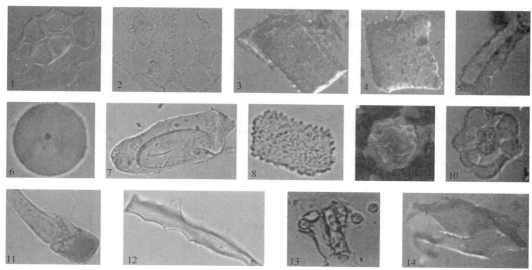

1、2. 拼接表皮植硅体（epidermal polygonal）；3. 具有颗粒的扁平状（tabular scrobiculate）；4. 有刺的块状（blocky pilate）；5. 扁平状（tabular trapezoid）；6. 平滑球状（globular psilate large）；7. 扁平的椭圆型（Tabular oblong）；8. 表面粗糙的方型（rough surface decoration on fruit epidermis）；9. 球状（globular）；10. 毛发底座（hair base）；11. 扁平的长方型（tabular oblong）；12. 有尖的扁平状（tabular lanceolate）；13. 有结节的球状（nodular spheres）；14. 多面、反光的块状（blocky facetate）

资料来源：1～7、10～12、14. Mercader J，Bennett T，Esselmont C，et al. 2009. Phytoliths in woody plants from the Miombo woodlands of Mozambique. Annals of Botany，104（1）：91～113.

8、13. Lisa K，Dolores R P. 1998. Opal Phytoliths in Southeast Asian Flora. Washington，D. C.：Smithsonian Institution Press.

9. Sayantani D，Ruby G，Subir B. 2013. Application of non-grass phytoliths in reconstructing deltaic environments：A study from the Indian Sunderbans. Palaeogeography，Palaeoclimatology，Palaeoecology，376：48～65.

四十八、柿科 Ebenaceae

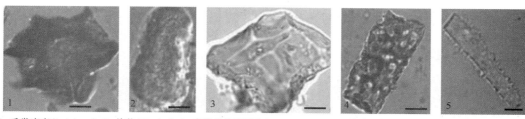

1. 毛发底座（hair base）；2. 块状（blocky）；3. 有脊线的扁平状（tabular ridged）；4. 有腔穴的厚扁平状（tabular thick lacunate）；5. 有刺的扁平状（cylindroid crenate）

资料来源：Mercader J，Bennett T，Esselmont C，et al. 2009. Phytoliths in woody plants from the Miombo woodlands of Mozambique. Annals of Botany，104（1）：91～113.

四十九、红树科 Rhizophoraceae

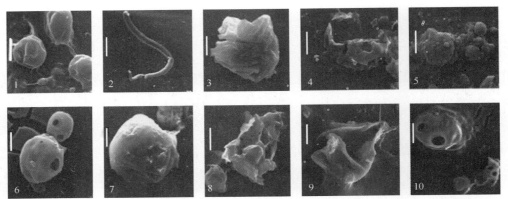

1、5. 表面有颗粒的球状（globular granulate）；2. 单细胞毛发状（unicellular hair cell）；3、7. 表面有褶皱的不规则球状（irregular spheres with surface folding）；4、8. 不规则的有褶皱的多孔板状（large irregularly folded perforated plate）；6、10. 多孔的球状（globular lacunose）；9. 球状多面体型（blocky polyhedral）

资料来源：Sayantani D，Ruby G，Subir B. 2013. Application of non-grass phytoliths in reconstructing deltaic environments：A study from the Indian Sunderbans. Palaeogeography，Palaeoclimatology，Palaeoecology，376：48～65.

五十、梧桐科 Sterculiaceae

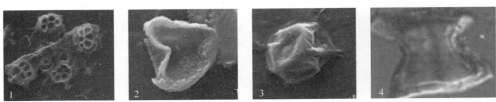

1. 多细胞毛发底座（multicellular hair cell base with stomata）；2. 多边形块状（blocky polyhedral bodies）；3. 多面、反光块状（irregular spheres with surface folding）；4. 尖型（shield）

资料来源：1～3. Sayantani D，Ruby G，Subir B. 2013. Application of non-grass phytoliths in reconstructing deltaic environments：A study from the Indian Sunderbans. Palaeogeography，Palaeoclimatology，Palaeoecology，376：48～65.

4. Mercader J，Bennett T，Esselmont C，et al. 2009. Phytoliths in woody plants from the Miombo woodlands of Mozambique. Annals of Botany，104（1）：91～113.

五十一、海桑科 Sonneratiaceae

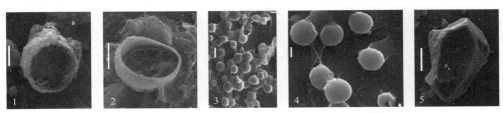

1、2. 有孔的碗状（cymbiform porous bodies）；3、4. 平滑球状（globular psilate）；5. 多边形块状（blocky polyhedral bodies）

资料来源：Sayantani D，Ruby G，Subir B. 2013. Application of non-grass phytoliths in reconstructing deltaic environments：A study from the Indian Sunderbans. Palaeogeography，Palaeoclimatology，Palaeoecology，376：48～65.

五十二、橄榄科 Burseraceae

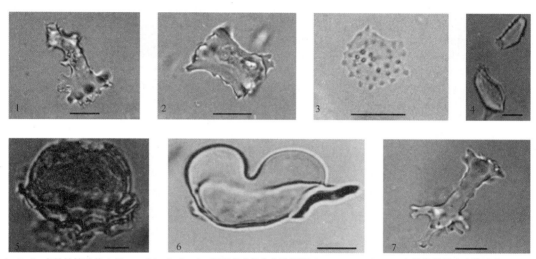

1、2、7. 多骨的植硅体（"boney" bodies）；3. 表面有点状分布的圆型（stippled body）；4. 有纹饰的厚表皮植硅体（thick, decorated epidermis）；5. 毛发状（acom-shaped hair cell）；6. 大的平滑球状（large，smooth spheroids）

资料来源：1～3、7. Watling J，Iriarte J. 2013. Phytoliths from the coastal savannas of French Guiana. Quaternary International，287：162～180.

4～6. Lisa K，Dolores R P. 1998. Opal Phytoliths in Southeast Asian Flora. Washington，D. C.：Smithsonian Institution Press.

五十三、番茄枝科 Annonaceae

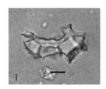 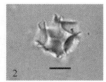  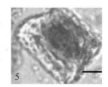

1. 不规则多面体型（irregular multi-faceted phytolith）；2. 多面的球状（spherical multi-faceted phytolith）；3. 有脊线的不规则多面体型（iarge，multifaceted polyhedrals）；4. 硬化细胞（sclereid）；5. 块状（blocky）

资料来源：1、2. Watling J，Iriarte J. 2013. Phytoliths from the coastal savannas of French Guiana. Quaternary International，287：162～180.

3、4. Lisa K，Dolores R P. 1998. Opal Phytoliths in Southeast Asian Flora. Washington，D. C.：Smithsonian Institution Press.

5. Mercader J，Bennett T，Esselmont C，et al. 2009. Phytoliths in woody plants from the Miombo woodlands of Mozambique. Annals of Botany，104（1）：91～113.

五十四、使君子科 Combretaceae

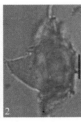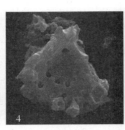

1. 有角的扁平状（tabular corniculate）；2. 毛发底座（hair base）；3. 多孔、倾斜的板状（circular and anticlinal plate）；4. 有凹坑的板状（tabular）；5. 导管型（branching element with fine striate perforations）

资料来源：1、2. Mercader J，Bennett T，Esselmont C，et al. 2009. Phytoliths in woody plants from the Miombo woodlands of Mozambique. Annals of Botany，104（1）：91～113.

3～5. Wallis L. 2003. An overview of leaf phytolith production patterns in selected northwest Australian flora. Review of Palaeobotany and Palynology，125：201～248.

附录二
彩 色 图 版

图 2-2　OTC 模拟增温装置

图 2-3　IR 模拟增温样地